20
22
24

Rudolf Ring

Das illustrierte Lexikon der Modellbahntechnik

Rudolf Ring

Das illustrierte Lexikon der Modellbahntechnik

GeraMond

Produktmanagement: Patrick Grootveldt, Martin Distler
Fachgutachten: Dr. Hans-Herman Kiltz, Dieter Holtbrügger
Schlusskorrektur: Helga Peterz, München
Satz: Elke Mader, München
Repro: Cromika s.a.s., Verona
Umschlaggestaltung: Coverdesign Uhlig, Augsburg
Herstellung: Thomas Fischer
Printed in Slovenia by Korotan, Ljubljana

Alle Angaben dieses Werkes wurden vom Autor sorgfältig recherchiert und auf den aktuellen Stand gebracht sowie vom Verlag geprüft. Für die Richtigkeit der Angaben kann jedoch keine Haftung übernommen werden. Für Hinweise und Anregungen sind wir jederzeit dankbar.
Bitte richten Sie diese an:

GeraMond Verlag
Postfach 40 02 09
D-80702 München
E-mail: lektorat@verlagshaus.de

Die Deutsche Nationalbibliothek verzeichnet diese Publikation in der Deutschen Nationalbibliografie.
Detaillierte bibliografische Daten sind im Internet über http://dnb.d-nb.de abrufbar.

ISBN: 978-3-86245-503-4

Über den Autor

Rudolf Ring ist von klein auf mit dem Modelleisenbahn-Virus infiziert. Aber erst nach vielen Berufsjahren im Bereich IT/TK kam er auf Umwegen wieder zur Modellbahn zurück und wurde 2006 Chefredakteur von „Modellbahntechnik aktuell“. Zuerst als reiner Print-Newsletter gestartet, ist das Werk heute zu einem Magazin und einem der größten deutschsprachigen Modelleisenbahn-Portale gewachsen. Schwerpunkt der redaktionellen Mission ist, die Modelleisenbahn als anspruchsvolles,
lehrreiches und modernes Hobby in all seinen Facetten zu zeigen und begrifflich im 21. Jahrhundert zu verankern.

Umschlagvorderseite:
Großes Bild: Märklin Turmtriebwagen in der Baugröße H0 mit einer Vielzahl von digital gesteuerten, mechanischen Funktionen sowie umfangreichen Soundfunktionen (Quelle: Märklin)
kleine Bilder von links nach rechts:

- Darstellung des Gleisbildes einer Clubanlage mit RailWare (Quelle: Rudolf Ring/Modelbahntechnik aktuell)
- Funktionsdecoder in einem Steuerwagen zum Regeln spezieller Lichtfunktionen (Quelle: Dieter Holtbrügger)
- Modernes Smartphone mit App zum Steuern einer digitalen Modellbahn (Quelle: Rocrail-Projekt, www.rocrail.net)

Umschlagrückseite (im Uhrzeigersinn von links oben):

- Modellbahnszene mit Material der Epoche V: Am Vorort-Bahnsteig treffen sich zwei Nahverkehrszüge. (Quelle: Dieter Holtbrügger, www.dihoba.de)
- Die Pantographen gleichzeitig vorbildnah, funktions tüchtig und betriebssicher herzustellen, ist für alle Hersteller von Modellbahn-Fahrzeugen bis heute eine Herausforderung. (Quelle: Dirk Möller/Oliver Strüber, www.modellbahnchecker.de)
- Der Leitstand in der größten Modellbahn-Schauanlage der Welt, dem Miniatur-Wunderland Hamburg (Quelle: Rudolf Ring)
- Moderne Multiprotokoll-Digitalzentrale „ECoS 2“ von ESU (Quelle: ESU)

Umschlagvorderseite innen:
Epoche III – Bahnbetriebswerk vor der Großstadt: Vor dem Ringlokschuppen haben die Dampfloks Paradeaufstellung genommen, während die 23105 im Vordergrund gerade gedreht wird. (Quelle: Willy Kosak)

Umschlagrückseite innen:
Mit dem digital gesteuerten Bockkran von Uhlenbrock macht der vorbildnahe Rangierbetrieb noch mehr Spaß. (Quelle: Dieter Holtbrügger)

Seite 6:
Zweischienensystem und Einschienensystem an einem Bahnsteig vereint: Links wird ein Reisezugwagen rangiert, rechts steht ein Transrapid. (Nenngröße 1:87, Revell Messediorama, Quelle: Rudolf Ring/Modelbahntechnik aktuell)

100 Jahre auf kleiner Spur – die Zukunft der Modelleisenbahn

Die Geschichte der Modelleisenbahn beginnt vor mehr als 100 Jahren mit dem „Storchenbein", der ersten von Märklin gefertigten Modell-Lok, die 1891 auf den Markt kam. Als Antrieb diente ein Uhrwerk, eine Kontrolle der Fahrt war also nicht möglich. Die nächste Evolutionsstufe waren elektrische Antriebe, die zu Anfang mit vollem Haushaltsstrom betrieben wurden. Zwar wurde schnell auf einen Betrieb mit Niederspannungen umgeschaltet, aber bis in die 80er-Jahre des vergangenen Jahrhunderts galt: Die am Gleis angelegte Spannung bestimmt die Fahrgeschwindigkeit.

Die digitale Modellbahn ändert seit rund einem Vierteljahrhundert nun auch dieses über Jahrzehnte scheinbar unverrückbare Prinzip: Nun liegt eine konstante Digitalspannung am Gleis an, und Fahr- und Steuerungsbefehle wertet ein „digitaler Lokführer" in Form eines Decoders in jedem digitalen Triebfahrzeug aus. Der Modellbahn ist damit ein Evolutionssprung gelungen: Mehrere Züge können getrennt auf demselben Gleis unabhängig voneinander gesteuert werden. Komplexe Zusatzfunktionen für Lichteffekte, Betriebsgeräusche und aufwendige mechanische Effekte können gezielt zu jedem gewünschten Fahrzeug übermittelt werden. Zudem kommen nun PC, Notebook und Internet zum Zug: Mit leistungs-fähigen Programmen werden komplexe Betriebsformen mit einer großen Anzahl von simultan gesteuerten Fahrzeugen möglich.

Die Leistungsfähigkeit des PC-Einsatzes wird anschaulich von den großen Modellbahn-Schauanlagen demonstriert, denn einer guten Software ist es gleich, ob eine industrielle Anlage oder eine Modellbahn gesteuert wird. Es scheint beinahe so, als ob damit das Ende der technisch und wirtschaftlich sinnvollen Entwicklung der Modellbahn erreicht wäre. Doch ist das wirklich so?

Nein, mit Sicherheit nicht. Die fortschreitende Miniaturisierung von Elektronikkomponenten bei gleichzeitiger Verminderung des Preises wird in Zukunft Anwendungsmöglichkeiten eröffnen, die bis dato kaum denkbar sind. Digitalfunktionen werden zunehmend auch in Waggons eingesetzt, Digitalzentralen und Steuerungsprogramme werden Rückmeldungen der Fahrzeugdecoder direkt in die Betriebsorganisation einfließen lassen. Die individuelle Programmierung Ihrer Fahrzeuge wird so einfach wie das Abspielen einer Musikdatei, und über das Internet können Sie weltweit an Fahrten über die „Layouts" befreundeter Modellbahner teilhaben. Die spannende Zukunft der Modelleisenbahn beginnt jetzt erst richtig. Mit diesem Nachschlagewerk sichern Sie sich Ihren Einblick in die leistungsfähigste Modelleisenbahn aller Zeiten. Dabei wünsche ich Ihnen viel Freude und Erfolg!

Rudolf Ring

MONSTER TRUCK

16-fach-Decoder

Um Antriebe von Weichen, Signalen oder anderen Funktionen digital zu schalten, sind Funktions- bzw. Weichendecoder erforderlich. Ist ein solcher → *Digitaldecoder* z. B. fest in eine Weiche integriert, kann er auch nur diese eine Weiche schalten. Es ist daher in vielen Fällen günstiger, die Funktionsdichte zu erhöhen und mehrere Funktionen mit einem Funktions- bzw. Weichendecoder zu schalten. Die Modellbahn-Zubehörhersteller bieten zu diesem Zweck meist 4-fach- und 8-fach-Decoder. Wer einen hohen Bedarf an Weichen- bzw. Funktionsdecodern hat, findet bei Rautenhaus (www.rautenhaus.de) für das → *Selectrix-System* sogar einen 16-fach-Decoder.

TIPP

Beachten Sie bei jedem Digitaldecoder, dass er zu den von Ihnen benutzten Protokollen kompatibel sein muss (→ *Multiprotokolldecoder*).

21MTC

Diese 21-polige Schnittstelle wurde 2005 von ESU/Märklin zum Anschluss von → *Lokdecodern* entwickelt und ab diesem Zeitpunkt in Fahrzeuge von Märklin und TRIX eingebaut. Die Entwicklung wurde nötig, da mit den 8 Kontakten der alten → *NEM-362-Schnittstelle* nicht mehr alle Funktionen (z. B. diverse Sounds) moderner Modellbahn-Digitaldecoder weitergeleitet werden können. Speziell für Märklin bietet die Schnittstelle den Vorteil, dass über die beiden Hall-Kontakte die drei Motoranschlüsse des Softdrive-Sinus-Motors mit dieser Schnittstelle bedient werden können. 21MTC benutzt einen 22-poligen, zweireihigen Industriestecker im Standard-Rastermaß 1,27 mm. Von den 22 Kontakten werden aber nur 21 verwendet, Pin 11 dient als Verpolungsschutz (→ *Index-Pin*). Trotz der bislang fehlenden → *MOROP-Normung* wird die 21MTC auch von anderen Herstellern (ESU, Uhlenbrock, Rautenhaus, ZIMO) eingesetzt.

Um 8-polige → Lokdecoder an die 21MTC-Schnittstelle anzuschließen, bietet LILIPUT einen Schnittstellenadapter (Art.-Nr. L38004).

WICHTIG

Die 21MTC-Schnittstelle ist nicht pinkompatibel mit der → *PluX22-Schnittstelle*. Bei Verwechselung besteht die Gefahr der Zerstörung eines Decoders.

2-gleisig

Bei der Planung und dem Bau von Modellbahn-Gleisen spielt es eine zentrale Rolle, ob eine Gleisstrecke zur Verbindung zweier Anlagenteile 1-gleisig oder 2-gleisig ausgeführt wird. In den meisten Fällen sind Hauptstrecken 2-gleisig ausgeführt, Nebenstrecken 1-gleisig. Der Zubehörhandel hält für den Bau 2-gleisiger Strecken passende Brücken, Viadukte, Tunnelportale, Gleisübergänge und weiteres Zubehör bereit. Beim Spur-N-Gleis → *KATO Unitrack* gibt es sogar ein vorgefertigtes, 2-gleisiges Gleiselement. Im Regelfall sind parallel geführte Gleise aber aus 1-gleisigen Elementen eines Gleissystems selbst herzustellen. Beachten Sie dabei den korrekten Parallelgleisabstand.

3D-Anlagenplanung

„3D" steht für „dreidimensionale" Darstellung. Die 3D-Anlagenplanung bzw. 3D-Anlagendarstellung ist Teil des Entwurfs einer Modelleisenbahn-Anlage. Die Planung einer Modelleisenbahn-Anlage ist fundamental wichtig für die spätere Befahrbarkeit. Planungsmängel sind im späteren Betrieb oft nur sehr umständlich und mit großem Aufwand zu beheben. Daher ist es wichtig, einen möglichst optimalen → *Gleisplan* zu entwerfen. Hierbei ist nicht nur die 2D-Ansicht des Gleisplans, sondern insbesondere auch die 3D-Ansicht wichtig, um einen Eindruck zu erhalten, wie eine Anlage nach Fertigstellung wirken wird. Aus diesem Grund sind hochwertige PC-Programme zur Anlagenplanung heute in aller

A

Regel mit einer 3D-Darstellung ausgestattet. Teils können Sie Ihre entworfene, virtuelle Anlage sogar schon vorab mit Gebäuden und anderen Ausstattungsdetails bestücken. Eines der bekanntesten 3D-Planungsprogramme ist WinTrack (weitere Infos: www.wintrack.de).

3er-Ringzug
Bezeichnung eines → *Ringzugs* mit 3 Bahnhöfen als Schwerpunkten des Umlaufs.

5-pol-Motor
Praktisch alle Modellbahn-Motoren sind mit drei oder fünf Wicklungen ausgestattet. Dabei hat der 5-pol-Motor, oft auch als 5-Sterne-Motor bezeichnet, eine bessere Laufruhe und Regelbarkeit als die älteren Motoren mit 3 Wicklungen (→ *Anker*).

6-Achser
Jargonbezeichnung für Personen- oder Güterwaggons mit 2 Drehgestellen mit je 3 Achsen. Analog dazu werden auch 2-, 3- und 4-Achser so bezeichnet.

8-polige Steckschnittstelle
Eine der bekanntesten Modellbahn-Digitalschnittstellen ist die 8-polige Schnittstelle nach → *NEM 652*. Moderne Decoder und Lokomotiven sind mit der zugehörigen 8-poligen Steckschnittstelle ausgestattet, sodass ein ganz einfacher Einbau eines Digitaldecoders in ein Fahrzeug ohne Lötarbeiten möglich ist.

Die 8-polige Standard-Schnittstelle wird herstellerübergreifend verwendet und ermöglicht einen einfachen Einbau.

8-Zoll-Display
Bezeichnung für einen Monitor, wobei 8 Zoll die Länge der Diagonale der Bildröhre oder des TFT/LC-Displays angibt (8 x 2,54 cm = 20,32 cm). Da Zoll in Deutschland kein offizielles Längenmaß ist, müssen Ihnen die Zentimeter-Angaben in der Werbung oder beim Verkauf zusätzlich genannt werden.

AB
Abk. für automatischer Streckenblock

Abgesicherter Modus
Der „abgesicherte Modus" ist eine Betriebsart von Windows, die zur Fehlersuche und -behebung verwendet wird. Im abgesicherten Modus arbeitet Windows nur mit den unbedingt nötigen Standardtreibern und -einstellungen. Ältere Windows-Versionen vor Windows XP unterstützen im abgesicherten Modus die USB-Schnittstelle nicht, daher funktionieren dann auch USB-Geräte zur Modellbahn nicht mehr.

TIPP
Sie rufen das Start-Menü für die Auswahl des abgesicherten Modus auf, indem Sie unmittelbar nach dem Einschalten des Rechners und noch vor dem Beginn des Windows-Ladevorgangs die Funktionstaste [F5] betätigen.

Abisolierzange
Die Verkabelung spielt bei der elektrischen Modellbahn eine große Rolle. Daher spart das Verwenden einer automatischen Abisolierzange eine Menge Zeit. Eine manuell einstellbare Zange sollten Sie genau auf Ihren bearbeiteten Kabelquerschnitt justieren. Achten Sie darauf, dass die Abisolierzange nur die Isolierung richtig packt, denn sonst rupfen Sie ein ganzes Stück Kabel ab.

Abl
Abk. für → *Ablaufberg*

Ablaufberg
Als Ablaufberg wird ein künstlich erzeugter Hügel bezeichnet, über den Güterwagen herunterfahren, um nach Warengruppen und Bestimmungsorten sortiert zu werden. Dazu werden die Güterwaggons auf den Ablaufberg geschoben, und von dort rollen sie einzeln oder in Gruppen auf die Ausgangsgleise, die vom Stellwerk gestellt werden. Auf der Modelleisenbahn sind Ablaufberge ein sehr interessantes Thema, da sie einen hohen Spielwert besitzen. Problematisch sind allerdings immer die unterschiedlichen Kupplungssysteme und die → *Vorentkupplung*, um die Wagen abstoßen zu können. Auch das Abbremsen der

Waggons ist im Modell schwer umzusetzen. Zudem sollten auf Modellbahn-Anlagen Steigungen im besten Fall nicht mehr als 3 % betragen.

Ablaufrücken

Ablaufrücken ist eine andere Bezeichnung für → *Ablaufberg*. Weitere Bezeichnungen sind Eselsrücken oder Rollberg.

Abschirmung

Bei elektrischen Modellbahn-Motoren mit Kollektor und Kohlen können im Betrieb beim Übergang der Kohlen von einer Kollektorfläche zur nächsten Abreißfunken auftreten. Diese Abreißfunken induzieren in den Ankerspulen hohe Spannungsspitzen, die einen → *Lokdecoder* irritieren oder sogar zerstören. Sie müssen deshalb abgeschirmt werden. Dies erfolgt über 2 → *Drosseln* mit 2 bis 10 µH, die möglichst direkt an die Motoranschlüsse gelötet werden. Zusätzlich wird ein Kondensator mit 10 nF über die Kohlen angeschlossen, um die Spannungsspitzen abzuleiten.

Absturz

Damit ist der Zustand einer Anwendung bezeichnet, die nicht mehr auf Eingaben oder Anfragen des Betriebssystems oder des Anwenders reagiert. Eine abgestürzte Modellbahn-Anwendung lässt sich unter Windows meist durch den Task-Manager mit der Tastenkombination [Strg] [Alt] [Entf] beenden. Handelt es sich um einen kompletten Systemabsturz, hilft meist nur ein Neustart des Geräts per Ein-/Ausschalter oder Reset-Taster.

Abtastrate

Die Abtastrate gibt an, wie oft ein analoges Signal pro Sekunde abgetastet wird, um es in einen digitalen Wert umzuwandeln. Typisch für Modellbahn-Sounddecoder sind Abtastraten von 11 kHz oder 22 kHz. Je höher die Abtastrate, umso besser ist das Ergebnis, aber umso größer wird auch die erzeugte Datei. Die Standard-Abtastrate bei Audio-CDs beträgt 44,1 kHz.

Abtasttiefe

Abtasttiefe bezeichnet die Anzahl der für die Digitalisierung analoger Signale zur Verfügung stehenden digitalen Werte. Je höher die Abtasttiefe, desto besser die Klangerzeugung. Die Abtasttiefe von Modellbahn-Sounddecodern beträgt 8 oder 16 bit.

ABV

Als ABV wird die Anfahr- und Bremsverzögerung bezeichnet. Das Kürzel wurde von Märklin eingeführt, wird inzwischen aber auch bei anderen Herstellern und Systemen benutzt. Das Verhalten der ABV kann bei modernen → *Digitaldecodern* beeinflusst werden (meist Register 73).

ABW

Abk. für Außenbogenweiche

AC

Abk. für das englische alternating current, dt. → *Wechselstrom*

Account

Ein Account bezeichnet ein Konto bei einem Dienstleister im Internet. Handelt es sich um einen Account, der auch Abrechnungen vorsieht, werden meist auch persönliche Daten wie Vor- und Zuname, Anschrift, Telefon und Bankverbindung gespeichert. Auch für den Zugriff auf Internet-Foren zur Modellbahn sind Accounts anzulegen, wenn Sie die dortigen Nachrichten lesen und schreiben möchten („posten“).

Achsfolge

Die Achsfolge ist eine zentrale Eigenschaft aller schienengebundenen Triebfahrzeuge und unter anderem für die Verwendungsmöglichkeiten der Lok sehr wichtig. Die Achsfolge beschreibt die Art des Antriebs und die Zahl der angetriebenen und nicht angetriebenen Achsen mit einem standardisierten Bezeichnungsschema. In dem deutschen Bezeichnungsschema bezeichnen Ziffern die nicht angetriebenen Achsen: 1 = eine nicht angetriebene Achse, 2 = zwei nicht angetriebene Achsen usw. Mit Buchstaben werden die angetriebenen Achsen bezeichnet: A = 1 Achse angetrieben, B = 2 Achsen angetrieben usw. Weiterhin bekommen Achsen, die einzeln angetrieben sind (also keine Koppelachsen), den Zusatz „o“. Sind Achsen in einem Drehgestell zusammengefasst, wird das mit einem Apostroph (') gekennzeichnet.

A

Achsformel
Anderer Begriff für → *Achsfolge*

Achsformel-System
Das Achsformel-System beschreibt die → *Achsfolge* eines Triebfahrzeugs. Für Modellbahner ist neben dem deutschen insbesondere das amerikanische System wissenswert, bei dem sich für bestimmte Achsfolgen Namen eingebürgert haben, die man sich recht leicht merken kann, z. B. → *„Pacific"* oder → *„Consolidation"*.

Achshülse
Achshülsen werden bei Fahrzeugen für alle Zweileiter-Systeme verwendet, um beim Verwenden einer Achse aus einem leitenden Material einen Kurzschluss zwischen den beiden Leitern (Schienen) zu verhindern. Achshülsen werden vereinzelt auch zum Nachrüsten angeboten, um aus leitenden Radsätzen isolierte Radsätze zu machen. Die erforderliche Präzision dabei ist allerdings nur mit dem passenden Werkzeug zu erreichen (Drehbank, Ständer-Bohrmaschine etc.).

Achslager
Die Achslager halten die Radsätze des Fahrzeugs im Laufrahmen oder einem Drehgestell. Sie sind bei den Modellbahn-Fahrzeugen immer einem gewissen Verschleiß unterworfen. Während dieser Faktor bei den großen Maßstäben kaum eine Rolle spielt, kann es bei den Maßstäben H0 sowie kleineren Spuren recht schnell zu Beschädigungen von Kunststoff-Achslagern kommen. Insbesondere Erwärmung von Kunststoff-Achslagern bei langem Betrieb kann Achslager beschädigen, wobei der Schaden bis zum kompletten Einlaufen bzw. Ausdrehen der Radsätze in den Lagern führen kann. Im Extremfall kann es passieren, dass dadurch irgendwann sogar der Radkranz am Wagenbogen schleift. Besonders auf Qualität bedachte Hersteller setzen daher Messing-Achslager ein. Z. B. sind die Achsspitzen von Modellen der Hersteller Hobbytrain und RailTop in Messingbuchsen gelagert.

WICHTIG
Beachten Sie unbedingt die Wartungshinweise der Hersteller zu den Achslagern (→ *Einölen*).

Adapter
Ein Adapter ist ein Steckverbinder, der die Verbindung von Geräten ermöglicht, wenn das vorhandene Kabel-Buchsen-System nicht den passenden Stecker oder die passende Buchse aufweist (→ *Gender-Changer*). Über aktive Adapter werden häufig Signale angepasst oder umgesetzt. Häufig sind bei der Modellbahn Adapter nötig, um ein älteres Gerät mit serieller COM-Schnittstelle an einer USB-Schnittstelle anzuschließen.

Adhäsionskraft
Es handelt sich hierbei um die Bindekraft der Moleküle zweier Stoffe. Bei der Modellbahn spielt die Adhäsionskraft bei der Zugkraft von Triebfahrzeugen eine große Rolle, denn bei allen elektrisch angetriebenen Fahrzeugen muss das bestmögliche Verhältnis von Adhäsion und Leitfähigkeit angestrebt werden. Die Adhäsionskraft ist oft zwischen Metallrädern und den Schienen zu gering, sodass die Lok schleudert oder Steigungen nicht befahren kann. Extreme Steigungen bewältigen Lokomotiven durch einen Zahnradantrieb, teils auch im gemischten Adhäsions- und Zahnradbahnbetrieb.

TIPP
Die Adhäsionskraft kann durch → *Haftreifen* wesentlich erhöht werden.

Adobe Reader
Adobe Reader ist ein kostenloses Programm zur Anzeige und zum Ausdruck von Dokumenten im plattformunabhängigen PDF-Format (weitere Infos und Download unter www.adobe.com/de).

Adressraum
Bei der digitalen Modellbahnsteuerung spielt der Adressraum für die Adressierung der → *Fahrzeugdecoder* und Funktionsdecoder eine große Rolle. Vollwertige → *Digitalzentralen* unterscheiden einen separaten Adressraum für Lokomotiven (mobile Decoder) und einen für Weichen, Signale und andere Funktionen (stationäre Decoder). Während der Adressraum der → *Digitaldecoder* in den Anfängen der Digitalsteuerung überschaubar war (z. B. 80 Adressen für Loks bei → *MM I / MM II*), unterstützen heute viele Digitalzentralen bis zu 9.999 Adressen. Sehr beschränkt ist

der Adressraum einer Digitalkomponente, deren Adresse per DIP-Schalter (→ *Dual Input Package*) eingestellt wird, z. B. mit 4 Schaltern ist der Adressraum 16.

AFI
Abk. für automatische Fahrzeugidentifizierung

Akku-Blitz
Das ist kein elektrisches Malheur, sondern bezeichnet im Jargon die Akku-Triebwagen Baureihe ETA 150 / BR 515. Aufgrund der Akkumulatoren werden diese Triebwagen auch als Säurebomber und Steckdosen-InterCity tituliert.

Akkumulator
1. Akkumulator (Kurzform Akku) ist die Bezeichnung für eine wiederaufladbare Batterie, wobei zwischen NiCD-, NiMH-, Lithium-Ionen- und Lithium-Polymer-Akkus unterschieden wird. 2. Der Begriff Akkumulator steht auch für ein Arbeitsregister in Rechenwerken und Prozessoren.

Aktivboxen
Aktivboxen sind Lautsprecherboxen mit eingebautem Endverstärker und eigener Spannungsversorgung per internem oder externem Netzteil, meist über ein Steckernetzteil. Zumeist verfügen Aktivboxen-Systeme über 2 (Stereo), 3 (2.1-Subwoofer-System) oder 6 (5.1-Dolby Digital) Lautsprecher. Auch die Modellbahn → *Digitalzentrale* Märklin Central Station hat einen Audioausgang in Form einer 3,5-mm-Klinkenbuchse, an die Aktivboxen angeschlossen werden können. Zum derzeitigen Zeitpunkt wird dieser Audio-Ausgang allerdings noch nicht von dem Betriebsprogramm unterstützt. Aktivboxen können aber auch an PCs oder Notebooks angeschlossen werden, um die auf der Modellbahn typischen Betriebsgeräusche wie Bahnhofsansagen abzuspielen.

TIPP
Alternative für die Soundwiedergabe ist der Anschluss eines vergleichbaren Systems aus Verstärker und passiven Lautsprechern, die oft aus älteren „Stereoanlagen“ übrig bleiben. Für den Anschluss ist meist nur ein passendes Stereo-Verbindungskabel zu besorgen (3,5-mm-Klinkenstecker auf Cinch-Stecker).

Algorithmus
Als Algorithmus wird die Beschreibung eines Lösungswegs eines meist mathematischen Problems in einer Programmiersprache bezeichnet. Auch die Programmierung der Modellbahn-Steuerung basiert auf solchen Algorithmen.

Allstrommotor
Der Antrieb der klassischen Modellbahn-Triebfahrzeuge von Märklin ist mit Allstrommotoren (auch: Universalmotoren, Einphasen-Reihenschlussmotoren) realisiert. Einfach zu erkennen sind diese Motoren daran, dass sie statt eines Permanentmagneten mit einem Elektromagneten (Magnetspule) ausgestattet sind. Daher können Allstrommotoren mit Wechsel- und Gleichstrom betrieben werden. Im Gegensatz zu einem Gleichstrommotor kann die Drehrichtung nicht durch Umpolen geändert werden. Es ist ein Fahrtrichtungsschalter erforderlich, der den Elektromagneten umpolt. Das Regelverhalten von Allstrommotoren bei der Ansteuerung durch Digitaldecoder ist mangelhaft, weshalb in modernen Modellbahn-Triebfahrzeugen keine Allstrommotoren mehr zu finden sind.

Alpha
Bei der Modellbahn ist Alpha bekannt als die Produktbezeichnung des Alpha-Systems, einer „Abenteuer-Eisenbahn“ im Maßstab H0, die Märklin 1987/88 vorstellte und bis 1995 produzierte. Die Alpha-Spielbahn basierte auf vorhandenen Komponenten der Spur H0, einige Waggons mit diversen Spielfunktionen waren Neuentwicklungen. Eigentliche Besonderheit des Systems war das Alpha-Gleissystem → *Gleis 2000*, denn es war Grundlage für das später entwickelte → *C-Gleis*.

Alphanumerische Zeichen
Damit ist die Gesamtheit von Buchstaben, Ziffern und Sonderzeichen gemeint, die Sie über Tastatur, Touchscreen oder Zeigegerät eingeben können. Auf modernen Digitalzentralen können Sie mit den alphanumerischen Zeichen beispielsweise Fahrzeuge freizügig mit Klarnamen benennen. Der Überblick und die Bedienung der Fahrzeuge fällt z. B. mit „Baureihe 59“ oder „Ochsenlok“ viel leichter als das Verwalten mit Digitaladressen.

A

Amperemeter

Ein Amperemeter (bzw. Multimeter mit entsprechender Messeinrichtung) wird für die Messung der Stromaufnahme eines Verbrauchers benötigt. Bei der elektrischen Modelleisenbahn wird ein Amperemeter häufig eingesetzt, um z. B. bei älteren Fahrzeugen die Stromaufnahme zu messen und somit die Überlastung eines nachgerüsteten Digitaldecoders zu vermeiden.

Analog

Analog bedeutet „ähnlich, entsprechend". Bei der Modellbahn wird die klassische, elektrische Modellbahn als „analog" bezeichnet, weil die Fahrspannung am Gleis analog die Fahrgeschwindigkeit der Modellbahn-Fahrzeuge bestimmt hat. Je höher die Fahrspannung, umso schneller dreht sich bei der klassischen Modellbahn der Motor in dem Triebfahrzeug, umso schneller fährt es. Das trifft auf alle Loks in einem Stromkreis zu. Durch unterschiedliche Motoren und Getriebe ist die Geschwindigkeit der Modellbahn-Fahrzeuge der klassischen Modellbahn allerdings nicht wirklich gleich, sondern die Modelle sind sehr verschieden schnell. Tendenz ist allerdings, dass sie weitgehend „Raser" sind, die die maßstäblich umgerechnete Geschwindigkeit teilweise um ein Mehrfaches übertreffen, z. B. bei kleinen Dampfloks wie einer BR89 oder BR80 ist das häufig zu beobachten. Die analoge Steuerung der Modellbahn wird gelegentlich auch konventionelle Modellbahnsteuerung genannt. Durch den Vorteil der besonders einfachen und kostengünstigen Steuerung der Triebfahrzeuge mit analogem Gleichstrom ist diese analoge Antriebsart trotz der Digitaltechnik sicher noch sehr lange im Einsatz, zumindest im Einsteiger- und Hobbybereich.

Analoge Steuerung

Die klassische, elektrische Modelleisenbahn wird mit einer analogen Steuerung betrieben. Das bedeutet, dass die Geschwindigkeit der Triebfahrzeuge sich analog zur angelegten Wechsel- oder Gleichspannung verhält. Je höher die Spannung, desto schneller dreht der Elektromotor in dem Lokomotivmodell, eine umso höhere Geschwindigkeit führt die Lok. Bei einer analogen Steuerung mittels Gleichspannung reicht es für einen Fahrtrichtungswechsel, einfach die Versorgungsspannung umzupolen. Bei der analogen Steuerung im klassischen Wechselstrombetrieb sorgen ein Überspannungsimpuls und eine elektromechanische Umschaltung dafür, dass die Drehrichtung der verwendeten → *Allstrommotoren* sich umkehrt. Märklin bezeichnete das werblich als „eingebauten Lokführer", unter Modellbahnern ist der Bocksprung klassischer Märklin-Fahrzeuge allerdings unbeliebt. Bei einer analogen Steuerung sind Funktionen wie Beleuchtung oder Dampferzeuger grundsätzlich eingeschaltet, eine Steuerung während der Fahrt ist nicht möglich. Allerdings lässt sich auch bei einer analogen Steuerung eine Vielzahl von Funktionen realisieren, z. B. mittels → *Reed-Relais*. Eine fahrtunabhängige Beleuchtung der Fahrzeuge ist ohne Zusatzaufwand nicht möglich. Diese analoge Steuerung kommt also ohne Digitaldecoder und -zentrale aus. Moderne Triebfahrzeuge mit Digitaldecoder sind in aller Regel aber trotzdem kompatibel zum Analog-Modus, d. h. Sie können Ihre digitalisierten Triebfahrzeuge auch auf einer klassischen, analogen Anlage einsetzen. Eine Steuerungsmöglichkeit der speziellen, digitalen Effekte besteht dann allerdings nicht.

WICHTIG
Es kursieren durchaus noch ältere, digitale Lokmodelle am Markt, deren Digitaldecoder nicht zum Analog-Modus kompatibel sind, z. B. ältere Modelle, die unter dem Markennamen Rivarossi (Hersteller Hornby) verkauft wurden. Mit diesen Loks ist kein Betrieb mit einer analogen Steuerung möglich.

Analog-Modus

Andere Bezeichnung für → *Analoge Steuerung*

Analogsignal

Die Größe bzw. Stärke eines Analogsignals kann jeden Wert zwischen einem systembedingten Minimalwert und einem Maximalwert betragen. Bei der Modellbahn ist der Analogbetrieb mit einer Gleich- oder Wechselspannung am Gleis ein typisches Beispiel für ein Analogsignal. Das bedeutet, dass das aufgegleiste Triebfahrzeug seine Geschwindigkeit entsprechend der am Gleis anliegenden Spannung verändert. Liegt keine Spannung an, bleibt es stehen. Der typische Analogbetrieb bei einer Gleichstrom-Modellbahn liegt zwischen 0 und 12 V, beim Wechselstromsystem sind es zwischen 0 und 16 V im Fahrbetrieb.

Anfahrspannung
Unter der Anfahrspannung versteht man bei analogen Modellbahn-Steuerungen die am Gleis anliegende Minimalspannung (V), bei der sich ein elektrisches Triebfahrzeug in Bewegung setzt. Der Wert wird durch den Motor, das Getriebe und den Maßstab (Masse des Fahrzeugs) beeinflusst. In der Praxis sind 3 bis 4 V eine näherungsweise häufig anzutreffende Anfahrspannung. Bei älteren oder schlecht gewarteten Fahrzeugen kann die Anfahrspannung erheblich höher liegen. Alte Wechselstromtrafos von Märklin liefern zwischen 0 und B eine Spannung von 7 bis 16 V, eine niedrigere Anfahrspannung ist mit einem solchen System also schon vom Trafo her nicht vorgesehen. Beim analogen Betrieb wird diese Spannung direkt von dem Transformator über die Schienen an den Motor geliefert. Bei Triebfahrzeugen mit einem modernen Digitaldecoder gehört die Anfahrspannung zu den → *Konfigurationsvariablen*, die Sie für den analogen Betrieb programmieren können.

Anfangspackung
Anderer Begriff für → *Startpackung*

Anker
Der Anker ist ein wesentlicher Bestandteil der klassischen Märklin Wechselstrom- bzw. → *Allstrommotoren*. Während die Anker alter Fahrzeuge aus nur 3 Wicklungen (Magnetspulen) aufgebaut sind, bieten neue 5 Wicklungen, was ein wesentlich ruhigeres Fahrverhalten und zuverlässige Fahrt bei niedrigen Geschwindigkeiten erlaubt.

Alter Anker mit Scheibenkollektor (links) sowie neuere Anker mit Trommelkollektoren und 3 bzw. 5 Wicklungen.

Moderne → *Hochleistungsantriebe* sind bei diesen Motorkonstruktionen mit Ankern mit 5 Wicklungen kombiniert („5 Sterne-Antrieb“). Die Anker unterscheiden sich weiterhin in der Form des Kollektors (Scheiben- oder Trommelkollektor) sowie dem verwendeten Ritzel. Bei Reparatur und Tuning muss also auf die genaue Kompatibilität geachtet werden.

Anlage
Als eine Anlage wird ganz allgemein eine Modellbahn-Anlage bezeichnet. Es handelt sich dabei um ein komplett betriebsfertiges System, das in der klassischen Bauform auf einer „Modellbahn-Platte“ installiert wurde. Modellbahn-Anlagen werden heute meist in Form einer offenen Rahmenbauweise erstellt oder als Modulanlage ausgeführt. Nur kleinere Heimanlagen oder Fertiganlagen (z. B. von NOCH) erinnern noch an die klassische Anlage in Form einer „Platte“. Bei den kleinen Spuren N oder Z ist die Kofferanlage eine besondere Bauform, da sie das ganze System mobil in einen Koffer integriert. Für Ausstellungen und in Modellbahn-Vereinen vor allem bei größeren Spuren wie 0, 1 und G haben Modulanlagen eine große Bedeutung.

Anlagentiefe
Es handelt sich bei der Anlagentiefe um eine für den Betrieb wichtige Eigenschaft: Zu beachten ist insbesondere, dass die Anlagentiefe Wartungsarbeiten ermöglicht. Anlagenteile, die nur von einer Seite erreichbar sind, sollten daher eine Tiefe von 100 cm nicht überschreiten. Anlagenteile, die beidseitig erreichbar sind, sollten eine Tiefe von 180 cm nicht überschreiten. Sind je nach Bauform der Anlage größere Anlagentiefen erwünscht oder notwendig, müssen Wartungsöffnungen im Gleisplan und beim Anlagenbau eingeplant werden.

Anlaufen
Im Jargon wird die seitliche Berührung zwischen einem Spurkranz eines Radsatzes und einem Schienenkopf als „anlaufen“ bezeichnet. Das Anlaufen ist Grund dafür, dass sich Züge in Kurven erheblich schwerer ziehen lassen als über gerade Gleise.

Anlaufspannung
Anderer Begriff für → *Anfahrspannung*

Anschlussgleis

Ein Anschlussgleis ist unabhängig vom Modellbahn-System das Gleisstück, an dem die Betriebsspannung eingespeist wird. Es ist die Schnittstelle zwischen dem Steuerbereich und dem Ausführungsbereich einer Modellbahnanlage. Bei einer modernen Digitalanlage werden am Anschlussgleis die Versorgungsspannung und die Digitalinformationen („Digitalstrom") eingespeist. Die Kabelzuführung kann entweder unterflurig sein (z. B. Märklin → *C-Gleis* bzw. *TRIX C-Gleis*) oder neben dem Gleis mit offen sichtbaren Anschlüssen realisiert sein (z. B. Märklin K-Gleis), was bei Modellbahn-Gleisen ohne Bettung der Normalfall ist. Nicht jedes Modellbahn-System verfügt über ein spezielles Anschlussgleis. Viele Modellbahn-Systeme erlauben den Anschluss der Spannungseinspeisung z. B. über Klemmen an jedem beliebigen Gleisstück, beispielsweise die Großbahn LGB. Zu beachten ist, dass spezielle Anschlussgleise mit Entstörkondensatoren in Digitalsystemen nicht verwendet werden können und ausgetauscht werden müssen.

App

Kurzform von „Application" (dt. Anwendung). Damit sind Programme für Smartphones gemeint, speziell zum Apple → *iPhone.*

Arnold Digital

Ein 1988 eingeführtes → *Digitalprotokoll* für 2-Leiter-Gleichstrom-Systeme der → *Spur N.* Arnold Digital entspricht dem ursprünglichen → *DCC-Protokoll.*

A-Schaltung

Die A-Schaltung ist eine der einfachsten Fahrstrom-Schaltungen. Der Sinn der A-Schaltung ist, bei einer analogen Modellbahn mehrere Fahrzeuge steuern zu können. Die A-Schaltung basiert darauf, dass bestimmte Gleisabschnitte einzeln mit Fahrstrom versorgt oder von der Versorgung abgeschaltet werden können. Dies wird über ein Stellpult vorgenommen. Mit der A-Schaltung ist daher ein einfacher Blockbetrieb möglich, jeder Block wird parallel an denselben Fahrregler (bzw. einen Transformator) angeschlossen. Bei der A-Schaltungsmethode fährt dann immer nur der Zug, für dessen Block die Fahrspannung eingeschaltet ist. Die A-Schaltung ist bei analogen Modellbahnen besonders oft anzutreffen, um z. B. Abstellgleise von der Fahrspannung zu trennen. Im weiteren Sinne ist diese Blocksteuerung der Vorbildbahn nicht unähnlich. Mit der A-Schaltung ist aber immer nur der abwechselnde Betrieb mehrerer Züge auf einer Anlage möglich, weiterer Nachteil ist, dass auf kleinen und mittleren Anlagen die Züge mehr stehen als fahren. Das ist für Nicht-Modellbahner meist eher erklärungsbedürftig.

AT

Abk. für Akkutriebwagen

Atlantic

Im amerikanischen System zur Beschreibung der → *Achsfolge* eine Dampflok vom Typ 2'B1', Bildschema ooOOo.

Audacity

Audacity ist ein kostenloses, leistungsfähiges und auch deutschsprachig verfügbares Programm für das Aufnehmen und Editieren von wav-Klangdateien. Mit dem Mehrspur-Audio-Editor erzeugen Sie für Ihre Modellbahn z. B. Klangdateien im wav-Format, die Sie mit einem LokProgrammer in einen Sounddecoder übertragen. Die geschnittenen Audiodaten können Sie auch im platzsparenden MP3-Format exportieren, dazu muss nur eine MP3-Bibliothek wie z. B. die kostenlose lame_enc.dll installiert werden. Das → *OpenSource-Programm* wird für die Plattformen Linux, Mac und Windows angeboten. Den Download von

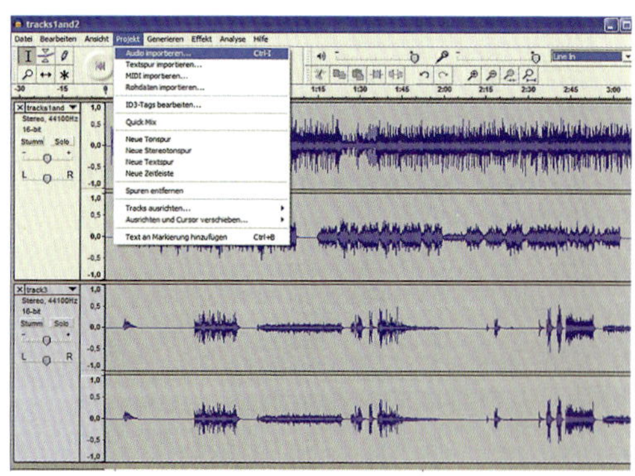

Mit Audacity steht Ihnen ein kostenloses Windows-Programm zur Verfügung, mit dem Sie typische Betriebsgeräusche editieren können.

Audacity (ca. 2,7 MB) finden Sie im Internet unter http://audacity.sourceforge.net/.

Aufgleisen

Als das Aufgleisen wird das Aufsetzen eines Modellbahn-Fahrzeugs auf die Gleise bezeichnet. Dabei muss jeder Radsatz exakt so auf die Schiene gesetzt werden, dass die beiden Radkränze korrekt geführt werden. Das Aufgleisen kann sowohl rein manuell als auch durch eine Aufgleishilfe vorgenommen werden. Das Aufgleisen ist bei den größeren Modellbahn-Maßstäben recht einfach und unkompliziert. Bei den „kleinen Maßstäben" der Spuren TT, N und Z kann es schon mal etwas mühselig sein, z. B. einen langen Triebzug vollständig aufzugleisen.

TIPP
Eine praktisch Lösung zum Vereinfachen des Zugwechsels ist eine → *Schiebebühne*.

Aufgleisgerät

Ein Aufgleisgerät (Aufgleishilfe) ist eine schiefe Ebene zum Führen der Radkränze in der jeweiligen Spurbreite. Es gibt für alle Spuren speziell passende Aufgleisgeräte. Diese unterscheiden sich in Höhe, Länge und Neigungswinkel. Das Aufgleisen ist mithilfe eines Aufgleisgeräts auch mit einer Hand möglich. Während Lokomotiven vorsichtig geschoben werden müssen, rollen Waggons ganz von alleine aus dem Aufgleisgerät in das Gleis hinein. Insbesondere bei den kleinen Spuren und z. B. bei Waggons mit mehreren Drehgestellen benutzen viele Modellbahner Aufgleishilfen.

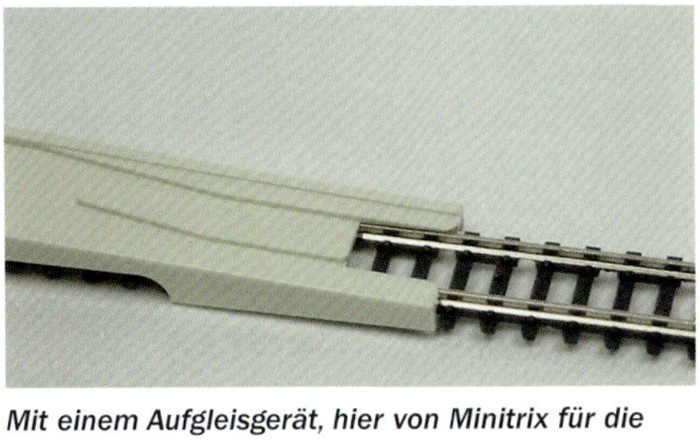

Mit einem Aufgleisgerät, hier von Minitrix für die Spur N, wird das Zusammenstellen eines Zuges erheblich erleichtert.

Auflösung

Die Auflösung gibt an, mit welcher Qualität die Darstellung von Daten durch ein Gerät erfolgen kann. Abhängig vom Gerät werden dabei unterschiedliche Maßeinheiten verwendet. Bei LCD/TFT-Displays, wie sie bei Notebooks oder Modellbahn-Steuerzentralen eingesetzt werden, wird die Auflösung üblicherweise in Pixeln angegeben. Je höher die Auflösung ist, umso hochqualitativer ist auch die Darstellung. Beispielsweise löst das Touchscreen-Display der → *Digitalzentrale* Märklin Central Station 320 x 200 Bildpunkte auf, die neue Central Station 2 verfügt über ein Display mit der Auflösung 800 x 480 Bildpunkte.

Ausfahrtsignal

Ein Ausfahrtsignal ist ein Hauptsignal, es steht z. B. am Ende eines Bahnhofsgleises zum Sichern der Ausfahrt aus dem Bahnhof auf die Strecke und kann die Stellungen Hp00, Hp1, Hp2 und Hp0/Sh1 zeigen. Wenn auf dem Gleis auch Durchfahrten vorgesehen sind, braucht ein Ausfahrtsignal ein Vorsignal. Für die Modellbahn sind Blocksignale als klassische → *Formsignale* oder → *Lichtsignale* verfügbar.

Ausgangsleistung

Die elektrische Ausgangsleistung ist bei der elektrischen Modellbahn eine wichtige Angabe bei der Beschreibung des Netzteils, das die Anlage bzw. die → *Digitalzentrale* mit Betriebsspannung versorgt. Typische Modellbahn-Netzteile bieten eine Ausgangsleistung von z. B. 16 oder 18 V und 2 bis 6 A. Bei „großen" Spuren kann die Leistung auch bis zu 20 A betragen.

Ausgleichsgleis

Um bei vorgefertigten, industriellen Gleissystemen aus der Großserienfertigung auch individuelle Gleisbilder realisieren zu können, gibt es Ausgleichsgleise. Diese Gleiselemente sind kürzer als die Standardelemente des Gleissystems und sowohl als Gerade als auch meist in mehreren Kurvenradien zu haben. Zwar sind diese Passstücke unbedingt notwendig, um Längendifferenzen auszugleichen, gleichwohl verschlechtert der Einsatz vieler Ausgleichsgleise die Stromübertragung über die Kontaktlaschen der Gleiselemente. Insbesondere beim Einbau von Weichen sind zum Anpassen an

A

die vorhandene Gleisgeometrie oftmals Ausgleichsgleise unumgänglich.

Ausgleichsstücke

Jedes Modellbahn-Gleissystem beruht auf einer ausgeklügelten Geometrie, die mehrere Kurvenradien sowie mehrere Weichentypen zu einem System zusammenfasst. In vielen Fällen ist es nur mit geraden oder gebogenen Ausgleichsstücken möglich, bestimmte Gleiselemente zu einem geschlossenen Gleisbild ohne Verspannung zusammenzufügen. Insbesondere auf die recht starren Gleissysteme mit → *Böschungsgleis* trifft das zu, da diese eine feste mechanische Verbindung herstellen. Grundregel: Je weniger Ausgleichsstücke, umso besser ist das Gleisplan-Layout gelungen.

Ausrundungsbogen

Beim Bau eines Modellbahn-Gleiskörpers ist jeder Übergang von einer horizontalen Ebene zu einer anderen potenziell heikel. Denn dabei wird ein Brechpunkt erzeugt, an dem die Fahrzeuge aufwärts oder abwärts fahren. Das führt relativ häufig zu Entkupplungen oder im Extremfall zum „Hängenbleiben“ des Zugs, weil das Triebfahrzeug mit den angetriebenen Achsen den Brechpunkt nicht überwinden kann. Die Lösung gegen diese Schwierigkeiten ist der Ausrundungsbogen. Damit wird der Brechpunkt in einen möglichst sanften Bogen überführt, sodass die Steigung oder Neigung problemlos durchgefahren werden kann.

Außenbogenweiche

Wenn ein Stammgleis dem Zweiggleis entgegengesetzt gebogen ist, bezeichnet man diese einfache Weiche als Außenbogenweiche. Außenbogenweichen werden speziell auch für den Bau von Kehranlagen eingesetzt. Auch die → *Y-Weiche* ist eine Form der Außenbogenweiche.

Ausziehgleis

Ein Rangiergleis, das zum Vorziehen (Ausziehen) von Zugteilen beim Rangieren verwendet wird. Somit wird das durchgehende Hauptgleis nicht benutzt und der Zugverkehr nicht gestört. Meist ist ein Ausziehgleis als parallel zu einem Streckengleis verlegtes Stumpfgleis ausgeführt.

Automatikbetrieb

An kaum einem Thema bei der Modellbahn scheiden sich dermaßen die Geister wie beim Automatikbetrieb. Ein einfacher Automatikbetrieb wie die Steuerung einer → *Pendelzugstrecke* ist bei der analogen und der digitalen Steuerung kein Problem. Komplexe Modellbahn-Anlagen lassen sich allerdings manuell nicht mehr überblicken, geschweige denn vorbildnah steuern. Da ist ein teil- oder vollautomatisierter Betrieb unumgänglich. Für einen Automatikbetrieb bieten vollwertige → *Digitalzentralen* und die Steuerung per PC und entsprechender Software heute alle nur denkbaren Möglichkeiten.

Automatikkupplung

Ein Kupplungssystem, das selbsttätig die Waggons untereinander und mit der Lokomotive bei Anfahrt mechanisch verbindet, wird als Automatikkupplung bezeichnet. Vorteil der Automatikkupplung ist insbesondere, vorbildnahe Vorgänge beim Rangierdienst zu ermöglichen. Automatikkupplungen gibt es für eine Vielzahl von Nenngrößen und Fahrzeugtypen. Sofern ein Fahrzeug über einen → *NEM-Kupplungsschacht* verfügt, kann auf einfache Weise bei Bedarf eine Automatikkupplung nachgerüstet werden.

AW

Abk. für Ausbesserungswerk für Waggons

AZL

Abk. für automatische Zuglenkung

Backup
Fachbegriff für das Anlegen einer → *Sicherheitskopie* von elektronischen Daten.

Bahnhof
Ein Bahnhof ist eine bauliche Bahnanlage mit mindestens einer Weiche. Bahnhöfe dienen im Wesentlichen den Betriebsumständen der Personenbeförderungen, in früheren Epochen auch der Stückgutbeförderung. Als Grenze eines Bahnhofs zur freien Strecke gelten die Einfahrsignale. Modellbahn-Bahnhöfe stimmig zu bauen ist durch die Abmessungen der Originale immer problematisch.

TIPP
Wenn Sie auf einer Modellbahn-Anlage wenig Platz für einen stimmigen Bahnhof haben, bauen Sie einen kleinen Nebenbahn-Bahnhof oder konzentrieren das Motiv der Anlage auf Güter- oder Stückgutverkehre.

Bahnhofsansage
Eine Bahnhofsansage ist z. B. das bekannte „Auf Gleis 12 fährt ein ...“. Bei der digitalen Modellbahn kann eine Bahnhofsansage auf unterschiedlichen Wegen generiert werden: Entweder die Bahnhofsansage ist Teil des Funktionsumfangs eines Lok-/Sounddecoders, oder ein spezieller Sounddecoder befindet sich in einem nicht angetriebenen Fahrzeug. Alternativ kann auch ein Sounddecoder stationär mit einem Lautsprecher in ein Bahnhofsmodell integriert sein. Im Zubehör sind auch für den Einsatz auf einer analog betriebenen Modellbahn Geräuschmodule mit Bahnhofsansagen erhältlich (z. B. www.busch-model.com).

TIPP
Beim Verwenden eines PC-Steuerprogramms kann auch ein unter dem Bahnhof versteckter Lautsprecher vom PC aus Ansagen machen.

Bahnsteig
Ein Bahnsteig ist eine befestigte Plattform parallel zu einem Eisenbahngleis. Der Bahnsteig dient dazu, den Reisenden das Ein- und Aussteigen zu erleichtern. Bahnsteige findet man deshalb nur in Bahnhöfen oder an Haltepunkten (Haltestellen). Die Nachbildung von Bahnsteigen auf der Modellbahn ist unnötig, wenn die Anlage keinen Personenverkehr nachbildet.

Moderner DB-Haltepunkt für den Nahverkehr inklusive Modell eines „DB-Würfels“.

Bahnstrom
Bei einem analogen Modellbahn-System bestimmt die Höhe der am Gleis anliegenden Spannung die Fahrgeschwindigkeit. Diese Spannung wird im Jargon als Bahnstrom bezeichnet. Der Bahnstrom kann je nach System ein Gleich- oder Wechselstrom sein und versorgt über die Kontakte der Gleise (Schienen, Mittelleiter) die Triebfahrzeuge mit Betriebsspannung für den Motor, für Beleuchtung und Zubehör wie Dampfgeneratoren. Klassische Modellbahn-Transformatoren haben häufig eine Kennzeichnung „B“ für diesen Anschluss.

Bahnübergang
Der Begriff Bahnübergang wurde erst nach dem Zweiten Weltkrieg von der Deutschen Bundesbahn eingeführt. Ein Bahnübergang (Abk.: Bü) ist eine höhengleiche Kreuzung einer Eisenbahnstrecke mit einer Straße, einem Weg oder einem Platz. Die Kreuzung einer Eisenbahn mit einer Straße, einem Weg oder einem Platz auf unterschiedlichem Niveau heißt Überführung oder Unterführung. Übergänge für Reisende zum Erreichen eines Bahnsteigs ohne Sicherung hingegen gelten als Reisendenübergang (Rü). Modellbahn-Anlagen kommen schon aufgrund des meist geringen Platzes bei einer stimmigen Darstellung einer Bebauung nicht um einen oder mehrere Bahnübergänge umhin. Es gibt ganz unter-

schiedliche Systeme, mit denen z. B. die Schranken sich automatisch bei Annäherung eines Zuges senken können, von mechanischen Kontakten bis hin zu elektronischen wie z. B. → *LISSY*.

Bakelit

Bakelit wurde 1907 vom belgischen Chemiker Leo Hendrik Baekeland entwickelt. Der Kunststoff wurde mit Beginn der 30er-Jahre bis etwa Beginn der 50er-Jahre bei Modelleisenbahnen vor allem als Gehäuse für Transformatoren verwendet, da Bakelit hervorragend elektrisch isoliert, hitzebeständig ist und als Pressmaterial industrielle Fertigung mit hohen Stückzahlen erlaubt. Es gab sogar Dampflok-Modelle mit Bakelit-Gehäuse. Von den damaligen Bakelit-Modellbahnartikeln sind heute noch viele erhalten, denn Bakelit ist sehr langlebig. Bakelit-Produkte sind leicht an der dunkelbraunen bis schwarzen Farbe zu erkennen.

Ballastgewicht

Die meisten Modellbahn-Hersteller fertigen die Modelle aus Kunststoff, daher sind sie sehr leicht. Um für einen zuverlässigen Betrieb das notwendige Gewicht zu erhalten, sind die Kunststoff-Modelle meist mit einem Ballastgewicht ausgestattet, das in den Wagenboden eingelegt ist. Dabei handelt es sich in der Regel um ein simples Eisenstück. Soll ein Fahrzeug nachträglich mit einem Ballastgewicht beschwert werden, gießen Modellbahner passende Gewichte meist aus → *Blei*. Gut geeignet als Ballast sind auch Bleiplatten vom Dachdecker, die oft ohne viel Bearbeitungsaufwand in Wagen hinpassen.

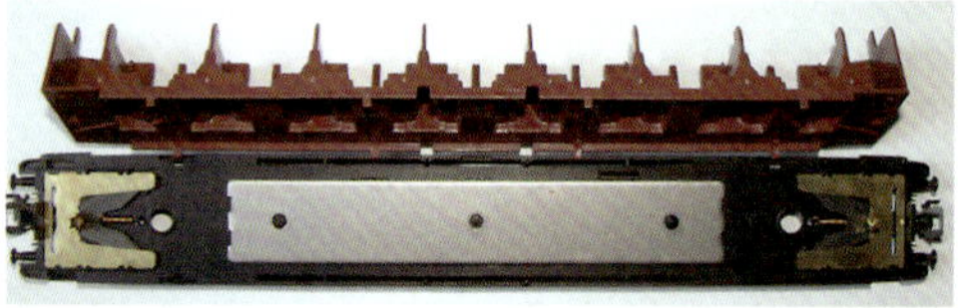

Bei diesem geöffneten Personenwaggon befindet sich das Ballastgewicht unter der Inneneinrichtung.

BASIC

BASIC, Abk. für Beginners All Purpose Symbol Instruction Code (etwa Allzweck-Programmiersprache für Anfänger) ist eine Programmiersprache, die 1965 am Dartmouth College als Lehr- und Lernsprache entwickelt und 1981 auf den ersten IBM-PCs mitgeliefert wurde. Die moderne Variante von BASIC ist Visual BASIC. Diese Programmiersprache ist relativ leicht zu erlernen und wird daher teilweise auch für Modellbahn-Steuerungsprogramme eingesetzt.

TIPP
Wenn Sie sich für die Programmierung mit QBASIC interessieren, finden Sie umfangreiche, deutschsprachige Informationen und Hilfen auf der größten europäischen Seite zu QBASIC unter www.qbasic.de.

Baureihe

Bei Eisenbahnen werden technisch gleichartige Fahrzeuge mit einer gemeinsamen Ziffernfolge bezeichnet, die Baureihe genannt wird. Die deutschen Länderbahnen, die Reichbahn, die DB und private Anbieter verwendeten unterschiedliche Baureihenbezeichnungen. Heute vergibt das → *Eisenbahn-Bundesamt* einheitliche Typennummern. Die Baureihenbezeichnung beginnt mit einer meist zwei- oder dreistelligen Stammnummer. Danach folgt nach einer Leerstelle die drei- oder vierstellige Loknummer, die nach den produzierten Exemplaren heraufgezählt wird. Daraus ergibt sich dann z. B. „59 123“. Bis in die → *Epoche III* führten Lokomotiven zudem Kennbuchstaben vor der Stammnummer, z. B. „V 36“. Das V steht hierbei für Verbrennungsmotor, für E-Loks wurde z. B. ein E vorangestellt. In modernen Zeiten wird ein IT-gerechtes Nummernsystem verwendet, das die Ziffernfolge noch um eine Prüfziffer ergänzt,

Das Schild mit der Angabe der Baureihe und der Loknummer findet sich bei Dampfloks auf der Tür der Rauchkammer sowie an beiden Seiten des Führerstandes.

die nach einem Bindestrich angehängt wird. Außerdem sind die Typenbezeichnungen in Deutschland 3-stellig (059 123-0). Im Modellbahn-Betrieb spielt das Vorbild-Baureihensystem eine wichtige Rolle bei der Zuordnung von Modellen zu bestimmten → *Epochen* sowie bei der → *Zugbildung*.

TIPP
Zwei Loks mit derselben Baureihen- und Loknummer sollten nicht zur selben Zeit auf einer Anlage fahren, das kann es schließlich beim Vorbildbetrieb auch nicht geben.

Baureihenbezeichnung aktuell

Ab der → *Epoche VI* ändert sich die Vergabe der Baureihen- und Lokbezeichnungen grundlegend. Alle Loks eines Typs erhalten dieselbe Nummer, die vom → *EBA* vergeben wird, unabhängig davon, von welchem Unternehmen die Loks betrieben werden. Die Loknummer ist um Länderkennzeichen und Kennnummer der Bahngesellschaft ergänzt. Es ist geplant, die nationalen Lokregister in einem EU-weiten Register zusammenzuführen.

Begrasungsgerät

Ein Begrasungsgerät dient dazu, beim Modellbau Grünflächen oder Grasbüschel vorbildnah zu formen. Ein Begrasungsgerät lädt dazu die „Grasfasern" mit Hochspannung elektrisch auf. Die Fasern werden dann von dem statischen Feld in eine vorbereitete Klebefläche „geschossen". Bei richtiger Anwendung entsteht eine überzeugende Optik mit stehenden Grashalmen. Begrasungsgeräte bietet der Zubehörhandel, z. B. „Gras-o-Mat" von Bernscheider, HEKI „Flockstar" und „Gras-Master" von NOCH. Es gibt auch mehrere Selbstbaulösungen von Begrasungsgeräten. Aufgrund der Hochspannung ab ca. 5 kV für einen funktionierenden Betrieb sind Selbstbauten jedoch nur elektrisch versierten Modellbahnern zu empfehlen.

WICHTIG
Beim Benutzen solcher Begrasungsgeräte mit Hochspannung müssen alle Digitalkomponenten von der Anlage genommen bzw. getrennt werden, weil akute Zerstörungsgefahr besteht.

Beladungshöhe

Die Beladungshöhe kennzeichnet unabhängig von dem theoretisch möglichen → *Lademaß* die tatsächliche Höhe, bis zu der ein Waggon mit einer spezifischen Fracht beladen werden darf, ohne das zulässige Gesamtgewicht der Ladung und des Fahrzeugs zu überschreiten. Es ist bei vielen Modellbahn-Güterwaggons zu beobachten, dass die Beladungshöhe bei Schüttgutwagen, die mit Erz, Kohle oder Kalk beladen sind, falsch dargestellt wird. Das ist teilweise sogar bei Waggons so, die ab Werk mit Beladung geliefert werden, teils auch bei Ladegüter-Imitationen, die nachgerüstet werden können. Die Beladungshöhe ist in diesen Fällen in aller Regel deutlich übertrieben, sodass ein derart beladener Waggon im Vorbildbetrieb wahrscheinlich zusammenbrechen würde.

Belegtmeldeachsen

→ *Widerstandsachsen*

Beleuchtungssockel

Mit einem Beleuchtungssockel wird ein Glühlämpchen in einem Fahrzeug oder einem Gebäude angeschlossen. Klassisch zur Befestigung des Leuchtmittels sind Schraubsockel oder Bajonettsockel. Neuere Loks verwenden Kunststoffsockel, um eine Massefreiheit vom Lokrahmen herzustellen und die Beleuchtung an einen Funktionsausgang eines → *Lokdecoders* und dem gemeinsamen Plus anschließen zu können.

Berührungssensitiver Bildschirm

→ *Touchscreen*

Betaversion

Wenn ein Software-Programm wie ein Steuerungsprogramm für die digitale Modellbahn neu entwickelt wird, geschieht das in mehreren Stationen. Die erste wird als „Alphaversion" bezeichnet und gelangt normalerweise nicht an die Öffentlichkeit. Das zweite Entwicklungsstadium ist die Betaversion, die Sie vielfach an einem „b" am Ende der Versionsnummer erkennen. Die Betaversion ist eine nahezu fertiggestellte Version des Programms. Die Betaversion wird in aller Regel zum Entdecken letzter Fehler einem geschlossenen Personenkreis zum Testen zugänglich gemacht. Immer mehr

B

Hersteller bieten sogar öffentliche Betatests an, die Programme können dann aber meist nur eine bestimmte Zeit lang genutzt werden („time bomb").

Betriebsspannung

Bei der elektrisch angetriebenen Modelleisenbahn spielt die Betriebsspannung (V) eine entscheidende Rolle. In der Frühzeit der Entwicklung wurde die Modellbahn mit dem damals üblichen Haushaltsstrom betrieben, die Geschwindigkeit wurde über einen großen Schichtschiebewiderstand geregelt, alles ganz ohne → *Transformator*. Heute wird die Modellbahn mit weniger lebensgefährlichen Spannungen über einen Transformator betrieben, der den Haushaltsstrom (235 V) in ungefährliche Niederspannungen umwandelt. Beim Modellbahnbetrieb haben sich folgende Betriebsspannungen etabliert:

- 16 V Wechselstrom (klassisches, analoges Märklin-Mittelleiter-System)
- 12 V Gleichstrom (die meisten klassischen, analogen Zweileiter-Gleichstrom-Systeme)
- 10 V Gleichstrom (Spur Z)
- 22 V Digitalstrom der Modellbahn

Für alle ortsfesten Einrichtungen einer Modellbahn-Anlage regelt die → *NEM 611* „Elektrische Speisung der ortsfesten Einrichtungen" die Nennspannung am Eingang der betreffenden Einrichtung (Beleuchtung, Antriebe, Signale, Drehscheiben) wie folgt:

- Spurweite 6,5 mm: 10 V AC bzw. 8 V DC
- Spurweite größer 6,5 mm und kleiner 45 mm: 14 bis 16 V AC bzw. 12 V DC
- Spurweite ab 45 mm: AC und DC 14 bis 18 V

Betriebsstundenzähler

Ein Betriebsstundenzähler ist eine Funktion in einer Modellbahn-Steuerungssoftware, die die Betriebszeit eines Triebfahrzeugs erfasst. Da die Software die eingemessenen Loks identifiziert, kann sie auch die Betriebsstunden des Triebfahrzeugs zählen. Damit wird verhindert, dass Schäden durch mangelnden Service an einem Fahrzeug entstehen. Die Hersteller der Fahrzeuge geben zumeist Empfehlungen, wie lang die maximale Betriebsdauer bis zum nächsten Check-up sein sollte. Als Faustregel ist nach einer summierten Betriebszeit von ca. 40 Stunden eine Wartung einer Modell-Lokomotive angeraten. Das Erfassen der Service-Intervalle für die Fahrzeuge ist insbesondere für Groß- und Schauanlagen von Bedeutung.

Betriebssystem

Ein Betriebssystem stellt auf einer spezifischen Hardware-Plattform die Grundlagen bereit, dass Anwendungsprogramme arbeiten können. Dazu verwaltet und organisiert das Betriebssystem die Komponenten, aus denen die Hardware besteht. Unter anderem bestimmt das Betriebssystem, wie Dateien organisiert werden und was Sie auf dem Display sehen. Aktuelle Betriebssysteme werden mittels einer grafischen Oberfläche gesteuert. Besonders verbreitet ist das Betriebssystem Microsoft Windows, das auch als Basis für die meisten Modellbahn-Steuerungsprogramme Verwendung findet. Von der Leistung her sind die weniger verbreiteten Betriebssysteme Apple Mac OS und das kostenlose Betriebssystem Linux gleichauf, allerdings gibt es für diese Betriebssysteme nur wenige Modellbahn-Steuerungsprogramme oder -Tools. Linux spielt allerdings eine Sonderrolle, denn eine Linux-Variante kommt z. B. bei der Märklin Central Station und anderen → *Digitalzentralen* als internes Betriebsprogramm zum Einsatz.

Bettungsgleis

Modellbahn-Gleise bestehen entweder nur aus den Schwellen und Schienen oder sind schon ab Werk mit einer Bettung ausgestattet. Die Bettung des Modell-Gleises imitiert den Böschungskörper bzw. das Schotterbett des origi-

Typische Bettungsgleise (von oben nach unten): aktuelles Märklin C-Gleis Spur H0, historisches Märklin M-Gleis Spur H0, Fleischmann Profigleis Spur H0, KATO Unitrack Spur N

nalen Oberbaus (Gleiskörpers) der Gleisanlagen. Ein Vorteil dieser Gleiselemente ist, dass sie nicht nur die Betriebsspannung übertragen, sondern auch eine mechanisch robuste Verbindung herstellen. Das macht den Modellbahn-Gleisbau deutlich einfacher und den Betrieb beim „fliegenden Aufbau" (→ *Teppichbahning*) deutlich sicherer. Weiterer Vorteil: In einigen Bettungen kann ein → *Einbaudecoder* untergebracht werden.

WICHTIG
Durch die starre Verbindung sind keine so flexiblen Gleisfiguren möglich, zudem stellt die Nachbildung des Oberbaus manche fortgeschrittene Modellbauer nicht zufrieden. Modellbahn-Gleise mit Bettung sind für Spur H0 Fleischmann Profigleis, Märklin M-Gleis und → *C-Gleis*, Roco Line mit Bettung. Für die Spur TT bietet Tillig das TT-Bettungsgleis, für die Spur N wird in Deutschland das → *KATO Unitrack* vertrieben. Es sind nicht für alle Nenngrößen vorgefertigte Bettungsgleise verfügbar.

Bf
Abk. für Bahnhof

Bidi
Jargon-Abk. von „Bidirectional Communication". Damit wird die Fähigkeit moderner → *Digitalzentralen* und → *Digitaldecoder* beschrieben, eine Zwei-Wege-Kommunikation zu unterstützen. Bidirektionale Protokolle wie → *DCC Bidi* oder → *mfx* übertragen Informationen von der → *Digitalzentrale* zum Fahrzeugdecoder sowie auch vom Fahrzeug zu der → *Digitalzentrale*.

TIPP
Damit Bidi funktioniert, müssen im Digitalbetrieb auch die eingesetzten → *Booster* Bidi-fähig sein.

Big Boy
Name der größten jemals gebauten Dampflokomotive. Die → *Achsfolge* des „großen Jungen" ist 4-8-8-4 (oo OOOO OOOO oo). Diese US-Maschine hat ein Fahrwerk Bauart → *Mallet*. Modelle des Big Boy sind in der Nenngröße H0 von Märklin und Rivarossi produziert worden, für die Spur N haben

Imposanter geht es nicht: Das FineScale-Modell des Big Boy im Maßstab 1:32 für die Spur 1 (Hersteller Accucraft).

Athearn (www.athearn.com) und Rivarossi ein solches Modell entwickelt, für die Spur 1 liefert Accucraft Trains (www.accucraft.de) ein Modell des Big Boy.

Bildfahrplan
Andere Bezeichnung für → *Gleisplan*

BIOS
BIOS ist die Abk. für Basic Input/Output System. Es steuert die Basisfunktionen der Kommunikation zwischen Prozessor und Peripheriegeräten. Es enthält außerdem die Urladesoftware zum Booten eines PCs bzw. Notebooks, die gleich nach dem Starten aktiv wird und das Betriebssystem lädt. Das BIOS führt beim Starten des Rechners eine Systemüberprüfung durch, die als POST (Power On Self Test) bezeichnet wird.

Bit
Bit ist die Abk. für Binary Digit, dt. „zweiwertiger Zahlenwert", „binärer Wert". Ein Bit ist die kleinste Informationseinheit. Mathematisch wird das Bit in Form der Zahlenwerte 1 für wahr oder ja sowie 0 für unwahr oder nein dargestellt. Modellbahn-Digitalzentralen basieren auf der digitalen Computertechnik, bei der ein Byte eine Informationseinheit aus 8 Bit ist, die 256 Zustände (2^8) annehmen kann. Die Protokolle der digitalen Modellbahn-Steuerungen basieren ebenfalls auf Steuerbefehlen, die aus Bitgruppen („Datenpaketen") bestehen. Wie genau diese Bitgruppen zusammengestellt sind, legen die verwendeten Protokolle fest.

Bitrate
Bitrate bezeichnet bei einer Datenübertragung das Verhältnis der übertragenen Datenmenge zu der Übertragungszeit. Die Bitrate wird typischerweise in Bit pro Sekunde (Bit/s oder bps) gemessen. Bei der Modellbahn spielt die Bitrate insbesondere bei der Geschwindigkeitsbe-

B

schreibung eine Rolle, mit der → *Digitalzentralen* die Informationen zu den gesteuerten Fahrzeugen übertragen.

Blei

Ein sehr schweres Buntmetall mit der Dichte 11,4 g/cm³. Bleigewichte werden häufig als Ballast in Triebfahrzeugen oder sehr leichten Waggons verwendet, um die → *Zugkraft* zu erhöhen. Passend geformte Bleigewichte lassen sich aufgrund des niedrigen Schmelzpunktes von ca. 330 °C leicht selbst erstellen.

> **WICHTIG**
> Blei ist giftig, am besten nur mit Latex-Einmalhandschuhen anfassen und fertige Blei-Werkstücke lackieren.

Blockabschnitt

Die Einteilung einer Strecke in Blockabschnitte ist eine grundlegende Maßnahme der → *Zugsicherung*. Ein Blockabschnitt darf zur selben Zeit nur von einem Zug befahren werden. Erst, wenn die Signale am Eingang des Blocks einen freien Blockabschnitt melden, darf ein Zug einfahren.

Blocksignal

Ein Blocksignal gehört zu den Hauptsignalen. Es steht am Anfang eines → *Blockabschnitts* und sperrt ihn für nachfolgende Züge, solange sich in dem Blockabschnitt ein Zug befindet. Für die Modellbahn sind Blocksignale als klassische → *Formsignale* oder → *Lichtsignale* verfügbar.

Booster

Ein Booster ist ein elektrischer Signalverstärker, in diesem Fall des Digitalstroms der Modellbahn-Zentraleinheit. Mit einer Zentraleinheit können Sie ca. 3 bis 5 Loks zeitgleich fahren lassen. Daher werden größere Anlagen in getrennte Bereiche unterteilt und jeder Bereich von einem Booster elektrisch versorgt. Typisch ist eine Leistung von 4 bis 6 A für einen Booster für die Modellbahn Spur H0, Booster für große Spuren und Gartenbahnen leisten auch 8 oder sogar 12 A. Ein Modellbahn-Booster erzeugt zwar selbst keine Digitalsignale wie die → *Digitalzentrale*, er unterstützt aber nicht automatisch alle Protokolle, daher muss der Booster zum verwendeten Digitalsystem passen, das ist insbesondere bei Systemen wichtig, die auch digitale Rückmeldungen erlauben. Der Modellbahn-Booster erhält seine Befehle von der Digitalzentrale und hat selbst keinen Fahrregler. Es empfiehlt sich, bei der Modellbahn keine unterschiedlichen Booster an derselben Anlage einzusetzen, da durch Laufzeitdifferenzen und andere Inkompatibilitäten ansonsten Probleme auftreten können, wenn ein Fahrzeug die Trennstelle zwischen zwei Anlagenabschnitten überfährt.

Booster intern

Ein zentraler Punkt bei der Beurteilung einer → *Digitalzentrale* ist ihre Fähigkeit, die Modellbahn-Anlage mit Betriebsspannung zu versorgen. Umfasst die Beschreibung einer Digitalzentrale auch die Angaben zur elektrischen Leistung (z. B. 90 Watt), handelt es sich um einen internen Booster. Andernfalls wird der Booster als externes Gerät mit der Digitalzentrale verbunden.

BR

Abk. für → *Baureihe*

Brake Light Funkenflug

Bremsscheiben von Vorbild-Lokomotiven verursachen beim starken Bremsen einen Funkenflug, der sich auch für H0-, TT- und N-Lokomotiven im Analog- oder Digitalbetrieb simulieren lässt. Möglich macht dies das Produkt „Brake Light" der Firma MBS Bohnen. Im Lieferumfang enthalten sind die Elektronikplatine und 2 Mini-LEDs. Für 2-Leiter-Gleichstrombetrieb wird zusätzlich ein Brückengleichrichter BC40C1500 o. Ä. benötigt (Infos: www.aachener-lokklinik.de).

Bratpfannenfahrer

Jargonbegriff für die Modellbahner der kleinen Spuren N und Z, die zur Schmierung häufig Trockenschmiermittel mit Teflon benutzen, da die Getriebe der kleinen Fahrzeuge sonst schnell verharzen. Die Handelsbezeichnung Teflon steht für einen Kunststoff aus Polytetrafluoräthylen. Hauptanwendungsgebiet sind die Herstellung von Dichtungen und Spezialdüsen oder korrosions- und temperaturbeständige Beschichtungen bei Rohren. Ebenso werden Bratpfannen und Kochtöpfe damit beschichtet, daher der spezielle Modellbahner-„Kosename".

Geht tatsächlich: Spur-Z-Güterzug auf einer Bratpfanne.

Breitspur
Weltweit gibt es zwei verbreitete Breitspur-Bahnsysteme. Die Breitspur in Russland und Finnland beträgt 1.524 mm. Die spanische und indische Breitspur fährt auf 1.676 mm Spurweite. Da das Fahrverhalten von Modellbahnen in engen Gleisbögen umso problematischer wird, je größer die Spur wird, gibt es keine bekannten Serienmodelle von Breitspur-Modellbahnen. Auch die Bezeichnung ist uneinheitlich, Breitspur in der Nenngröße H0 wird als H0b (broad-gauge) und H0w (wide-gauge) bezeichnet (Infos unter www.breitspurbahn.de).

Bremsstrecke
Für einen realitätsnahen und sicheren Betrieb einer Modellbahn sind Bremsstrecken eine wichtige Einrichtung. Während bei der analogen Modellbahn auf einer Bremsstrecke nur die Spannung z. B. durch Vorwiderstände reduziert werden muss, gibt es bei der digitalen Modellbahn mehrere verbreitete Standards, eine Bremsstrecke zu realisieren. Bekannte Modellbahn-Standards hierzu sind Lenz LG100, ROCO-Bremsstrecken, ZIMOs HLU-Befehle und das Bremsen im Gleichstromabschnitt mit umgekehrter Polarität. Bei der digitalen Modellbahn müssen diese Verfahren von der Zentrale und dem jeweiligen Lokdecoder unterstützt werden, um zu funktionieren.

> **WICHTIG**
> Wird ein PC-Steuerprogramm eingesetzt, sind keine Bremsbausteine notwendig, denn der PC berechnet und steuert dann den Bremsvorgang.

Brückenstecker
Um z. B. Funktionen wie Rauchgenerator oder Innenbeleuchtungen vom Analogbetrieb auf Digitalbetrieb umzustellen, müssen in manchen Modellen Brückenstecker korrekt gesetzt werden. Brückenstecker werden ebenfalls häufig eingesetzt, um eine Funktionen von der Standard-Funktion [F0] auf eine separat zu schaltende Funktion wie [F1] zu legen.

Brünierung
Die Brünierung ist ein ursprünglich industrielles Verfahren, mit dem Sie Metalle durch Oxydation dunkel färben (schwarzoxidieren). Für die Zwecke des Modellbaus wird das Kaltbrünieren bei Eisen, Aluminium und Kupfer eingesetzt. Im Gegensatz zu einer Lackierung wird ein Stromfluss nicht behindert, weshalb die Brünierung bei der Modellbahn häufig zur farblichen Verbesserung glänzender Radsätze verwendet wird. Es gibt unterschiedliche Verfahren für das Brünieren, sodass es flüssige Brünierbeize, Brüniergel und Brüniermarker ähnlich einem Filzstift gibt. Vorteil des Brünierens ist die im Vergleich zu einer Lackierung große Haltbarkeit der Einfärbung.

Bubikopf
Bubikopf ist der Spitzname für die um 10 cm verlängerten Personenzugtenderlokomotiven der Baureihe 64 der Deutschen Reichsbahn (DRG BR 64) mit einer Betriebsnummer ab 64 368. Der Spitzname kommt von der gleichnamigen Frisur, die während der Zeit der Herstellung der BR 64 modern war, also 1928 bis 1940.

Buchregalanlage
Als eine Buchregalanlage bezeichnen Modelleisenbahner eine Modellbahn-Anlage, die als Pendelzugstrecke angelegt ist und daher in einem Regal oder auf einem Sideboard Platz findet. Speziell die Kurven, die immer relativ viel Platz benötigen, werden bei Buchregalanlagen bewusst weggelassen. Durch die modernen analogen und digitalen Steuerungsmöglichkeiten lassen sich z. B. abwechslungsreiche, automatische Pendelzugstrecken einrichten.

Bü
Abk. für → *Bahnübergang*

Bügelkupplung
Es handelt sich hierbei um die klassische und am weitesten verbreitete Kupplungsform bei

B

H0-Fahrzeugen. Die Bügelkupplung gibt es in mehreren Varianten und von mehreren Herstellern. Die Bügelkupplungen sind aber in aller Regel untereinander kuppelbar, Ausnahme hiervon sind TRIX Express-Fahrzeuge. Die Vorteile der Bügelkupplung sind hohe Kompatibilität zu anderen Bügelkupplungssystemen, hohe Toleranz bei horizontalen und vertikalen Bewegungen, weiches Einkuppeln sowie eine hohe Sicherheit gegen Zugtrennungen während der Fahrt. Nachteilig ist der große Abstand zwischen den Fahrzeugen, wenn Standard-Bügelkupplungen verwendet werden. Eine Weiterentwicklung der einfachen Bügelkupplung ist die → *Relex-Kupplung.*

Bürste
Während neuere Motoren für Modellbahn-Triebfahrzeuge bürstenlos sind (Brushless-Motoren), wird bei den klassischen kleinen Elektromotoren über Bürsten der Strom auf den drehenden Kollektor des Ankers (Rotor) im Motorgehäuse übertragen. Bei diesen „Bürstenmotoren" werden die beiden Kontakte entweder durch eine Bürste und einen Kohlenstift oder zwei Kohlestifte hergestellt. Die Bürste aus Kupferdraht hat dabei die Aufgabe, Verschmutzungen durch verschmierende Kohlepartikel zu entfernen.

Bürstenfeuer
Beim Einspeisen des Ankerstroms in Elektromotoren mittels Bürsten entstehen im Betrieb Funken, die Bürstenfeuer genannt werden. Diese Abrissfunken stellen funktechnische Störungen dar und werden daher mit Entstörkondensatoren gedämpft.

Bullfrog Snot
Bullfrog Snot (wörtlich: Ochsenfrosch-Schnotter) ist ein flüssiger Kunststoff, der auf angetriebene Räder von Modellbahn-Lokomotiven aufgetragen werden kann, um die Zugkraft zu erhöhen. Im flüssigen Zustand ist Bullfrog Snot (laut Hersteller ein Naturprodukt) giftgrün, nach Trocknung allerdings fast durchsichtig. Der Einsatz von Bullfrog Snot ist die Alternative zur nachträglichen Ausstattung von Rädern mit Haftreifen und kann je nach Modell die Traktion deutlich erhöhen. Bullfrog Snot zu benutzen macht insbesondere bei Lokomotiven der kleinen Maßstäbe (Spur N, Spur Z) häufig Sinn. Problematisch ist allerdings, dass sich die Stromaufnahme des Modells zwangsläufig verschlechtert.

Bullfrog-Snot erzeugt einen transparenten Haftreifen zum Erhöhen der Zugkraft.

TIPP
Setzen Sie Bullfrog Snot nur an Modellen ein, die eine sichere Stromaufnahme über mehrere Radsätze bieten. Das gilt ganz besonders für digital gesteuerte Modelle auf Zweileiter-Systemen.

Busybox-Linux
Es handelt sich bei Busybox-Linux um eine Variante des Linux-Betriebssystems, die speziell für den Einsatz als „Embedded System" entwickelt wurde. Dieses Linux ist das interne Betriebssystem der Modellbahn → *Digitalzentrale* Märklin → *Central Station* in der ersten Version (weitere Infos: www.busybox.net).

Bw
Abk. für Bahnbetriebswerk

Byte
Byte ist ein Begriff aus der Informationstechnik. Mit dem Kunstwort Byte wird eine Gruppe von acht → *Bit* (Oktett) beschrieben. Byte wird zum Beschreiben von Speichergrößen verwendet, indem Mehrfache von Byte benannt werden (KByte, MByte, GByte, TByte). Das Byte als Größe für 8 Bit wurde 1964 mit der Vorstellung des Großrechners IBM/360 in die Terminologie der Computertechnik eingeführt. Die Wortschöpfung Byte wird Dr. Werner Buchholz (*24. Oktober 1922 in Detmold) aus dem Entwicklungsteam der IBM 701 im Jahre 1956 zugeschrieben (→ *Digitalspannung*). Bei der digitalen Modellbahn sind
die Adress-Bytes von großer Bedeutung, mit denen die → *Digitalzentrale* im jeweiligen Digitalprotokoll einen → *Lokdecoder* oder → *Funktionsdecoder* anspricht.

CAD
Abk. für → *Computer Aided Design*

CAN-Bus
Abk. für das Bussystem → *Controller Area Network*

Car System
Auf modernen Modellbahn-Anlagen ist der Trend schlechthin, auch Autos automatisch zu steuern. FALLER hat hierzu mit dem „Car System" ein System entwickelt, das alle Komponenten für den Selbstbau und die Integration in eine Modellbahn-Anlage liefert. Die Fahrzeuge werden über einen Motor mit → *Schneckengetriebe* angetrieben. Die vordere Achse ist als Pendelachse ausgeführt, an der sich ein Lenkhebel befindet. Über einen Magneten am Lenkhebel folgen die Fahrzeuge des Car Systems einem in der Straße eingelassenen Fahrdraht. Eine weitergehende Kombination mit der Modellbahn ist durch eine spezielle Erweiterung des Car Systems für die Waggons der „Rollenden Landstraße" möglich, sodass eine automatische LKW-Verladung nachgebaut werden kann (Info: www.faller.de).

Central Station
Es handelt sich bei der Central Station („Hauptbahnhof") um die leistungsfähigste → *Digitalzentrale* von Märklin. Das Gerät vereint 2 Fahrgeräte zum Steuern der Lokomotiven, einen integrierten Booster zur Versorgung der Anlage mit Fahr- und Schaltstrom, die Zentralelektronik, ein Keyboard für Magnetartikel, ein → *Fahrstraßenstellpult*. Hinzu kommt ein Interface für den Computeranschluss. Die Central Station eignet sich zum alleinigen Steuern von kleinen bis zu mittelgroßen Anlagen ohne weitere Aufrüstung. Sie unterstützt die Protokolle Motorola I, Motorola II sowie mfx/Systems. Wichtige Geräteeigenschaften sind Touchscreen-Steuerung, bis zu 16 schaltbare Funktionen, Magnetartikel schaltbar, Fahrstraßensteuerung auch automatisch (Blockstreckenbetrieb, Schattenbahnhofssteuerung), automatischer Pendelzugbetrieb für bis zu 8 Fahrzeuge, Ethernet-Netzwerk-Schnittstelle für Sicherung der Benutzerdaten und → *Firmware-Updates* Anschluss von Rückmeldern über s88-Bus. Die aktuelle Version der Central Station ist die Central Station 2.

CentralUnit 6020/6021
Die klassische Digitalzentrale Märklin „Central Unit" ist durch den frühen Markteintritt bis heute eine der verbreiteten → *Digitalzentralen*. Sie arbeiten aber nur mit den → *Protokollen* Motorola I bzw. I und II. Das System war modular aufgebaut, sodass im Gegensatz zu modernen Digitalzentralen noch Fahrgeräte, Computer-Interface und Fahrstraßen-Memory nötigenfalls hinzugekauft werden mussten. Das trieb den Preis kräftig in die Höhe.

Centronics-Port
Der Centronics-Port ist eine Parallel-Port-Schnittstelle, die den Namen der Entwicklerfirma trägt. Diese Schnittstelle überträgt Datenbits auf mehreren Leitungen parallel. Die Schnittstelle wird hauptsächlich mit einer Breite von 8 Bits für Drucker verwendet und wird daher auch als Printer-Port bezeichnet. Sie lässt sich aber auch für Scanner, Software-Schutz-Stecker (Dongles) und andere Geräte wie Massenspeicher verwenden. Die im PC-Bereich mit dem Gerätenamen „LPT" für LinePrinter bezeichnete Schnittstelle ist heute im Wesentlichen nur noch für den Druckeranschluss im Einsatz, wird aber auch dort zunehmend von → *USB* und Ethernet verdrängt, sodass manche neuen Notebooks gar keine Parallelschnittstelle mehr haben. Bei der Modellbahn hat die Centronics-Schnittstelle insofern eine Bedeutung, als dass eine Vielzahl von elektrischen und elektronischen Basteleien diese Schnittstelle nutzt, z. B. zur Ansteuerung von Weichen, anderen Magnetartikeln oder Messeinrichtungen. Der besondere Vorteil dieser Schnittstelle ist, dass man sie mit recht einfachen Mitteln frei programmieren kann, z. B. mit einer Programmiersprache wie BASIC. Die Centronics-Schnittstelle bietet 8 Datenleitungen, mit denen Sie 256 verschiedene Zustände darstellen können, z. B. um 255 / 2 = 127 Weichen oder Signale zu schalten.

CE-Zeichen
Das CE-Zeichen ist eine Abk. für Communauté Européenne (Europäische Gemeinschaft) und soll dem Käufer eines elektronischen Geräts signalisieren, dass der Hersteller des Geräts alle relevanten Richtlinien der Europäischen Union eingehalten hat. Damit soll eine Gefährdung des Anwenders ausgeschlossen sein, keine elektro-

magnetische Störung vom Gerät ausgehen und das Gerät selbst störfest sein. Der Hersteller bescheinigt dies durch eine Konformitätserklärung, die dem Kunden auf Verlangen auszuhändigen ist. Das CE-Zeichen hat aber keinerlei Aussagekraft, wenn es von einem Hersteller außerhalb der EU angebracht wird.

C

C-Gleis

Beim C-Gleis vom Hersteller Märklin handelt es sich um ein H0-Gleis mit Böschungskörper bzw. Schotterbett. Das C-Gleis („c" für „click") ist aus dem Gleis für die Spielbahn Alpha hervorgegangen. Es ist extrem robust und somit ideal für → *Teppichbahning*. Anspruchsvolle Modellbahner stellt es optisch aber weniger zufrieden, zudem ist der Fahrbetrieb auf C-Gleis durch die eingebaute Böschung sehr laut, da sie wie ein Resonanzkörper wirkt. Das C-Gleis ersetzt das 2001 eingestellte → *M-Gleis*.

C-Kuppler

Bei einem C-Kuppler handelt es sich um eine Lokomotive mit drei gekoppelten Treibachsen ohne Vor- und Nachläufer. Der Begriff wird sowohl bei der Vorbildbahn wie auch im Modellbahnjargon verwendet. Auch die meistgebaute Modellbahn-Lokomotive der Welt, die Märklin H0 BR89, ist ein C-Kuppler.

Die Tenderlokomotive T3 „Zeche Zollern" in der Nenngröße H0 (Hersteller Fleischmann) ist ein typischer C-Kuppler.

Computer Aided Design

Das computerunterstützte Konstruieren ist ein bei der modernen Modellbahn-Herstellung in der Großserie angewendetes Verfahren, insbesondere bei der Entwicklung des → *Rollmaterials* und der Datenerzeugung für die → *Stereolithografie*.

COM-Schnittstelle

Diese serielle Schnittstelle ermöglicht den Anschluss eines Endgeräts. Die Bedeutung „COM" leitet sich vom englischen „Communication" ab. Die COM-Schnittstelle ist an PCs und Notebooks als 9-poliger Stecker ausgeführt. Sie wird an neuen Geräten vom schnelleren USB verdrängt, der aber zum COM-Anschluss inkompatibel ist. Die COM-Schnittstelle wird auch als → *RS-232-* oder → *V.24-Schnittstelle* bezeichnet.

Consolidation

Im amerikanischen System zur Beschreibung der → *Achsfolge* eine Dampflok vom Typ 1'D, Bildschema oOOOO.

Containertragwagen

Es handelt sich hierbei um Güterwagen, die speziell für den Transport für Großcontainer entwickelt wurden, wie sie in großer Zahl auch auf Seeschiffen transportiert werden. Containertragwagen sind daher Flachwagen, die mit entsprechenden Befestigungsvorrichtungen (Containerzapfen) ausgestattet sind. Zweiachsige Containertragwagen können zwei standardisierte 20-Fuß-Container oder einen 40-Fuß-Container aufnehmen, vierachsige Containertragwagen nehmen drei 20-Fuß-Container oder 2 40-Fuß-Container auf. Containertragwagen eignen sich auf der Modellbahn insbesondere zur Darstellung von logistischen Abläufen (Schiff, Bahn, LKW) und sind sehr gut zur Bildung von Ganzzügen mit interessanten Motiven geeignet.

Eine Diesellok zieht einen Containertragwagen, beladen mit einem 40-Fuß-Container, zum nächsten Containerterminal.

Controller Area Network

Der CAN-Bus ist ein serieller Bus-Standard, der beispielsweise in industriellen Anlagen und der Medizintechnik Verwendung findet und eine Übertragungsgeschwindigkeit bis zu 115 Kbit/s. erreicht. Besonderheit des CAN-Busses ist sein hoher Standard bei der Sicherheit der Signalübertragung. Für die Verbindung und Steuerung des CAN-Busses mit dem PC stehen Adapter CAN ↔ USB zur Verfügung. Auf der Modellbahn wird der CAN-Bus von Komponenten mehrerer Hersteller zur Kommunikation mit weiteren Digitalgeräten eingesetzt, darunter Märklin und ZIMO.

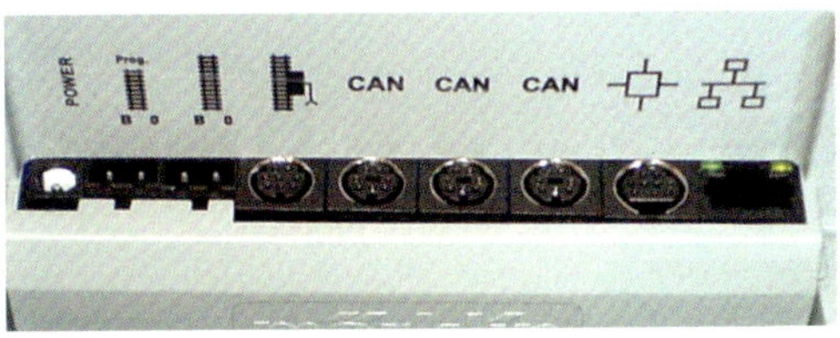

Die Märklin Central Station bietet 3 CAN-Bus-Anschlüsse.

CPU

CPU ist die Abk. für Central Processing Unit, dt. Zentraleinheit, elektronische Schaltung zur Befehlsverarbeitung und -ausführung in einem Computer. Die CPU ist das zentrale Rechenelement des Computers. Als Leistungsmerkmale werden die Zahl der gleichzeitig in einem Rechenschritt verarbeiteten Bits (8, 16, 32, 64 Bit) und der Takt der Rechenoperationen herangezogen. Bei PCs stellt die CPU den Hauptprozessor auf der Hauptplatine dar. Modellbahn-Steuerzentralen benutzen im Gegensatz zu PCs und Notebooks zumeist keine Standard-CPUs, sondern spezialisierte und zum PC-Standard x86 inkompatible Chips.

CS

Jargon-Abk. für die → *Digitalzentrale* Märklin → *Central Station*

C-Sinus-Motor

Beim C-Sinus-Motor (Jargon-Abk.: „CS-Motor“) handelt es sich um einen Hochleistungsmotor, der von Märklin in H0-Triebfahrzeugen eingesetzt wird. Der C-Sinus-Motor basiert darauf, dass im Kreis angeordnete Spulen ein rotierendes Magnetfeld erzeugen, das einen Rotor „mitzieht“. Die Drehbewegung des Rotors wird auf das Getriebe der Lok übertragen.“ Der CS-Motor hat keine Kohlen oder Schleiferbürsten mehr zur Stromübertragung und ist daher völlig verschleißfrei. Vorteile des CS-Motors sind sein höheres Drehmoment bei geringen Spannungen und der geringere Stromverbrauch.

WICHTIG

Da der CS-Motor eine aufwendige und auf die Lok abgestimmte Vorschalt-Elektronik benötigt, lassen sich keine → *Digitaldecoder* anderer Hersteller einsetzen.

CT

Aktuelle Abk. für → *Ganzzug*, hergeleitet vom englischen „complete train“

Cursor

Der Cursor ist eine auffällige Schreibmarke, mit der die Position gekennzeichnet wird, an der Sie Daten eingeben. Bei den digitalen Steuerzentralen der Modellbahn ist der Cursor als Strich oder blinkendes Kästchen ausgeführt und im Display sichtbar. Auch die PC-Programme zur Steuerung der Modellbahn kennzeichnen die aktuelle Eingabe- bzw. Schreibposition mit einem Cursor.

CV

Abk. für Configuration Variable (dt. → *Konfigurationsvariable*)

d.r.m.b.

Abk. für die Newsgroup de.rec.modelle.bahn. Newsgroups wie de.rec.modelle.bahn sind ein Teil des Usenets und stellen Diskussionsforen dar. Die Beiträge lassen sich über Newsreader und die meisten Mailprogramme lesen. Ein Teil der Newsgroups findet sich auch in Suchmaschinen wie Google. Die Newsgroup de.rec.modelle.bahn wird von Modellbahnern und Modelleisenbahnfreunden aller Spuren für die Diskussion über ihr Hobby Modellbahn genutzt.

D

In Newsgroups und Internet-Foren üblicherweise verwendete Abk. für einen Beitrag zum Thema digitale Modellbahn, oft auch als [D] geschrieben.

Dachaufbauten

Als Dachaufbauten werden zusammengefasst allgemein alle Elemente auf dem Dach einer Diesel- oder Elektrolokomotive bezeichnet. Für den vorbildorientierten Modellbahner sind die Dachaufbauten wichtig bei der Beurteilung der optischen Qualität eines Modells, denn insbesondere bei den Dachaufbauten wird bei einfachen Modellen sehr gespart. Beispielsweise werden recht häufig nur Standard-Stromabnehmer benutzt, die nicht vorbildgerecht sind. Insbesondere bei Hobby-Modellen werden die Dachaufbauten oft stark vereinfacht, um die Bespielbarkeit zu verbessern und Abbrüche zu minimieren.

Filigrane Dachaufbauten inklusive Dachstromabnehmern auf einem modernen Märklin-Modell der Nenngröße H0.

Dachstromabnehmer

Dachstromabnehmer oder Pantographen sind die auf dem Dach befindlichen Stromabnehmer der Elektrolokomotiven (E-Loks), die bei Modellbahnen allerdings nicht immer elektrisch angeschlossen sind. Die Stromabnahme erfolgt hier über die Gleise. In Modellbahn-Anlagen fahren Elektroloks daher oft abgebügelt, also mit eingefahrenen Dachstromabnehmern. Denn der Oberleitungsbetrieb und die Stromzufuhr über die Dachstromabnehmer ist bei den kleineren Maßstäben der Modellbahn recht aufwendig. Auch auf die Oberleitungen wird in vielen Fällen verzichtet. Bei den Dachstromabnehmern sind die grundlegenden Bauformen als Scheren- oder Einholm-Stromabnehmer zu unterscheiden. Weiterhin gibt es auch Unterschiede bei den Bauformen für die unterschiedlichen Epochen.

Daisy

Ein kabelgebundener Handregler des Herstellers Uhlenbrock für die manuelle Steuerung der Züge auf einer digitalen Modellbahn-Anlage. Daisy kann an allen Digitalzentralen betrieben werden, die über das → *LocoNet* mit Peripheriegeräten kommunizieren können (Infos: www.uhlenbrock.de).

Dampf- und Reinigungsöl

Zum absolut unverzichtbaren Zubehör jeder Modellbahn gehört Dampf- und Reinigungsöl (→ *„Modellbahn-Öl“*). Das Mittel besteht aus einer Mischung verschiedener leicht viskoser, nicht brennbarer Öle. Es handelt sich dabei

Wer es mal richtig dampfen lassen möchte, kann mit der Literflasche SR24 auch große Dampferzeuger in einer LGB-Gartenbahn lange Zeit in Betrieb halten.

nicht um Schmieröl (Getriebeöl), sondern eher um ein Reinigungsmittel. Als Dampföl (Rauchöl) kann es in den Rauchgeneratoren aller Baugrößen und von allen Herstellern verwendet werden. Da es praktisch rückstandsfrei verdampft, eignet es sich für Dampfloks genauso wie z. B. für Industriemodelle mit einem Schornstein. Als Reinigungsöl zeigt es besondere Stärken: Entweder Sie tränken einen Lappen und wischen damit über die Gleise, oder Sie benutzen es als Reinigungsflüssigkeit in einem Schienenreinigungswagen. Wer über einen → *Ultraschallreiniger* verfügt, kann das Mittel auch dort als Reinigungsflüssigkeit einsetzen, es wirkt schmutzlösend und greift keinen Kunststoff an. Marktführend ist das seit über 40 Jahren bewährte „SR24 Modellbahn-Öl".

TIPP
Weithin unbekannt sind die Einsatzmöglichkeiten von Modellbahn-Öl im Haushalt. Kleberückstände von Preisauszeichnungen und anderen Aufklebern lassen sich mit dem Modellbahn-Öl ganz einfach entfernen: Satt einstreichen und einige Minuten einwirken lassen, dann können Sie den Aufkleber ganz leicht abziehen und Kleberückstände abwischen.

Dampferzeuger
Anderer Begriff für → *Raucherzeuger*

Dampföl
Branchentypische Bezeichnung für → *Modellbahn-Öl*

Datenpaket
Als ein Datenpaket bezeichnet man eine Gruppe von Bits, die genormte Modellbahn-Digitaldecoder verstehen müssen. In der Norm NEM 671 bzw. → *NMRA S-9.2* wird die minimale Anzahl von Datenpaketen beschrieben (Basis-Datenpakete). Jeder NMRA-konforme Decoder muss diese Pakete verstehen. Über diese 3-Byte-Befehle hinausgehende, komplexere Datenpakete werden in der RP-9.2.1 beschrieben und erweitern die Möglichkeiten der digitalen Modellbahnsteuerung enorm. Hier werden unter anderem die größere Anzahl an Lok-Adressen und Fahrstufen sowie die Programmierung der Konfigurationsvariablen untergebracht.

Datensatz
Datensatz ist ein häufig im Zusammenhang mit der digitalen Modellbahn benutzter Begriff, der sozusagen den Informationen entspricht, die klassisch auf einer Karteikarte zusammengefasst wurden. Ein Datensatz speichert z. B. in einer Lok-Datenbank alle Informationen zu einer Modellbahn-Lokomotive, damit das Steuerungsprogramm bzw. die → *Digitalzentrale* alle Parameter zur Steuerung des Modells kennt. Zu den wichtigen Informationen in einem Datensatz zu einem Triebfahrzeug gehören bei der modernen digitalen Modellbahn auch die Einstellungen zu den Konfigurationsvariablen.

DBKW
Abk. für doppelte Bogenkreuzungsweiche

DC
Abk. für das englische Wort → *direct current*, dt. → *Gleichstrom*.

DCC
Das → *Digitalprotokoll DCC* (Digital Command Control) wurde von der Firma Lenz entwickelt. Es wurde von Märklin und Arnold und 1988 unter den Bezeichnungen „Märklin Digital=" und „Arnold Digital" als Digitalsystem für 2-Leiter-Gleichstrom-Systeme in den Markt eingeführt. Nach Weiterentwicklung durch Lenz wurde DCC von der → *NMRA* als normiertes Standardprotokoll für die Steuerung einer digitalen Modellbahn freigegeben. Das DCC-Protokoll arbeitet paketorientiert und wird von den meisten Herstellern von Digitalkomponenten für ein Zweileiter-System unterstützt. Der Nachfolger wird DCC Bidirectional („DCC Bidi"), das eine Rückmeldefähigkeit enthält.

DCC Bidirectional
DCC ist die Abk. von Digital Command Control und ein international nach → *NMRA* normiertes Protokoll für die Steuerung einer digitalen Modellbahn. Das Modellbahn-Protokoll arbeitet paketorientiert und wird von den meisten Herstellern von Digitalkomponenten für ein Zweileiter-System unterstützt. DCC Bidirectional (im Jargon „DCC Bidi") ist die neueste Variante, die auf dem DCC-Protokoll aufbaut, und ist um eine Rückmeldefähig-

keit erweitert worden. Für eine funktionierende Rückmeldung muss allerdings auch die → *Digitalzentrale* die rückgemeldeten Signale auswerten können. Eine Nachrüstung der vorhandenen Digitalzentralen um die Unterstützung der Bidirektionalität ist bei entsprechender Ausstattung durch ein kostenloses Firmware-Update möglich.

D

DCC128

Kurzform für das Fahren im Digitalsystem → *DCC* mit 128 Fahrstufen. Durch die hohe Zahl an Fahrstufen für die Geschwindigkeitseinstellung ist ein sehr feinfühliges und genaues Steuern der Triebfahrzeuge möglich. Das Fahren mit DCC128 empfiehlt sich allerdings eher bei einer Modellbahn-Steuerung per Software, da das Regeln von 128 Fahrstufen per handbedientem Drehregler recht schnell lästig wird.

WICHTIG
Bei der PC-Steuerung vieler gleichzeitig fahrender Loks mit DCC128 wird eine gegenüber → *DCC28* erheblich erhöhte Datenmenge übertragen. Das kann je nach technischer Realisation der Modellbahn-Anlage zu Störungen führen.

DCC28

Jargonübliche Abk. für das Fahren mit dem → *Digitalprotokoll* → *DCC* mit 28 → *Fahrstufen*

DC-Car

Digitalsystem für Modellautos, das auf dem → *Car System* von FALLER basiert, aber dessen Möglichkeiten weiterentwickelt. Die Funktionen des DC-Car sind in einem kleinen Computerchip von nur 5 x 5 mm zusammengefasst. Der DC-Car-Decoder passt daher in fast alle Autos für die Modellbahn-Nenngrößen H0 und TT sowie in viele Fahrzeuge der Nenngröße N, vor allem LKW-Modelle. Zum Steuern von Funktionen benutzt das DC-Car-System eine Infrarot-Steuerung. Das System ist kompatibel zum → *DCC-System* der Modellbahn-Steuerung, sodass die Bedienung eines Fahrzeugs im Prinzip wie die einer Lokomotive funktioniert und mit einer → *Digitalzentrale* vorgenommen werden kann.

DDL

Abk. für → *Digital Direct* for Linux

Decals

Als Decals werden Nassschiebebilder (auch: Wasserschiebebilder) bezeichnet, mit denen Sie Beschriftungen, Hoheitszeichen und Bildmotive an Fahrzeugen anbringen können. Decals bietet der Fachhandel für jede Baugröße und jede Epoche in großer Auswahl. Vereinzelt liegen manchen Modellen auch Decals bei, um z. B. das Fahrzeug an eine bestimmte Bahngesellschaft anzupassen.

TIPP
Sie können Decals auch selbst drucken, denn entsprechendes Folienmaterial für Farb-Laserdrucker oder Farb-Tintenstrahldrucker ist ebenfalls erhältlich. Beachten Sie dabei, dass die genannten Druckverfahren die Farbe Weiß nicht drucken können.

Decoderprüfstand

Ist ein Defekt an einem → *Digitaldecoder* wahrscheinlich, ist es umständlich, ihn zu

Ein geöffneter LKW für das DC-Car-System: In der Mitte erkennen Sie den Akku, rechts daneben befindet sich der Motor.

Beim Testen eines Digitaldecoders ist der Decoderprüfstand eine wertvolle Arbeitserleichterung.

Testzwecken extra in eine Lok einzubauen. Einfacher ist es, den ESU-Decoderprüfstand zu benutzen. Der Prüfstand bietet die Möglichkeit, die Ansteuerung des Motors sowie Licht- und Soundeffekte zu prüfen. Durch die Klemmanschlüsse sowie die 8-polige und die 21-polige Schnittstelle ist keinerlei Löten für den Testvorgang erforderlich.

Delta Control
Als Steuergeräte für das einfache Delta-Digitalsystem hat Märklin die beiden Delta-Zentralen Delta Control (Art.-Nr. 6604) und Delta Control 4f (Art.-Nr. 66045) entwickelt, beide werden aber heute nicht mehr angeboten, da sie von der Einsteiger → *Digitalzentrale* „Mobile Station“ abgelöst worden sind. Trotzdem sind die Delta-Fahrgeräte weit verbreitet, denn sie waren in vielen Anfangspackungen zu finden. Maximal kann eine Delta Control vier Digitaladressen unterscheiden, inklusive des Fernbedienungsreglers können im Delta-System maximal 5 Fahrzeuge unabhängig voneinander gesteuert werden. Das System ist grundlegend kompatibel zu Märklin Digital und Märklin Systems, Magnetartikel lassen sich mit Delta nicht schalten.

Delta System
Das Delta System ist ein einfaches Modellbahn-Digitalsystem von Märklin, das auf dem Motorola-Protokoll basiert. Ziel dieses Systems ist es, einen einfachen Einstieg und eine besonders einfache Bedienung eines Modellbahn-Digitalsystems zu erreichen. Daher unterstützt Delta lediglich diese vier festen Digital-Adressen, denen Symbole zugewiesen sind: 24 E-Lok, 60 Schienenbus, 72 Diesellok, 78 Dampflok. Maximal können Sie mit dieser Modellbahnsteuerung 5 Fahrzeugmodelle unabhängig voneinander steuern, Magnetartikel lassen sich nicht schalten. Das System ist grundlegend kompatibel zum „Märklin Digital“ und „Märklin Systems“. Ein Manko beim alleinigen Delta-Betrieb ist, dass Lokomotiven, die mit anderen Digitaladressen geliefert werden, mit den Delta-Digitalzentralen nicht umprogrammiert werden können. Trotzdem sind die beiden Delta-Zentralen → *Delta Control* (Art.-Nr. 6604) und Delta Control 4f (Art.-Nr. 66045) weit verbreitet, denn sie sind in vielen Anfangspackungen zu finden und lassen sich auch auf größeren Anlagen als besonders preiswerte Booster einsetzen.

Delta-Digitaladressen
Das Modellbahn-Digitalsystem Märklin Delta stellt vier feste Digitaladressen zur Verfügung, die am Steuergerät einfach per Wählhebel direkt ausgewählt werden:
- Symbol Elektrolok – Adresse 24
- Symbol Schienenbus – Adresse 60
- Symbol Diesellok – Adresse 72
- Symbol Dampflok – Adresse 78

Demo-Version
Von vielen Steuerungsprogrammen für die digitale Modellbahn können Sie Demo-Versionen kostenlos von den jeweiligen Web-Präsenzen herunterladen. Allerdings sind Demo-Versionen in aller Regel entweder in den Funktionen oder der Zeit der vollen Betriebsfähigkeit eingeschränkt (→ *Timebomb*).

Derrick
Derrick oder Derrick-Kran ist die Bezeichnung für einen speziellen Eisenbahnkran. Diese Konstruktionen von Gittermastkränen sind nach dem Erfinder, dem englischen Henker Thomas Derrick, benannt.

Deutsches Krokodil
Als Deutsches Krokodil werden die klassischen, schweren Güterzug-Elektrolokomotiven der Baureihe E 93 (DB: 193) und E 94 (DB: 194) bezeichnet.

DieCast-Modell
DieCast ist ein Sammelbegriff für → *Zinkdruckguss-Modelle* aus Großserienfertigung. Die Produktion von DieCast-Eisenbahn- und Automodellen begann in den 30er-Jahren. Märklin produzierte ab 1935 DieCast-Automodelle, die zur Modellbahn Spur 0 (1:43) passten. Die verwendete Metalllegierung besteht aus einem hohen Anteil Zink sowie Aluminium und Magnesium, manche Hersteller haben auch geringe Anteile Kupfer zugegeben.

Digi-Fern
Hierbei handelt es sich um eine Infrarot-Fernbedienung für das Digitalsystem der Firma PIKO (www.piko.de) aus Sonneberg. Durch das IR-System bedingt muss zwischen der Fern-

bedienung, die einer Fernbedienung für einen Fernseher sehr ähnlich ist, und dem gesteuerten Fahrzeug eine Sichtverbindung bestehen.

Digital Direct for Linux

DDL ist eine Multiprotokoll-Steuerungs-Software für digitale Modellbahn-Anlagen. Die Besonderheit dieser → *OpenSource-Software* unter der → *GPL* ist, dass diese PC-basierte Lösung die → *Digitalzentrale* ersetzt und deren Funktionalitäten mittels DDL direkt von Ihrem PC übernommen wird. DDL erzeugt direkt die Digitalsignale für das Märklin-Motorola-System und das NMRA-DCC-System. Sie brauchen lediglich eine serielle Schnittstelle des → *PCs* mit einem → *Booster* zu verbinden. Aufgrund der Verwendung von Linux als Betriebssystem taugen auch alte → *Personal Computer* durchaus für den kostengünstigen Einsatz von DDL (weitere Infos und der Download unter www.vogt-it.com/OpenSource/DDL).

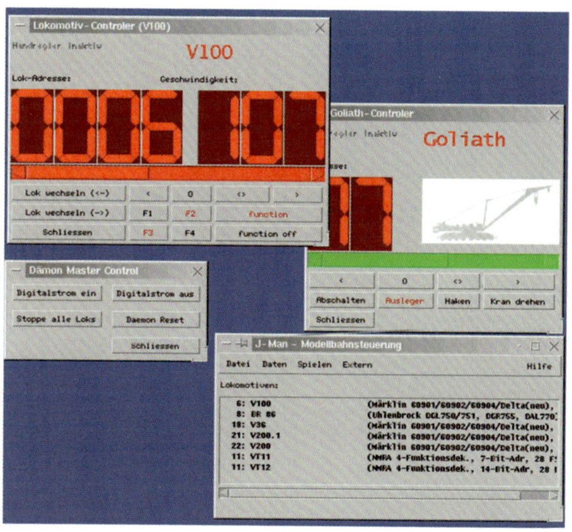

Digital Direct for Linux macht aus alten PCs eine nagelneue → Digitalzentrale für die Modellbahn.

Digital Plus Interface USB und Ethernet

Immer mehr werden Netzwerkfunktionen der PC-Technik auch für die Modellbahn nutzbar gemacht. Beispiel ist das „Interface USB und Ethernet" von Lenz. Das Interface verbindet per Ethernet- und → *XpressNet-Schnittstelle* PC bzw. → *Router* und eine Modellbahn-Digitalzentrale. Handelt es sich um einen WLAN-Router, kann auf diesem Weg die Modellbahn-Steuerung auch drahtlos per → *Smartphone* vorgenommen werden (Info: www.digital-plus.de).

Digitaldecoder

Bei der Modellbahn Sammelbegriff für eine elektronische Schaltung, mit der die Kommunikation zwischen der → *Digitalzentrale* und einer gesteuerten Funktion oder einem gesteuerten Fahrzeug hergestellt wird. Unterschieden wird zwischen Funktionsdecodern, die z. B. Signale und Weichen ansteuern, sowie → *Fahrzeugdecodern.*

Digitaldecoder sind während der Entwicklung immer kleiner und leistungsfähiger geworden, sodass sie heute auch in Fahrzeuge der Nenngrößen N und Z eingebaut werden können.

Digitalisierte Lok

Als eine „digitalisierte Lok" wird im Modellbahn-Jargon ein Triebfahrzeug bezeichnet, das mit einem Digitaldecoder ausgestattet ist. Ein einheitliches Betriebsverhalten oder eine einheitliche Einsatzmöglichkeit leitet sich jedoch aus dem Begriff in keiner Weise ab, denn die digitalisierten Loks unterscheiden sich grundlegend in der Art der unterstützten Digitalsysteme und der Kompatibilität zu den klassischen, analogen Stromsystemen. Während neue Loks für das H0-Mittelleiter-System heute ab Werk durch die Bank „digitalisiert" sind, bieten Hersteller und Handel für die Modellbahn-Zweileiter-Systeme auch preiswertere Modelle ohne Digitaldecoder an.

Digitalprotokoll

Die Kommunikation zwischen den Komponenten eines Modellbahn-Digitalsystems wird durch ein Digitalprotokoll organisiert. Dieses Protokoll wird von der → *Digitalzentrale* des

Systems erzeugt und über das verwendete Bussystem (zu dem auch die Gleise gehören) an die Empfänger (→ *Digitaldecoder*) gesendet. Alle Digitalprotokolle regeln verbindlich, wie Befehle für bestimmte Decoder und Schaltvorgänge einheitlich auszusehen haben. Damit werden dann z. B. bei einem → *Lokdecoder* Geschwindigkeit, Fahrtrichtung und die Zusatzfunktionen gesteuert. Derzeit sind die folgenden Digitalprotokolle verbreitet:

- Märklin Motorola, Märklin mfx
- NMRA DCC
- Selectrix

Die Protokolle sind nicht kompatibel zueinander, ein DCC-Fahrzeugdecoder „versteht" die Befehle einer Märklin-Motorola-Zentrale nicht. Die Protokolle werden weiterentwickelt, sodass sich auch daraus Inkompatibilitäten ergeben können.

TIPP
Viele Digitalkomponenten sind multiprotokollfähig, verstehen also mehr als ein Protokoll. Wenn Sie sich nicht an ein System binden möchten, stellen diese Komponenten eine sichere Alternative dar.

Digitalset

Digitalset ist eine Begriffsschöpfung der Modellbahn-Hersteller. Gemeint ist damit, dass Sie in einem Produkt alles zum Betrieb einer digitalen Modellbahn finden. Benötigt wird mindestens eine Zentraleinheit (Zentrale), die einen Fahrregler, die zentrale Elektronik und die Versorgung der Modellbahn mit digitaler Betriebsspannung vornimmt (Booster-Funktion). Die Spannungsversorgung der Anlage wird meist durch ein externes Netzteil vorgenommen. Ergänzt werden die Digitalsets dann durch ein oder zwei Fahrzeuge mit passendem Digitaldecoder. Die Digitalsets sind vielfach in Modellbahn-Anfangspackungen enthalten, um die Kunden auf ein bestimmtes Digitalsystem festzulegen. Aus diesem Grund sind Digitalsets oft die preiswerteste Möglichkeit, in die digitale Modellbahnsteuerung einzusteigen. Da die Digitalsets unterschiedlicher Hersteller aber untereinander weitgehend inkompatibel sind, ist eine sorgfältige Abwägung erforderlich, welches System denn das richtige ist. Ansonsten drohen möglicherweise erhebliche Folgekosten, oder eine Investition erweist sich später als nutzlos.

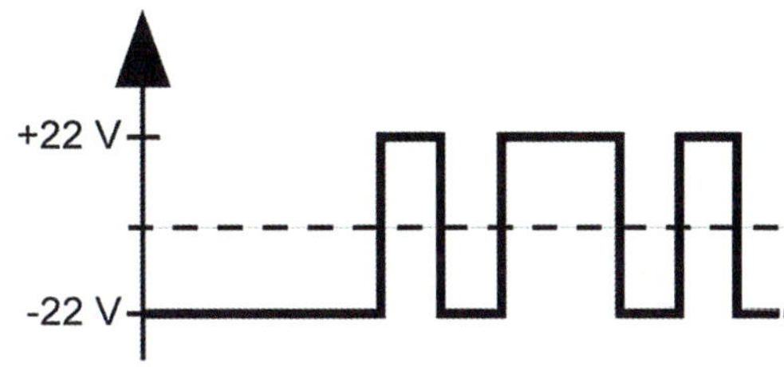

Diagramm einer Informationseinheit (→ Byte), die 8 → Bits an digitalen Steuerinformationen zusammenfasst.

Digitalspannung

Bezeichnet wird damit die Spannung am Gleis für den Betrieb einer digitalen Modellbahn, die bei den meisten Systemen 22 V beträgt. Die Digitalspannung beinhaltet zwei Komponenten:

- die Betriebsspannung (→ *Digitalstrom*) für alle Komponenten, die mit Strom zu versorgen sind.
- die codierten digitalen Steuerinformationen in dem betreffenden → *Digitalprotokoll*, die von der → *Digitalzentrale* an die Fahrzeuge und bei neuen Systemen (mfx/Systems, DCC/RailCom) auch bidirektional von den Fahrzeugen wieder an die Zentrale gesendet werden.

Digitalspannung messen

Für viele Tätigkeiten beim Bau und Service ist das Messen der Digitalspannung sinnvoll. Dazu wird die Digitalspannung am Gleichrichter gleichgerichtet und mit dem Kondensator geglättet. Dadurch wird die Maximalspannung des Wechselstroms messbar. Ohne die Gleichrichtung misst man mit einem Wechselstrom-Messinstrument nur Vmax / Wurzel 2 = Veff. Der Widerstand 70 bis 100 Ω soll nur den Ladestrom begrenzen, damit der Gleichrichter nicht verglüht. Der Widerstand (ca. 2 kΩ) er-

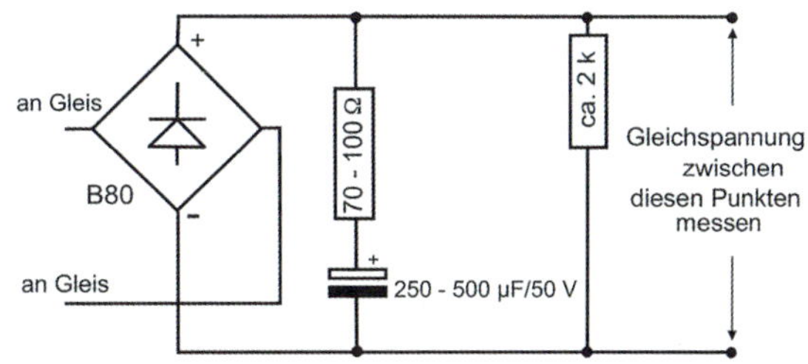

Mit dieser kleinen Schaltung wird die Messung der Digitalspannung am Gleis möglich.

zeugt eine kleine Last, um keinen unkontrollierten Ausgang zu haben.

Digital-Startset

Branchentypischer Begriff für eine → *Startpackung* oder eine → *Anfangspackung*, die inklusive einer → *Einsteiger-Digitalzentrale* geliefert wird

D

Digitalstrom

Es handelt sich beim Digitalstrom um keinen echten technischen Begriff, es ist bei der Modellbahn eher ein Jargonbegriff. Gemeint ist die Versorgungskomponente der im Digitalbetrieb dauerhaft am Gleis anliegenden → *Digitalspannung*. Der Digitalstrom kann nicht direkt mit einem → *Multimeter* gemessen werden. Das ist aber über eine kleine Schaltung durchführbar (→ *Digitalstrom* messen).
Nach Möglichkeit sollte der Digitalstrom nur für die Spannungsversorgung der Fahrzeuge verwendet werden. Es ist daher sinnvoll, für andere Stromverbraucher (Beleuchtung, Magnetartikel, Effekte) separate Gleich- bzw. Wechselstromtransformatoren einzusetzen (→ *Ringleitung*).

WICHTIG
Der Modellbahn-Digitalstrom hat nichts mit dem Haushalts-Digitalstrom zu tun (www.digitalstrom.org).

Digitalzentrale

Ein typischer Jargonbegriff. Gemeint sind hiermit die Modellbahn-Steuergeräte, die einen digitalen Mehrzugbetrieb organisieren. Die Zahl der Digitalzentralen ist inzwischen geradezu unüberschaubar groß, da nahezu jeder Hersteller von → *Rollmaterial* auch eine eigene Digitalzentrale anbietet. Zu unterscheiden sind einfache Digitalzentralen, die oft nur die Steuerung der Fahrzeuge, nicht aber von → *Magnetartikeln,* erlauben, und vollwertige Digitalzentralen, die zwei Fahrregler bieten, das Stellen von Magnetartikeln und Fahrstraßen erlauben, eine → *Pendelzugstrecke* steuern können und eine umfangreiche Datenbank der Triebfahrzeuge verwalten. Sogar komplette → *Gleisbilder* bieten die meisten vollwertigen Digitalzentralen und sind damit eine Alternative zur Modellbahn-Steuerung per → *PC* und Software. Da Digitalzentralen von der Rechenleistung her meist viel langsamer als moderne PCs sind, eignen sie sich nur bedingt als Interface für die Steuerung per PC-Software.

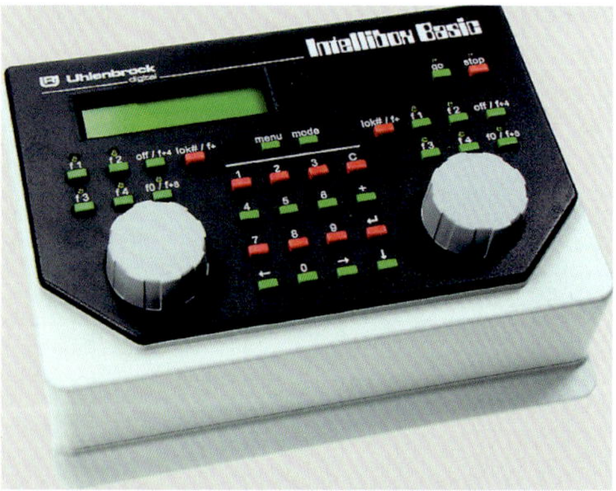

Einer der absoluten Klassiker der Digitalzentralen: die weit verbreitete Uhlenbrock Intellibox.

DiMAX

Vom Hersteller Massoth produzierte, vollwertige → *Digitalzentralen*, speziell für den Einsatz mit Gartenbahnen (→ *LGB*). Daher haben diese Digitalzentralen eine Belastbarkeit von bis zu 12 A.

Diode

Eine Diode ist ein Halbleiter-Bauelement, das auch in der Modellbahntechnik recht häufig eingesetzt wird, beispielsweise zur Gleichrichtung oder zur Signalentstörung. Eine Diode hat eine Durchlass- und eine Sperrrichtung. Eine Diode wird mit dem Plus-Pol an der Kathode in Sperrrichtung und mit dem Plus-Pol an der Anode in Durchlassrichtung betrieben. Eine Diode besitzt eine Ringmarkierung auf der Kathodenseite. Dadurch kann man die Anschlüsse voneinander unterscheiden. Für den Einsatz bei der Modellbahn ist die Spannungsfestigkeit einer Diode zu beachten, 25 V sind rund um die Modellbahn ausreichend, wer auf Nummer sicher gehen möchte, greift zu Typen mit 35 V.

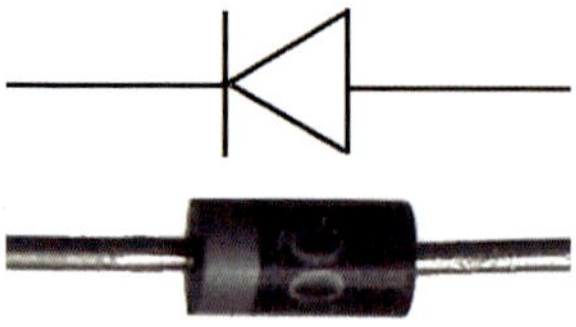

Schaltzeichen (oben) und typische Bauform einer Diode (unten).

TIPP
Die Anode einer Diode erkennen Sie an dem längeren Anschlussdraht.

Diodenmatrix
Die Diodenmatrix ist bei der analogen Modellbahn-Steuerung eine bewährte Technik, um eine Gruppe von Signalen oder Weichen zu steuern. Mit einer Diodenmatrix kann z. B. eine Fahrstraßensteuerung eines Bahnhofs besonders preiswert realisiert werden, mit einem einzigen Tastendruck kann eine ganze Fahrstraße in die gewünschte Lage gelegt werden. Auch eine zugehörige Signalsteuerung ist auf diesem Weg realisierbar. Dabei werden von vier → *LEDs* durch eine Diodenmatrix die Begriffe Vr0 bis Vr2 des → *Vorsignals* angesteuert.

Diodentrick
Die als „Diodentrick" im Jargon der Modellbahner des Märklin-Mittelleiter-Systems bekannte Verbesserung behebt ein Problem mit dem Massekontakt, das bei Loks mit nur 2 oder 3 Achsen in einem Abschnitt mit einem Rückmelder auftreten kann. Es wird mit einer richtig gepolten → *Diode* hoher Leistung eine Halbwelle der Digitalspannung auf den abisolierten Gleisabschnitt für die Rückmeldung (RM) gelegt. Die Diode sollte bei den üblichen 2,5 A Boostern für einen Kurzschlussfall mindestens 3 A vertragen, ideal sind 5 A. Der Strich der Dioden-Sperrrichtung weist in Richtung des Eingangs des → *S88-Busses* (ausführliche Info: www.moba-tipps.de/diodentrick.pdf).

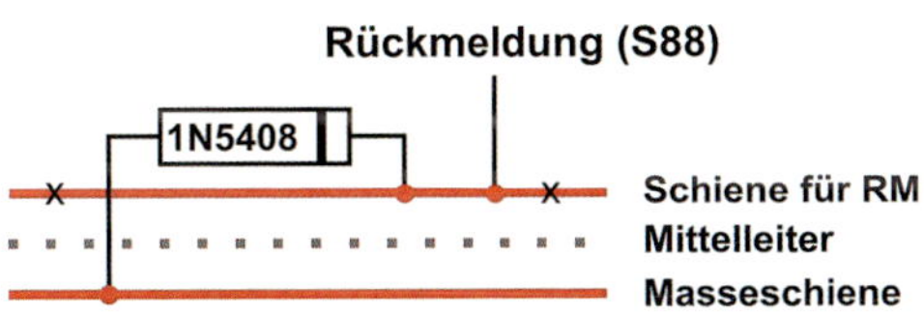

Haben Loks mit wenigen Achsen beim Anfahren aus einem isolierten Rückmeldeabschnitt (zwischen den beiden x) Kontaktprobleme, hilft der Diodentrick.

Diorama
Der Begriff Diorama entstand im 19. Jahrhundert und bezeichnet eine Schaubühne, die zumeist mit speziellen Effekten aufwartete. Auch Schaukästen, z. B. mit Krippendarstellungen oder naturkundlichen Darstellungen, werden als Diorama bezeichnet. Bei der Modelleisenbahn bezeichnet ein Diorama eine Szene, die eine bestimmte Betriebssituation darstellt oder einen Landschaftsteil wiedergibt. Ein Diorama ist also keine vollständige Anlage und auch weniger für den Spielbetrieb gedacht, kann aber auch ein Modul einer Modulanlage sein. Dioramen lassen sich vielfach in vorhandene Anlagen integrieren, insbesondere, wenn kein Gleisanschluss oder andere funktionale Verbindung für eine authentische Darstellung notwenig ist. Bei modernen Dioramen geht der Trend in Richtung Funktionsdioramen mit komplexen Funktionen (Licht, Sound, Motoren, digital gesteuerte Effekte). Inzwischen bieten Hersteller wie z. B. Herpa mit der „Scenix Edition" fertige Dioramen im verbreiteten Modellbahnmaßstab von 1:87, die sich durch Batteriebetrieb völlig unabhängig betreiben oder in eine Modellbahnanlage integrieren lassen (Info: www.herpa.de).

DIP
Kurzform von DIP-Switch (→ *Dual Input Package*)

Direct current
Internationale Bezeichnung für Gleichstrom. Alle Triebfahrzeuge, die mit DC gekennzeichnet sind, fahren auf analogen Gleichstrombahnen, im Regelfall in einem Zweileiter-System. Digitale Modellbahn-Systemen verwenden allerdings einen gepulsten Wechselstrom am Gleis. Trotzdem wird im Jargon meist die Bezeichnung „Gleichstrom-Modellbahn" weiterverwendet.

Direktsteuerung
Als Direktsteuerung wird bei der digitalen Modellbahn bezeichnet, wenn ein Digitaldecoder zwar über eine geregelte Anfahrbeschleunigung und Bremsverzögerung verfügt, dieses Feature aber absichtlich manuell abgeschaltet ist. Der Vorteil der Direktsteuerung ist, dass das Fahrzeug dann die Befehle unmittelbar umsetzt, ohne verzögert zu reagieren. Das ist insbesondere beim Rangieren von Vorteil. Allerdings ist das Fahrverhalten dann auch ruckelig, und es bedarf je nach Fahrregler möglicherweise eines gewissen Geschicks, um nicht versehentlich einen langen Zug in einer engen

Kurve zum Entgleisen zu bringen. Die Direktsteuerung wird von den Modellbahn-Protokollen DCC, Selectrix, TRIX- und Märklin-Systems unterstützt, allerdings gibt es für das Schalten der Funktion auf den Digitalzentralen keine einheitliche Funktionstaste. Bei Märklin-Fahrzeugen wird die Abschaltung der Anfahr- und Bremsverzögerung standardmäßig mit [F4] geschaltet.

DKW
Abk. für → *Doppelkreuzungsweiche*

DLL Laufzeitbibliothek
DLL ist die Abk. für „dynamic link library" (dt. = Laufzeitbibliothek) und bezeichnet eine Programmiertechnik von Microsoft, die mit dem Betriebssystem Windows Verbreitung fand. Der Trick: Programmroutinen stehen in Form von Bibliotheken zur Verfügung und werden nur bei Bedarf in den Arbeitsspeicher geladen. Das spart Arbeitsspeicher ein. Auf einem Windows-System finden Sie die DLLs standardmäßig im Ordner C:\Windows\System bzw. \System32. Treten Fehler oder Inkompatibilitäten bei Modellbahn-Programmen auf, liegen sie oft in einer Unverträglichkeit der DLLs begründet. Erkundigen Sie sich in solchen Fällen beim Hersteller Ihrer Modellbahn-Software nach einem Update.

Dongle
Ein Dongle ist ein Software-Schutz-Stecker für die serielle, parallele oder USB-Schnittstelle. Ein Dongle soll verhindern, dass jemand eine kommerzielle Software nutzt, ohne Lizenzgebühren dafür zu entrichten. Findet das Programm beim Start den aufgesteckten Dongle nicht, bricht es mit einer Fehlermeldung ab oder ist nur eingeschränkt nutzbar. Die Dongleabfrage kann aber nicht nur eine einmalige Prüfung beim Programmstart sein, sondern auch eine fortlaufende Prüfung eines kopiergeschützten Programms während des gesamten Programmlaufs. Insbesondere hochwertige und teure Programme setzen zum Kopierschutz einen Dongle ein. Bei der Modellbahn-Software ist das Programm Railware dafür ein Beispiel. In der Praxis ist der Einsatz eines Dongles nicht immer problemlos. Zum einen ist die betreffende Schnittstelle erforderlich, weiterhin kann es in seltenen Fällen zu Kompatibilitätsproblemen mit dem Betriebssystem kommen. Auch lizenzrechtliche Probleme beim Verlust des Dongles sind keine Seltenheit.

Doppelkreuzungsweiche
Diese speziellen Abzweige für die Fahrtrichtung haben auf der Modellbahnanlage den Vorteil, Platz zu sparen, sind allerdings nicht in allen gängigen Gleissystemen verfügbar.

Doppelspulenantrieb
Die klassische Form des Weichenantriebs ist der Doppelspulen-Antrieb, der z. B. in den Märklin-Weichen der Nenngröße H0 verwendet wird. Ein Doppelspulenantrieb besteht aus zwei hintereinander angeordneten Spulen, in denen sich ein bewegliches Eisenstück befindet. Wird eine der beiden Spulen unter Spannung gesetzt, zieht das Magnetfeld der Spule das Eisenstück an und bewirkt über einen Hebelmechanismus das Umstellen der Weichenzunge. Sie erkennen einen Doppelspulenantrieb an dem vorbildfernen, blitzschnellen Stellvorgang sowie daran, dass er immer mit drei Kabeln angeschlossen wird. Doppelspulenantriebe sind in den meisten Fällen oberflurig montiert oder in der Gleisbettung weggetarnt.

TIPP
Die Spulen eines Doppelspulenantriebs sind nicht für Dauerbetrieb ausgelegt. Wird ein Dauerkontakt geschaltet, erwärmen sich die Spulen und können durchbrennen. Daher darf nur ein kurzer Stromimpuls zum Ändern der Weichenlage angelegt werden.

Doppelstockwagen
Ein Doppelstockwagen ist ein Eisenbahnwaggon zur Personenbeförderung. Die Sitzplätze befinden sich in zwei übereinanderliegenden Ebenen. Doppelstockwagen haben gegenüber einstöckigen Personenwagen gleicher Länge den Vorteil eines höheren Passagierfassungsvermögens. Umgekehrt lassen sich durch kürzere Züge bei gleicher Kapazität auch Bahnhöfe mit kurzen Bahnsteigen bedienen, deren Länge für einstöckige Züge nicht ausreichend wäre. Doppelstock-Reisezugwagen werden von vielen Modellbahn-Herstellern angeboten, auch die Auswahl bei den Bahngesellschaften ist groß. Für die heimische Modellbahn haben

Doppelstockwagen des Metronom-Zuges, Modell in H0 von Hobbytrade.

Nahverkehrswagen generell den Vorteil, eine bessere Authentizität zu bieten als Fernreisezugwagen, da sich der Nahverkehr auf einer Modellbahnanlage besser darstellen lässt als Fernverkehre.

Doppeltraktion

Kann eine Lokomotive das Gewicht eines Zuges nicht alleine bewältigen, wird eine Doppeltraktion vorgespannt. Doppeltraktionen sind auch heute noch sehr häufig bei Güterzügen anzutreffen, z. B. beim Erztransport mit Großraumgüterwagen (→ *Dummy*). Eine besondere Form der Doppeltraktion ist → *Sandwich*.

DOS

DOS ist die Abk. für „Disk Operating System", ein PC-Betriebssystem für die von Intel entwickelte x86-Prozessorarchitektur. DOS ist der Name für eine ganze Reihe von kompatiblen Betriebssystemen, beispielsweise PC-DOS von IBM, MS-DOS von Microsoft oder DR-DOS von Digital Research. Der Name DOS entstand dadurch, dass das Betriebssystem ursprünglich von Disketten gebootet werden musste. Es hat in der Frühzeit der PC-Verbreitung auch eine Vielzahl von Programmen zur Modellbahn gegeben, die unter DOS liefen. Manche dieser Programms sind auch heute noch erhältlich, meist kostenlos. Allerdings werden DOS-Programme in aller Regel nicht mehr weiterentwickelt. Wenn Sie einen solchen Software-Oldie heute noch einsetzen möchten, ist das mit dem kostenlosen FreeDOS (www.freedos.org) möglich.

Dosto

Jargonübliche Abk. für einen → *Doppelstockwagen*

DR

Abk. für Deutsche Reichsbahn, Bezeichnung der Staatsbahn der DDR in der Epoche III und IV

Drehgestell

Ein Drehgestell ist ein Rahmen, der bei der Modellbahn wie der Echtbahn unter einem Fahrzeug mehrere Radsätze zusammenfasst.

Eine Doppeltraktion aus G1206-Dieselloks zieht einen schweren Güterzug.

D

Das Drehgestell selbst ist dann drehbar unter dem Fahrzeugboden gelagert. Drehgestelle nehmen zumeist zwei oder drei Radsätze auf, seltener auch bis zu 8 Achsen, um extreme Gewichte wie bei einem Torpedopfannenwagen zu tragen. Grundregel: Je mehr Radsätze sich in einem Drehgestell befinden, desto geringer ist der einzelne Achsdruck. Drehgestelle finden sich sowohl bei Waggons als auch bei Triebfahrzeugen. Für den Modellbahner sind Fahrzeuge mit Drehgestellen insofern von Vorteil, als dass sie in Kurven mit dem Radkranz der Radsätze nicht gegen die Innenflanken der Schienen schleifen, was bei langen, zweiachsigen Waggons speziell in engen Kurvenradien zwangsläufig der Fall ist und erheblich mehr Zugkraft der Lok erfordert. Drehgestelle an Modellbahn-Waggons sind ein relativ häufig geordertes Ersatzteil, weil z. B. Lagerzapfen einschmelzen oder Seitenwangen bei Unfällen brechen.

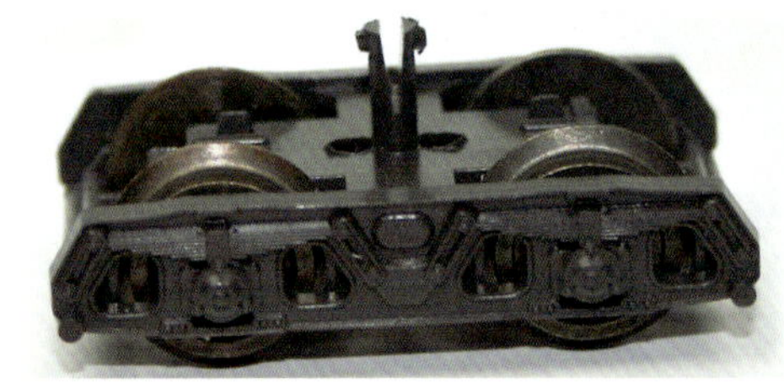

Drehgestell eines Reisezugwagens für ein Modell der Nenngröße H0. In der Mitte erkennen Sie den Drehzapfen.

Drehgestellblende

Drehgestellblenden finden Sie bei Modellbahn-Fahrzeugen an allen vorbildorientierten Fahrzeugen, die über Drehgestelle verfügen. Das können sowohl Lokomotiven als auch Modellbahn-Waggons sein. Nur bei Billigst-Modellfahrzeugen werden die Drehgestellblenden weggelassen, was sehr unschön aussieht. Drehgestellblenden verfügen vielfach nicht über Lagerbuchsen, in denen die Achsen gelagert sind, sondern sollen nur das Aussehen des Drehgestells möglichst nah an das des Vorbildfahrzeugs anpassen. Bei der Wartung eines Triebfahrzeugs müssen die Drehgestellblenden oftmals für einen Wechsel/Ersatz eines Haftreifens oder die Schmierung des Getriebes abgenommen werden. Auch bei Waggons gehören die Drehgestellblenden zu den Teilen, die häufiger verschleißen, weil Lager einlaufen oder Teile abbrechen. Sie sind daher bei den Markenherstellern für aktuelle Modelle als Ersatzteil verfügbar. Für antike Modelle werden Drehgestellblenden teilweise sogar als Replika-Ersatzteil nachgegossen.

Drehscheibe

Auf der Vorbildbahn dienten Drehscheiben im Wesentlichen zwei Aufgaben:
1. Die meisten Dampfloks mit Schlepptender mussten in die richtige Fahrtrichtung gedreht werden, weil bei der Fahrt mit dem Tender voran nur eine eingeschränkte Geschwindigkeit (meist 50 km/h) gefahren werden durfte.
2. Im Betriebswerk wurde durch die Drehscheibe vor dem Lokschuppen eine Lok platzsparend in einen freien Lokstand gedreht.
Insbesondere bei einer Modellbahnanlage der Epoche I bis III sollte in einem vorbildnahen BW die Drehscheibe daher nicht fehlen. Angeboten werden Drehscheiben für die Spur H0 von Fleischmann, Märklin (baugleich), Heljan und Roco. Die Steuerung einer Modellbahn-Drehscheibe kann analog oder digital erfolgen. Spezialisiert auf Drehscheiben-Antriebe ist Modellbahntechnik Kunad (Info: www.kunadbahn.de).

Dreikontaktbrücke

Es handelt sich bei einer Dreikontaktbrücke um eine elektrische Steckvorrichtung, mit der aus zwei möglichen Betriebsarten jeweils eine durch Umstecken einer Drahtbrücke ausgewählt wird. Häufig werden solche Dreikontaktbrücken bei älteren Triebfahrzeugen benutzt, um z. B. zwischen analogem Betrieb und digitalem Betrieb oder zwischen der Stromabnahme über das Gleis und der Stromabnahme durch die Oberleitung umzuschalten. Letzteres ist z. B. bei der klassischen E-Lok Märklin H0 Re 4/4 der Fall. Bei modernen Loks werden mechanische Einstellmöglichkeiten wie durch eine Dreikontaktbrücke durch die elektronische Programmierung der Konfigurationsvariablen ersetzt. Das hat den Vorteil, dass das Modell für die Umschaltung nicht mehr geöffnet werden muss und komfortabel nicht nur zwei, sondern eine ganze Auswahl von Betriebssituationen einstellbar sind. Das Prinzip der Dreikontaktbrücke ist auch auf vielen Elektronik-Platinen zu finden, bei denen durch einen Jumper (Kurzschlussstecker) zwischen zwei Kontaktpositionen gewählt wird. Besonders bekannt ist auf PC-Platinen die Dreikontaktbrücke mit der Auswahl „CMOS löschen" und „Betriebsposition".

Dreileiter-System

Als ein Dreileiter-System werden elektrische Modellbahnen beschrieben, die drei getrennte elektrische Kontakte zwischen dem Gleiskörper und den Fahrzeugen bieten. Ein solches System setzt isolierte Radsätze sowie einen zusätzlichen Schleifer voraus. Das bekannteste, echte Dreileitersystem ist TRIX Express, das allerdings nicht mehr hergestellt wird. Im Jargon wird auch das → *Märklin-System* vereinfacht häufig als Dreileiter-System bezeichnet, obgleich bei diesem System keine drei getrennten, elektrischen Kontakte am Gleis anliegen. Abschnitte der zweiten Schiene können bei diesem System allerdings als Rückmeldekontakt verwendet werden, was elektrisch als dritter Leiter aufgefasst werden kann.

Dreischienen-Dreileiter-System

Ein Dreischienen-Dreileiter-System bezeichnet eine spezielle Form der Spannungsversorgung für die Fahrzeuge einer elektrischen Modelleisenbahn. Bereits 1935 führte TRIX ein Dreischienen-Dreileiter-System ein, bei dem die beiden Fahrschienen auf dem Gleis elektrisch getrennt waren. Ein zusätzlicher, durchgängiger Mittelleiter diente als Masseanschluss. Dieses System ermöglichte eine einfache, analoge Mehrzugsteuerung, denn ein Fahrzeug (damals wurden nur Lokomotiven mit Strom versorgt) wurde über die linke, ein anderes über die rechte Schiene mit Betriebsspannung versorgt. Eine weitere Lok konnte im echtem Oberleitungsbetrieb eingesetzt werden, sodass schon damals drei Züge auf demselben Gleis unabhängig voneinander gesteuert werden konnten.

Dreischienengleis

Ein Dreischienengleis ist ein spezieller Gleiskörper, auf dem Schienen für den Betrieb mit zwei unterschiedlichen Spurweiten angeordnet sind. Ein Dreischienengleis hat zu dem Zweck drei nebeneinander verlegte Schienen, wobei eine der beiden äußeren Schienen von Fahrzeugen beider Spurweiten genutzt wird. In den meisten Fällen kombiniert ein Dreischienengleis ein Gleis mit Regelspurweite mit einem Gleis mit Schmalspurweite. Beispielsweise kann ein Modellbahn-H0-Gleis für die Regelspur (16,5 mm) ein H0m-Gleis (12 mm) für die Schmalspur enthalten. Häufig kombiniert ein Dreischienengleis auch den Eisenbahnverkehr und den Straßenbahnverkehr in einem Gleiskörper. Dreischienengleise sind für Modelleisenbahner eine Möglichkeit, sehr abwechselungsreichen Betrieb bei geringem Platzangebot zu realisieren. Eine Schmalspurbahn kann mittels eines Dreischienengleises denselben Bahnhof wie eine Regelspurbahn benutzen. Da auf diese Art eine Anfahrt an demselben Bahnsteig möglich ist, sparen Dreischienengleise Platz. Dreischiengleise für die Nenngröße bietet z. B. Tillig (Info: www.tillig.com).

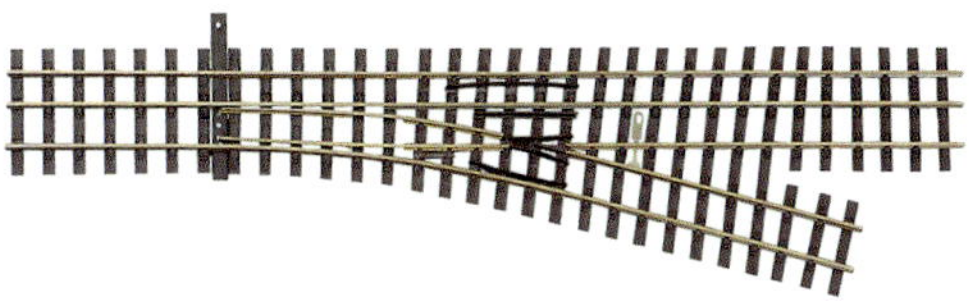

Eine Tillig-Weiche für ein H0/H0m-Dreischienengleis mit einem Abzweig des H0m-Gleises.

Dreiwegweiche

Für die Funktionalität und Befahrbarkeit einer Modellbahn-Anlage spielen Weichen eine zentrale Rolle. Ganz besonders das Verwenden von Dreiwegweichen (DWW, auch: Doppelweiche) ist von großer Bedeutung. Dieses spezielle Gleiselement erlaubt neben der Fahrt geradeaus auch die abzweigende Fahrt nach rechts oder links. Dadurch verkürzt eine DWW die Gleisfigur und spart Platz. Mechanisch ist eine DWW mit zwei Weichenzungen ausgestattet. Die Zungenpaare sind je nach Hersteller und System nacheinander angeordnet, oder es wird ein asymmetrischer Herzstückbereich mit versetzten Zungenpaaren verwendet. Zum Schalten der Weichenzungen per Hand sind Modell-DWWs meist mit zwei Handstellhebeln ausgerüstet. Auch elektrisch ist eine DWW deutlich komplizierter als eine einfache Weiche. Bei den Zweileiter-Modellbahnen müssen auf einer DWW vier zu trennende elektrische Bereiche gemäß Anleitung des Herstellers mit Betriebsspannung versorgt

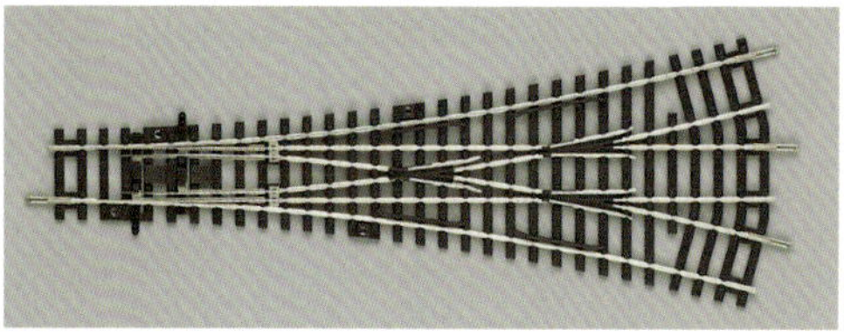

Eine symmetrische Dreiwegweiche spart viel Platz, z .B. in einem Schattenbahnhof oder einem Weichenvorfeld.

werden. Die hohe Schule des Gleisbaus mit DWW sind asymmetrische Dreiwegweichen, wie sie bei der Vorbildbahn weitaus häufiger als symmetrische DWWs vorkommen. Wer allerdings eine asymmetrische Modell-DWW einsetzen möchte, kommt um den Selbstbau nicht umhin, Großserienhersteller bieten diese Gleisform nicht. Material und Anleitungen zu „exotischen" Weichen für die Spuren H0 und TT finden Sie bei Weller Gleisbau (Info: www.g-weller.de).

DRG

Abk. für Deutsche Reichsbahn Gesellschaft, Bezeichnung für die Eisenbahngesellschaft der → *Epoche II* bis 1945.

Dritte Hand

Zu den unverzichtbaren Werkzeugen in der Modellbahn-Werkstatt zählt die „Dritte Hand". Es handelt sich dabei um in der Position justierbare → *Krokodilklemmen* auf einem Ständer, oft in Kombination mit einer Lupe. Speziell beim Löten ist die dritte Hand eine große Hilfe, da sie die Werkstücke in der besten Position fixiert.

Mit der „Dritten Hand" führen Sie viele Arbeitsschritte schneller und präziser durch.

Drossel

Eine Drossel ist ein induktiver → *Widerstand*, der bei gleichzeitig kleinem ohmschen Widerstand keinen hochfrequenten Wechselstrom durchlässt. Drosseln werden zur Funkentstörung in Lokomotiven mit klassischen Kollektormotoren eingesetzt (→ *Entstörelemente*). Dabei wird in aller Regel jeweils eine Drossel in Serie direkt in die beiden Zuleitungskabel am Motor eingelötet. Die Drosseln an Modellbahn-Motoren haben meist einen Wert von ca. 10 µH.

Druckgasspray, Druckluftspray

Andere Bezeichnungen für → *Druckluft-Reiniger*

Druckluft-Reiniger

Wichtiges Hilfsmittel bei der Reinigung schwer zugänglicher und empfindlicher mechanischer und elektronischer Bauteile, wie sie bei der Modelleisenbahn vielfach vorkommen. Speziell Staub wird z. B. an Modellbahn-Getrieben zuverlässig entfernt, die mechanische Reibung reduziert, der Verschleiß gesenkt und die ursprüngliche Funktionalität wieder hergestellt. Druckluftspray ist ein umweltfreundliches Reinigungsmittel, das in der Modellbahnwerkstatt vielfältige Anwendung findet, z. B. bei der Wartung des Rollmaterials. Neben dem Modellbahneinsatz kann es zur Reinigung rund um den PC (Lüfter, Tastatur) oder empfindliche Geräte wie eine Digitalkamera sinnvoll eingesetzt werden. Wichtig: Versetzen Sie bei der Reinigung eines Kühlers den Lüfter nicht mit der Druckluft in schnelle Rotation! Das könnte einen Strom induzieren (Dynamoeffekt), der die Elektronik beschädigt.

Druckluft-Reiniger wird mit einer Kanüle geliefert, die auch das Erreichen schwer zugänglicher Stellen möglich macht.

Drum Collector Motor (DCM)

Drum Collector Motor (DCM) ist die Bezeichnung für „Trommelkollektormotor" (Jargonbegriff unter Modellbahnern). Der Kollektor ist in Form einer Walze ausgeführt, daher der Name. DCM-Antriebe gibt es basierend auf drei- und fünfpoligen → *Ankern*. Der in den klassischen Lokomotiven von Marktführer Märklin am häufigsten anzutreffende Antrieb verfügt über einen drei- oder fünfpoligen Rundmotor mit Stirnradgetriebe. Dieser Motor ist ein → *Allstrommotor*:

- Beim Betrieb mit Wechselstrom wird die Drehrichtung des Motors, und damit die Fahrtrichtung der Lok, durch das Umschalten zwischen den beiden Spulen der Feldspule bewirkt.
- Ist ein Betrieb mit Gleichstrom erwünscht, wird die Feldspule gegen einen → *Permanentmagneten* ausgetauscht. Die Drehrichtung ändert sich dann je nach der Polarität (Plus/Minus) der angelegten Gleichspannung. Da der Betrieb mit einem Gleichstrommotor eine elektromechanische oder elektronische Einrichtung zum Umschalten der Fahrtrichtung („eingebauter Lokführer") überflüssig macht und somit billiger zu produzieren ist, sind heute Modelleisenbahn-Motoren meist Gleichstrommotoren. Das trifft auch auf praktisch alle anderen Elektromotoren in elektrischem Spielzeug zu, z. B. bei Autorennbahnen oder LEGO-Motoren. DCM-basierte Antriebe finden Sie in einer Vielzahl von Märklin-Triebfahrzeugen, allerdings entsprechen diese Motoren nicht mehr der aktuellen Antriebstechnik.

Dry-Brush-Technik

Für den Farbauftrag auf Modelle zur Modelleisenbahn gibt es sehr unterschiedliche Methoden. Eine davon ist die Dry-Brush-Technik (Trockenbürstentechnik, Trockenpinseltechnik). Bei der Dry-Brush-Technik wird ein Borstenpinsel oder Flachpinsel wie gewohnt vorsichtig in Farbe (Binderfarbe, Acrylfarbe) eingetaucht. Dann wird die Farbe aber nicht direkt auf das Modellbahn-Werkstück (Rollmaterial, Modellhäuser etc.) übertragen, sondern auf einem Stück Stoff oder Zeitungspapier so lange ausgestrichen, bis fast keine Farbe mehr am Pinsel ist, er eben quasi trocken ist. Danach wird mit fegenden Bewegungen über das Modellbahn-Werkstück gefahren, sodass sich nur sehr wenig Farbe auf das Modell überträgt. Auf diese Weise können z. B. Hausdächer von störendem Glanz befreit werden, es werden „Rostspuren" auf Modelle mit metallischem Vorbildmaterial übertragen oder Spuren von Moos an Mauern abgebildet. Das Gegenteil der Dry-Brush-Technik ist das „Inking".

DSG

Abk. für Deutsche Schlafwagen- und Speisewagen-Gesellschaft

Dual Input Package

Es handelt sich um zumeist vier oder acht Codierschalter, die in einem gemeinsamen Gehäuse untergebracht sind. Mit einem kleinen Schraubenzieher oder einem Kugelschreiber wird der jeweilige Schalter in die gewünschte Kodierposition gesetzt. Bei der Modellbahn finden Sie DIP-Schalter in vielen älteren Märklin-Loks, um die Digitaladresse oder ein bestimmtes Betriebsverhalten einer Lok einzustellen. Auch die Digitaladresse eines Funktionsdecoders wird oft per DIP-Switch eingestellt. Die Anzahl der unterschiedlichen Kodiermöglichkeiten in Abhängigkeit von den Schaltern des DIP-Swiches:

2 Schalter = 4
3 Schalter = 8
4 Schalter = 16
8 Schalter = 256

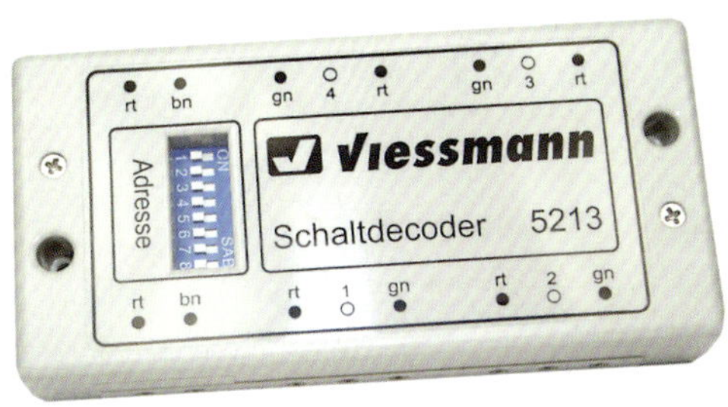

Wie an diesem Schaltdecoder (Funktionsdecoder) wird die Digitaladresse vieler Zubehörkomponenten per DIP-Switch eingestellt.

Dummy

Als ein Dummy wird bei der Modellbahn ein Fahrzeug bezeichnet, das zwar aussieht wie ein angetriebenes Fahrzeug (eine Lokomotive), aber über keinen eigenen Antrieb verfügt. Solche Dummys werden gerne im Rahmen einer Traktion hinter einem tatsächlich angetriebenen Fahrzeug eingesetzt, da dies die Steuerung eines Traktionsmodells vereinfacht. Das Verwenden von Dummys ist insbesondere bei Modellbahnern üblich, die lange US-Züge nachbilden, die von mehreren Lokomotiven gezogen werden. Hersteller Märklin z. B. bietet solche US-Lokomotivsets in der Spur H0 an, bei denen zwar zwei oder drei Lokeinheiten enthalten sind, aber nur eine angetrieben ist. Modelle nicht angetriebener Fahrzeuge in der Baugröße H0 stellen auch z. B. Kibri und Revell her (Info: www.revell.de).

D

Durchfahrgleis

Wenn ein Zug auf einem Hauptgleis so durch einen → *Bahnhof* geführt wird, dass kein Halt notwendig ist, wird dieses Gleis als Durchfahrgleis bezeichnet. Zum Durchfahrgleis kann prinzipiell jedes Hauptgleis bestimmt werden. Auf großen Bahnhöfen gibt es teils spezielle Durchfahrgleise, die nur für durchfahrende Güterzüge benutzt werden.

Durchgangsbahnhof

Ein → *Bahnhof*, durch den ein oder mehrere Hauptgleise hindurchführen, wird Durchgangsbahnhof genannt. Der Durchgangsbahnhof muss den Eisenbahnbetrieb in beide Fahrtrichtungen ermöglichen. Das Gegenteil eines Durchgangsbahnhofs ist ein → *Kopfbahnhof*. Da ein Kopfbahnhof ein aufwendiges Weichenvorfeld notwendig macht, sind auf Modellbahn-Anlagen, wie auch bei der Vorbildbahn, Durchgangsbahnhöfe der am häufigsten anzutreffende Bahnhofstyp.

Durchgangsprüfer

Zur einfachen Fehlersuche in elektrischen Schaltungen ist ein Durchgangsprüfer ein sehr nützliches Hilfsmittel. Ein Durchgangsprüfer zeigt durch ein optisches oder akustisches Signal an, ob zwei Punkte elektrisch miteinander Kontakt haben. Durchgangsprüfer können rund um die Modellbahn zum Beispiel dazu verwendet werden, die korrekte Verdrahtung einer Installation zu prüfen oder Fehler aufzuspüren. Die Funktion eines Durchgangsprüfers kann ebenfalls mit einem Widerstandsmessgerät (→ *Multimeter*) durchgeführt werden.

Durchgehender Nullleiter

→ *Gemeinsamer Rückleiter*

DWW

Abk. für → *Dreiwegweiche*

Dynamic Smoke

Als „Dynamic Smoke" bezeichnet Spur-1-Hersteller KM1 Modellbau (www.km-1.de) die Ausstattung der Dampflokmodelle mit einem Rauchentwickler, der radsynchron einen realistisch wirkenden Dampfausstoß erzeugt. Dabei qualmt es nicht nur aus dem Schlot der Dampflok, sondern davon unabhängig zudem aus den Zylindern.

Dynamische Bremse

Die dynamische Bremse ist eine spezielle Bremsfunktion, die bei der Vorbildbahn oft bei Diesel- und E-Loks zu finden ist. Eine dynamische Bremse bremst nicht immer gleich stark, sondern die Bremskraft verändert sich während des Bremsvorgangs. Damit sind kürzere Bremswege möglich. Um auf der Modellbahn die dynamische Bremse so originalgetreu wie möglich zu simulieren, bieten manche Digitaldecoder eine entsprechende Einstellmöglichkeit in einer Konfigurationsvariablen an. Dabei wird die Beschleunigungs- und Bremszeit halbiert. Dabei empfiehlt es sich, diese Funktion beiden Fahrtrichtungen zuzuordnen.

EBO
Abk. für Eisenbahn-Bau- und Betriebsordnung

eBook
eBook ist die Abk. für elektronisches Buch. Als eBook werden Publikationen gemäß einer im Oktober 1998 gebildeten Initiative bezeichnet, der mehrere US-Verlagsgesellschaften und Microsoft angehörten. Ursprünglich sollte ein Standard entwickelt werden, der auf den Internet-Programmiersprachen HTML und XML basiert. Heute sind eBooks in unterschiedlichen Formaten verfügbar, neben dem EPUB-Format ist insbesondere das PDF-Format von Adobe ein wichtiges Standardformat für die Publikation in elektronischer Form zur Verbreitung über das Internet oder digitale Speichermedien. Viele Service-Unterlagen, Handbücher, Begleitmedien und Magazine rund um die Modellbahn werden inzwischen als PDF-eBook publiziert.

Echtdampf
Eine Methode des Antriebs von Modellbahnfahrzeugen ist Echtdampf (Live-Steam). Dabei wird meist destilliertes Wasser für die Dampferzeugung (Heißdampf) benutzt, um Schäden durch Verkalkung zu vermeiden. Zwar sind Modelle mit Echtdampfantrieb eher in den großen Spuren (häufig für die Spur 1 im Maßstab 1:32) anzutreffen, aber sogar im Maßstab 00/H0 gibt es vom Hersteller Hornby (www.hornby.de) ein Echtdampfmodell, das auf den gängigen Gleisen der Spur H0 (16,5 mm Spur-Innenmaß) läuft. Bei diesem Modell wird das Wasser elektrisch erhitzt. Das elektrische System ist daher nicht kompatibel zu anderen analogen und digitalen elektrischen Modellbahn-Systemen.

Echtdampf auf H0-Gleisen: Das Hornby-Modell einer → LNER-Mallard Schnellzuglok mit Echtdampf-Antrieb.

ECoS
Abk. für → *ESU* Command Station, die → *Digitalzentrale* der Firma ESU

EDV
Abk. für Elektronische Datenverarbeitung, veraltete Bezeichnung für → *IT*

EEP
Abk. für „Eisenbahn.exe Professional". Es handelt sich hierbei um die führende Windows-Software zur Eisenbahn- oder Modelleisenbahn-Simulation (Infos: www.eepshopping.de).

Effektivspannung
Mit Effektivspannung wird die Höhe eines Wechselstroms beschrieben. Durch die im Modellbahn-Bereich übliche Gleichrichtung erhöht sich bei dem Gleichstrom die Spannung um den Faktor Wurzel 2 (ca. 1,41).

Eierkopf
Bei der Eisenbahn und Modellbahn ist „Eierkopf" der Jargonbegriff für bestimmte Diesel- und Elektrotriebwagen. Aufgrund der besonderen oval-runden Form ihrer Führerstände werden die Triebwagen ET 30 und ET 56 (BR 430 und 456) sowie die Diesel-Triebwagen VT 08 und VT 12.5 (BR 613 und 612) der DB so tituliert.

Die Form des Führerstands hat bei einer Reihe von Triebzügen zu dem Spitznamen „Eierkopf" geführt.

Einbaudecoder
Spezielle → *Digitaldecoder*, die in Fertigprodukten (Triebfahrzeuge, Weichen) besonders einfach installiert werden können, werden als Einbaudecoder bezeichnet. Meist werden Einbaudecoder direkt als Nachrüstmöglichkeit vom Hersteller des jeweiligen Produkts angeboten, oft natürlich auch von konkurrierenden Anbietern. Der Vorteil der Einbaudecoder liegt darin, dass meist keine Lötarbeiten anfallen, sondern über eine Steckschnittstelle der Deco-

der einfach z. B. in einer elektrischen Weiche im Gleisbett weggetarnt werden kann.

Eingabemaske

Eine Eingabemaske benutzen PC-Programme, wenn Sie z. B. die Parameter zu Ihren Fahrzeugen und Magnetartikeln in das Programm eintragen. Bei typischen Windows-Programmen übergeben Sie die Daten der Eingabemaske mit der Schaltfläche „OK" an das Programm.

Einmessen

Als Einmessen wird das „Bekannt-Machen" der Triebfahrzeuge für die PC-Steuerungssoftware (z. B. Railware, RailRoad&Co oder WinDigiPet) bezeichnet. Denn in der Praxis verhalten sich die Modell-Lokomotiven, was Beschleunigung, Geschwindigkeit und Auslauf (Bremsverhalten) angeht, äußerst unterschiedlich. Damit bei allen Fahrstufen die zurückgelegten Wegstrecken bekannt sind, wird von der Steuerungssoftware eine → *Geschwindigkeitstabelle* zu dem Triebfahrzeug erstellt und im PC gespeichert. Die Geschwindigkeitstabelle erfasst die Information, wie schnell eine Lok bei einer bestimmten Fahrstufe tatsächlich ist. Daraus kann die PC-Software dann später die Position der Lok im Gleisbild bestimmten. Das Einmessen erledigen die Programme quasi automatisch, richten Sie sich nach der Anleitung der Programmhersteller. Das Einmessen dauert rund eine Viertelstunde und sollte mit betriebswarmer Lok auf einer ebenen, geraden Strecke oder alternativ auf einem Rollenprüfstand durchgeführt werden.

Einölen

Unter Einölen versteht man das erste Ölen von neuen Fahrzeugen. Beachten Sie diese Punkte:

- An Lokomotiven sind die Motorlager ab Werk bereits geölt bzw. gefettet. Richten Sie sich nach den empfohlenen Wartungsintervallen der Hersteller. Moderne Motoren sind meist wartungsfrei.
- Das Einölen von Radlagern (→ *Achslager*) aus Metall ist unkritisch und kann mit den handelsüblichen Schmierstoffen für Feinmechanik vorgenommen werden.
- Läuft ein Waggon auf Kunststoff-Radlagern (polymere Gleitlager), muss unbedingt zum verwendeten Kunststoff kompatibles Öl verwendet werden.

WICHTIG
Nicht kompatibles Öl oder Fett zu verwenden, führt zu Erweichung, Quellung oder Spannungsrissbildung am Polymerteil. Die daraus folgenden Schäden durch Eindrehen des Radsatzes in das Lager sind nur schwer zu beheben oder sogar irreparabel. Im Zweifelsfall ist nicht ölen daher besser als falsch ölen.

Einsteiger-Digitalzentrale

Branchentypischer Sammelbegriff für eine → *Digitalzentrale*, die in den meisten Fällen den → *Digital-Startsets* beiliegt. Gegenüber einer vollwertigen Digitalzentrale gibt es bei Einsteiger-Digitalzentralen meist erhebliche funktionale Einschränkungen. Z. B. kann nur eine geringere Zahl von Fahrzeugen gleichzeitig gesteuert werden (typischerweise 10), oder es lassen sich keine Magnetartikel schalten.

Die Einsteiger-Digitalzentrale „ESU ECoSControl radio" bietet durch die kabellose Steuerung per Funk hohen Bedienkomfort.

Einzelspulenantrieb

Um Weichen oder auch Entkupplungsgleise zu betätigen, sind Einzelspulenantriebe (auch: Einspulenantriebe) eine gängige Methode. Im Gegensatz zu einem → *Doppelspulenantrieb* ist ein Einzelspulenantrieb nur mit einer Wicklung ausgestattet. Sie werden mit Gleichstrom betrieben, der Schaltvorgang wird durch Umpolung der Polarität ausgelöst. Die Weichenzunge wird per Feder in der Lage gehalten. Vorteil der Einzelspulenantriebe ist, dass sie sehr kompakt sind und auch in der Gleisbettung von Spur-N-Weichen noch Platz finden (KATO, Tomix). Zudem werden zum Anschluss nur zwei Kabel benötigt. Nachteilig ist bei diesem Elektroantrieb, dass er keine Endabschaltung hat und keine Rückmeldung der Weichenlage liefert.

WICHTIG
Einzelspulenantriebe dürfen nur mit einem Stromimpuls gestellt werden, bei Dauerstrom erwärmen sie sich und sind nach einiger Zeit defekt.

Eisenbahn-Bau- und Betriebsordnung

Die Eisenbahn-Bau- und Betriebsordnung (EBO) ist eine Verordnung für den Bau und Betrieb regelspuriger Eisenbahnen in Deutschland. Für Schmalspurbahnen gilt die Eisenbahn-Bau- und Betriebsordnung für Schmalspurbahnen (ESBO) mit vergleichbarer Aufgabenstellung. Die erste Fassung der Eisenbahn-Bau- und Betriebsordnung wurde bereits 1904 erlassen. Die zunehmenden Fahrgeschwindigkeiten auf dem Schienennetz führten mehrfach zu einer Anhebung der nach EBO zugelassenen Höchstgeschwindigkeit. Heute lässt die EBO auf Hauptbahnen eine Geschwindigkeit von 250 km/h zu. Höhere Geschwindigkeiten sind mit Ausnahmegenehmigungen des Bundesverkehrsministeriums möglich. Bezüglich der zu verwendenden Signale ist die Eisenbahn-Signalordnung (ESO) zuständig.

Eisenbahn-Bundesamt

Auf der Webseite des EBA (www.eisenbahnbundesamt.de) finden vorbildorientierte Modellbahner viele interessante Informationen zum Bahnbetrieb, z. B. zur Vergabe der → *Baureihenbezeichnungen* und Loknummern.

EKW

Abk. für einfache Kreuzungsweiche Elektroantrieb: Sollen Signale, Weichen und andere mechanische Funktionen gestellt werden, sind Elektroantriebe auf der Modellbahn bis heute besonders weit verbreitet. Die wichtigsten Elektroantriebe sind → *Einzelspulen-* und → *Doppelspulenantriebe*. Für besonders hochwertige Stellfunktionen werden Elektroantriebe zunehmend durch motorische Antriebe in Form von Servomotoren abgelöst (→ *Servoantrieb*, → *Servodecoder*).

Elektronik-Modul

Allgemeine Bezeichnung für eine elektronische Schaltung, die eine bestimmte Aufgabe bei der Modellbahn-Steuerung übernimmt. Beispielsweise gibt es Steuermodule für Signale, Weichen, Zugbeeinflussung oder andere spezielle Funktionen. Unterschiedliche Module können je nach Erfordernis analoge oder digitale Schaltungen bedienen.

Empfängermodul

Andere Bezeichnung für → *Funktionsdecoder*

EMV

Abk. für „Elektromagnetische Verträglichkeit"

Endabschaltung

Die Endabschaltung sorgt dafür, dass z. B. nach dem Stellen einer Weiche der Weichenantrieb beim Erreichen der Endlage der Weichenzunge abgeschaltet wird. Das hat den Vorteil, dass man den Weichenantrieb dadurch prinzipiell mit einem Dauerstrom betreiben kann. Nachteil ist aber, dass durch die zusätzliche Betätigung des Schalters weniger Kraft für die Weichenzunge zur Verfügung steht. Zudem sind die Schalter für die Endabschaltung in der Modellbahnpraxis häufiger Grund für Fehler, da sie relativ schnell verschleißen. Von den bekannten Gleissystemen für H0 besitzen z. B. die Weichen für das C- und K-Gleis eine Endabschaltung, die alten Märklin-M-Weichen haben hingegen keine.

Endbahnhof

Auf einer Zuglinie ist der Endbahnhof der letzte Bahnhof. Endbahnhöfe lassen sich daher auf der Modellbahn sehr gut bei → *Pendelzugstrecken* einsetzen. Baulich ist die Ausführung eines Endbahnhofs nicht festgelegt, es muss also keineswegs ein Sackbahnhof sein.

Entkupplungsgleis

Es handelt sich dabei um ein Gleiselement mit einem Mechanismus zum Lösen der Kupplungen zwischen den Fahrzeugen eines Zuges. Durch Entkupplungsgleise ist ein vorbildnaher Rangierbetrieb möglich, die Bedienung wird manuell oder ferngesteuert durchgeführt. Der

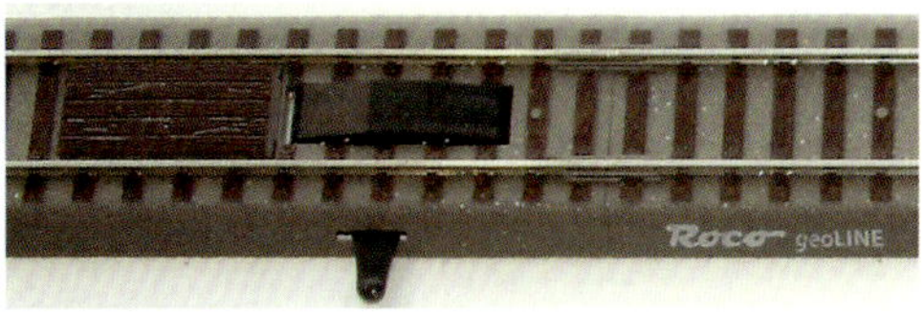

Manuell zu bedienendes Entkupplungsgleis des H0-Gleissystems Roco geoLINE.

Entkupplungsvorgang wird meist mechanisch mittels einer Platte im Gleis oder elektromagnetisch vorgenommen, die magnetischen Systeme haben insbesondere in den USA eine hohe Verbreitung. Je nach Kupplungssystem können die Wagen weitergeschoben werden, ohne dass die Kupplungshaken wieder zurückfallen (→ *Vorentkupplung*). Entkupplungsgleise funktionieren nur mit einem bestimmten oder wenigen kompatiblen Kupplungssystemen. Fahrzeuge mit starren Kupplungen oder Triebzüge mit Spezialkupplungen können nicht per Entkupplungsgleis getrennt werden.

E

Entstörelemente

Durch die Abrissfunken der Bürsten („Bürstenfeuer") oder Motorkohlen erzeugen die klassischen Modellbahn-Motoren Störungen, die speziell im Bereich Mittel- und Kurzwelle zu „empfangen" sind. Mit zwei unterschiedlichen Entstörelementen begegnen die Hersteller dieser Funkstörung:

1. Besonders einfach ist die Entstörung mit einem Kondensator, der mit den beiden Anschlusspolen des Motors verbunden wird. Die Kapazität liegt je nach Motorfrequenz bei 10 bis 100 nF.
2. Als zweites oder alternatives Entstörelement werden Spulen (Entstördrosseln) in Serie in die Spannungszuleitungen des Motors geschaltet.

Bei modernen Modellbahn-Motoren sind oft keine Entstörelemente nötig, weil der Motor bürstenlos ist (→ *Glockenankermotor*, → *Hochleistungsantrieb*).

TIPP
Entstörelemente können beim Umrüsten einer Lok den Digitalbetrieb beeinträchtigen. Richten Sie sich diesbezüglich nach den Installationshinweisen des Decoderherstellers.

Epoche 0 (Null)

Die Epoche 0 hat ihren Start in den Anfängen der Bahn bis 1870. Europa ist zu der Zeit in eine Vielzahl von Einzelstaaten zersplittert. Diese Königs- und Fürstentümer starteten ihre eigenen Staats- und Länderbahnen, die in Farbgebung, Maß und Funktionen nicht vereinheitlicht waren. Auch gibt es die erste deutsche Gleisstrecke von Nürnberg nach Fürth, die vom „Adler" befahren wird. Die Epoche 0 ist nicht Teil der NEM-Empfehlungen, dort beginnt 1835 die Epoche I. Dies macht allerdings aufgrund der speziellen politischen und infrastrukturellen Situation in Deutschland zu dieser Zeit nach Meinung vieler Experten wenig Sinn.

Epoche I

Epoche I reicht von 1870 bis 1920, gemäß NEM-Kategorisierung von 1835 bis 1920. Es ist die Länderbahnzeit, das Zeitalter der Industrialisierung. Wirtschaft und Handel blühen auf, auch die individuelle Mobilität steigt. Die Möglichkeit der Bewegungsfreiheit wird genutzt, Eisenbahnen werden zu wichtigen Verkehrsmitteln. Es dominiert der Einsatz von Dampflokomotiven, aber auch erste Versuche mit Elektroloks starten. Der 1. Weltkrieg bringt der Bahn als wichtigem Transportmittel großen Aufschwung. Die Länderbahnen bleiben bis nach dem Ende des Krieges bestehen.

Epoche II

In der Epoche II, die von 1920 bis 1945 reicht und die alte Reichsbahnzeit darstellt, ist die Weimarer Republik maßgebend, die ehemaligen Einzelstaaten verlieren ihre Bedeutung. Der Großteil der Deutschen Eisenbahn geht als Reparationsleistung an die Siegermächte, darunter alleine 8.000 Lokomotiven. Die nationalen Staatsbahnen etablieren sich fortan in Europa. In Deutschland hat man mittlerweile die Länder- und Privatbahnen 1920 zur Deutschen Reichsbahn-Gesellschaft (DRG) zusammengelegt. Die Vielfalt der Fahrzeuge wurde zugleich durch Einheitsbauarten reduziert. Sie sollen zur Kostenersparnis beitragen – die Einheitsloks entstehen. Weiterhin werden die Farbgebung und die Beschriftung der Bahnfahrzeuge standardisiert, Elektro- und Dieselloks werden zahlreicher.

Epoche III

Die Epoche III reicht von 1945 bis 1975. In dieser Nachkriegszeit beginnt die Teilung Deutschlands und damit auch der Eisenbahngesellschaften in Deutsche Bundesbahn und Deutsche Reichsbahn. Im Westen beginnt der Wiederaufbau und das Wirtschaftswunder. Ab 1968 werden die Lokbezeichnungen auf die UIC-Beschriftung umgestellt. Dies wird auch als Epoche 3b bezeichnet. In Ostdeutschland entwickelt sich die Eisenbahn zu einem der wichtigsten Verkehrsträger, da ein nachhaltiger Aufschwung des Individualverkehrs weitgehend ausbleibt. Alte Dampflokomotiven und Reisezugwagen werden modernisiert, die Rekonstruktionen entstehen.

Epoche IV
In der Epoche IV von 1975 bis 1990 führt die Deutsche Bundesbahn in Westdeutschland im Personenfernverkehr die Intercity-Züge ein. Die Hochgeschwindigkeitszüge sollen Konkurrenz zum bisherigen Individual- und nationalen Flugverkehr darstellen. Das ICE-Zeitalter beginnt. In Ostdeutschland erfolgt ab 1970 eine Umstellung auf die UIC-Beschriftung bei Triebfahrzeugen. Neu beschaffte russische und rumänische Großdieselloks lösen den Bau eigener Konstruktionen und den Einsatz von Dampflokomotiven ab. Der letzte Einsatz einer solchen Dampflok ist im Jahr 1987. Anfang der 80er-Jahre steigt der Anteil der Deutschen Reichsbahn am Binnengüterverkehr auf fast 80 % an.

Epoche V
In der Epoche V ab 1990 findet die Wiedervereinigung von Deutscher Bundesbahn und Reichsbahn statt. Neue Farbkonzepte signalisieren die „Neuzeit" der modernen Bahn. Seit 1994 hat die neu entstandene Deutsche Bahn auch ein neues Logo. Auch in dieser Epoche lässt sich ein Nebeneinander verschiedener Farb- und Logo-Varianten beobachten. Im Zuge der Bahnreform will man die stark defizitäre, staatlich subventionierte Deutsche Bundesbahn in die ertragsorientierte, privatisierte Deutsche Bahn AG überführen. Investitionen in Hochgeschwindigkeitsstrecken und -züge sowie Logistiksysteme werden getätigt. Private Bahngesellschaften im Personennah- und Güterverkehr gehören zum Alltag.

Epoche VI
Die aktuelle Epoche wird ab 2007 gestartet. Sie ist gekennzeichnet durch den liberalisierten Schienenverkehr mit vielen privaten Verkehrsunternehmen. Daraus resultiert, dass kein einheitliches Farbkonzept mehr zu sehen ist, die Bahn wird bunt. Güterverkehrsanlagen für Stückgut sind verschwunden, starker Rückbau der Nebenbahn-Infrastruktur.

Ersatzteile
Beim Betrieb einer Modellbahn-Anlage ist es eine reine Zeitfrage, bis Ersatzteile für den vollumfänglichen und störungsfreien Betrieb notwendig werden. Dabei ist der Ersatzteilbedarf der klassischen Modellbahn-Fahrzeuge signifikant größer als der moderner Fahrzeuge. Denn anstelle von Mikroglühlämpchen sind moderne Loks mit verschleißfreien → *Leuchtdioden* ausgestattet, es gibt keine empfindlichen, mechanischen Richtungsumschalter mehr, und hochwertige Motoren wie → *Glockenankermotoren* sind wartungsfrei. Trotzdem erzeugen Verschleiß und kleinere Beschädigungen immer einen gewissen Ersatzteilebedarf. Eine gute Hilfe beim Identifizieren von Ersatzteilen sind die Teilelisten oder → *Explosionszeichnungen*, die den Fahrzeugen beiliegen oder als Service-Download angeboten werden. Für die wichtige Suche nach Ersatzteilen gibt es die folgenden Quellen:

1. Suchen Sie ein Ersatzteil zu einem Fahrzeug, das Sie neu beim Fachhandel gekauft haben, sollten Sie dort zuerst anfragen. Insbesondere Fachhändler mit Werkstatt-Service sind meist gut sortiert.
2. Die Hersteller der Fahrzeuge und der Zubehörartikel bieten in aller Regel eine Hotline zu Fragen der Ersatzteilbeschaffung. Informationen hierzu finden Sie auf der Webseite des jeweiligen Herstellers.
3. Für die Mitglieder der Kundenclubs der Modellbahn-Hersteller bieten die Hotlines meist auch einen Ersatzteil-Service, der weitergehende Leistungen wie z. B. kostenlosen Versand beinhaltet.
4. Lohnt der Kauf der Ersatzteile nicht, kann der Kauf eines beschädigten, baugleichen Fahrzeugs als Ersatzteilspender die Situation retten. Neben den Modellbahn-Märkten sind insbesondere die Online-Auktionen (www.ebay.de, www.hood.de) hierfür eine hervorragende Quelle.

ESBO
Abk. für Eisenbahn-Bau- und -Betriebsordnung für Schmalspurbahnen

Eselsrücken
Eselsrücken ist eine andere Bezeichnung für → *Ablaufberg*. Weitere Bezeichnungen für einen Ablaufberg sind Ablaufrücken oder Rollberg.

E

ESU Command Station

Das ist der Name der Modellbahn → *Digitalzentrale* des Herstellers ESU (Elektronik Systeme Ulm). Die ECoS 1 ist von der Hardware her weitgehend baugleich mit der Modellbahn → *Digitalzentrale* Märklin Central Station 1, da ESU Entwicklungspartner bei der Entwicklung der Central Station war. Wesentliches Merkmal ist die Bedienung über ein berührungsempfindliches Display (→ *Touchscreen*). Seit 2010 ist die ECoS 2 lieferbar, die einzige Multiprotokoll-Digitalzentrale mit der Unterstützung von 4 Datenformaten: DCC, Märklin Motorola, Selectrix und M4-Protokoll (für Loks mit mfx-Decoder). Zudem unterstützt die ECoS das DCC → *BiDi*.

ET

Abk. für Elektrotriebwagen

ETA

Abk. für Akkumulatorentriebwagen

European Union of Model Railroad and Railroad Fans

Englischsprachige Bezeichnung des Verbandes der Modelleisenbahner und Eisenbahnfreunde Europas, abgekürzt MOROP

EVU

Abk. für Eisenbahnverkehrsunternehmen. Eine aktuelle Liste der öffentlichen EVU in ganz Deutschland finden Sie auf der Webseite des Eisenbahn-Bundesamtes (www.eba.bund.de).

Ew

Abk. für einfache → *Weiche*

Experimentierplatine

Anderer Begriff für → *Lochrasterplatine*

Explosionszeichnung

Viele Hersteller von Modellbahn-Triebfahrzeugen bieten eine Explosionszeichnung des Modells an. Darin sind alle Einzelteile und Bestellnummern des Artikels wie nach einer „Explosion" auseinandergezogen einzeln oder in Funktionsgruppen dargestellt. Etliche Modellbahn-Hersteller legen dem Produkt gleich ab Werk ein Blatt mit einer Explosionszeichnung bei, um den Service zu erleichtern. In anderen Fällen werden die Explosionszeichnungen frei auf den entsprechenden Webseiten angeboten. Das Download-Format dieser Explosionszeichnungen ist in aller Regel → *PDF*. Für das Öffnen der Dateien benötigen Sie ein spezielles Anzeigeprogramm, Quasi-Standard hierfür ist der → *Adobe Reader*.

Die Multiprotokoll-Digitalzentrale ECoS stellt alle relevanten Daten auf einem TFT-LC-Display dar.

Fahrdienstleiter
Für die sichere und pünktliche Durchführung von Zug- und Rangierfahrten ist bei der Bahn der Fahrdienstleiter verantwortlich. Der Arbeitsplatz des Fahrdienstleiters ist im Regelfall ein Stellwerk. An einem solchen Stellwerk befindet sich der zusätzliche Buchstabe „f". Von hier aus stellt der Fahrdienstleiter Signale und Weichen, sichert die Fahrwege und disponiert in Absprache mit dem zuständigen Streckendisponenten die Züge.

Fahrdrahtlage
Bei einer → *Oberleitung* für den elektrischen Betrieb über Pantographen bestimmt die Fahrdrahtlage den korrekten Lagebereich für die sichere Stromaufnahme. Bei den Vorbildbahnen bestehen allerdings unterschiedliche Betriebsmaße, zudem beeinflussen die bei der Modellbahn vergleichsweise sehr geringen Kurvenradien die betriebssichere Schleifbreite (ausführliche Infos finden Sie in der NEM 201: www.morop.org/de/normes/nem201_d.pdf).

Fahrplan
Der Sinn des Fahrplans ist die zeitliche Abstimmung aller Vorgänge des gesamten Eisenbahnbetriebs. Eisenbahn und Zeit stehen in einer besonders wichtigen Beziehung zueinander. Eine verbindliche Zeit für größere Gebiete wurde z. B. teils überhaupt erst durch die Eisenbahnen eingeführt. In den USA wurden sogar die Zeitzonen durch die Eisenbahnen eingeführt und erst viel später gesetzlich verankert. Bei der Modellbahn ist es insbesondere der Verband → *FREMO* (Freundeskreis Europäischer Modellbahner e.V.), der einen Betrieb nach Fahrplan durchführt. Dabei wird die Modellbahnzeit gegenüber der Realzeit um einen bestimmten Faktor beschleunigt (ein kostenloses Programm zum Entwerfen und Drucken eines Fahrplans finden Sie unter www.nordcom.net/stefan.bormann/fahrplan/fp_d.html).

Fahrregler
Als Fahrregler wird die Einrichtung verstanden, mit der Sie die Fahrt eines Triebfahrzeugs steuern. Das ist klassisch der Regler an einem Transformator, der die Spannung am Gleis regelt. Bei → *Digitalzentralen* verfügen die meisten Modelle über zwei Fahrregler, sodass Sie zwei Triebfahrzeuge ohne Umschaltungsvorgang unter Kontrolle haben.

Fahrstraße
Eine Fahrstraße besteht aus mehreren Weichen, die für das Stellen einer bestimmten Fahrstrecke passend gelegt werden. Eine Fahrstraße legt bei der Modellbahn meist den Weg eines Zuges durch einen Bahnhof, einen Schattenbahnhof, einen Rangierbahnhof oder ein Gleisfeld fest. Eine Fahrstraße zu schalten, bedarf manuell mehrerer Schaltvorgänge durch Weichen und Signale. Die Schaltvorgänge werden entweder über die → *Digitalzentrale*, ein Gleisbildstellpult (GBS), ein PC-Steuerprogramm oder ein spezielles Steuergerät (Memory) programmiert. Die Programmierung und Speicherung von Fahrstraßen erleichtert nicht nur die spätere Bedienung, sie soll auch vor Fehlbedienungen und Kollisionen mit anderen Zügen (→ *Flankenfahrt*) schützen. Somit braucht für das Legen einer Fahrstraße nur ein Schaltvorgang vorgenommen werden, statt mehrere Weichen einzeln zu schalten. Bei der Modellbahn wird eine Fahrstraße entweder vorbildnah manuell mit einem Gleisbildstellpult geschaltet, oder es wird eine Digitalzentrale benutzt. Mehrere Hersteller (u. a. Uhlenbrock, Viessmann) bieten Elemente für den individuellen Aufbau eines Gleisbildstellpults für das Schalten einer Fahrstraße an. Nachteil dieser Lösungen ist allerdings der relativ große Platzbedarf. Mittlere und große Modellbahnanlagen kontrollieren die Fahrstraßen per Darstellung am PC-/Notebook-Display.

Fahrstraßenstellpult
Mit einem Fahrstraßenstellpult werden Weichen zu einer festgelegten Fahrstrecke zusammengestellt. Das ist für einen abwechslungsreichen und trotzdem einfach zu bedienenden Betrieb eine wichtige Voraussetzung. Auf analog gesteuerten Anlagen ist ein Fahrstraßenstellpult mit erheblichem Regelungs- und Verdrahtungsaufwand verbunden. Auf digital gesteuerten Anlagen ist die Funktion des Fahrstraßenstellpults Teil einer vollwertigen → *Digitalzentrale*. Je nach Digitalsystem speichert und steuert ein Fahrstraßenpult eine systemabhängige, maximale Anzahl von Fahrstraßen (z. B. 32 Stück).

Fahrstrom

Andere Bezeichnung für → *Bahnstrom*

Fahrstufe

Mit der Fahrstufe wird die Geschwindigkeit eines Triebfahrzeugs bestimmt. Die Fahrstufen geben die Anzahl an nutzbaren Schritten an, bis die Höchstgeschwindigkeit des Fahrzeugs erreicht ist. Bei einem analogen Modellbahnsystem bestimmt die am Gleis anliegende Spannung die Fahrstufe (→ *Bahnstrom*, Fahrstrom). Bei einem digitalen Modellbahn-Steuerungssystem wird die Fahrstufe per Digitalbefehl zu dem → *Lokdecoder* übermittelt, der dann die zur Fahrstufe gehörende Spannung an den Motor liefert. Die Anzahl der Fahrstufen ist in den Digitalsystemen unterschiedlich. Die kleinste Fahrstufe ist 0, was dem Stand bzw. Anhalten der Lok entspricht. Die Maximalgeschwindigkeit wird je nach System z. B. im NMRA/DCC-System mit 14 (ältere), 27, 28 und 128 Fahrstufen erreicht. Im System Märklin → *Motorola* sind es 14 (alt) bzw. 27 Fahrstufen, die aufgerufen werden können. Bei allen Systemen wird die Maximalgeschwindigkeit der Lok beim höchsten Wert der Fahrstufe erreicht.

WICHTIG
Die Maximalgeschwindigkeit kann bei digitalen Fahrzeugen programmiert werden, sodass sich der Regelbereich der Fahrstufen immer von 0 bis zur eingestellten Maximalgeschwindigkeit aufteilt.

Fahrtrichtung

Bei Modellbahn-Lokomotiven mit einem eingebauten analogen oder digitalen Fahrtrichtungsschalter wird zwischen der absoluten und relativen Fahrtrichtung unterschieden. Als absolute Fahrtrichtung wird der Richtungsfahrbefehl der Lok bezeichnet. Wenn der → *„eingebaute Lokführer“* also auf Vorwärtsfahrt steht, fährt die Lok vorwärts, ganz egal, wie herum sie aufgegleist wird. Die Fahrtrichtung auf dem Gleis wird als relative Fahrtrichtung bezeichnet. Problematisch bezüglich der absoluten Fahrtrichtung sind alte → *Digitaldecoder*, die keine absolute Fahrtrichtung unterstützen (alte Märklin 6080/6090-Decoder mit dem MM1-Format) sowie neuere Decoder, bei denen diese Eigenschaft z. B. werksseitig abgeschaltet ist oder der programmierte Wert schon nach kurzer Stromtrennung „vergessen“ wird (→ *Lok-Alzheimer*). Diese Loks fahren dann unabhängig vom benötigten Fahrbefehl in der Vorzugsfahrtrichtung los.

Fahrzeugdecoder

Hierbei handelt es sich um → *Digitaldecoder*, die speziell für den Einbau in Lokomotiven vorgesehen sind. Dazu sind die modernen Digitaldecoder mit einer Steckschnittstelle ausgestattet, sodass kein Löten notwendig ist. Zu beachten ist, dass der Fahrzeugdecoder mit den Protokollen der verwendeten → *Digitalzentrale* kompatibel sein muss, um die Befehle zu verstehen.

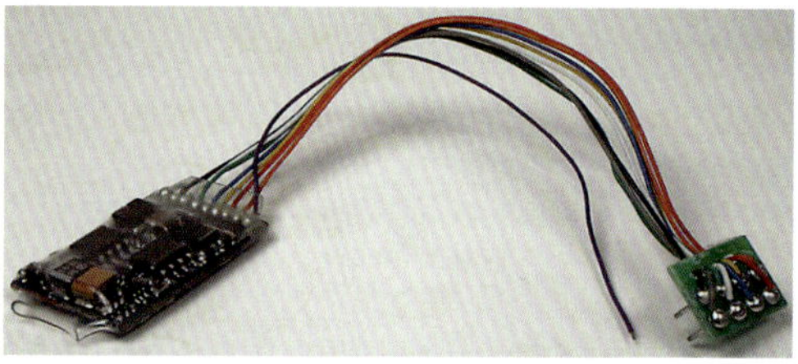

Fahrzeugdecoder für die 8-polige Steckschnittstelle nach der Norm NEM 362.

Faltenbalg

Bei der Vorbild-Eisenbahn schützen Faltenbälge die Übergange zwischen Reisezugwagen vor Zugluft und Wettereinflüssen. Bei der Modellbahn haben die nachgebildeten Faltenbälge oft eine Funktion im Zusammenhang mit der Montage des Wagenkastens auf dem Fahrgestell des Waggons. Beispielsweise ist es bei manchen Modellbahn-Reisezugwagen von Märklin/TRIX erst möglich, den Wagenkasten abzunehmen, nachdem beide Faltenbälge abgezogen wurden. Um bei Modellen von Hochgeschwindigkeitszügen wie dem ICE ein geschlossenes Bild zu liefern, sind die Faltenbälge bei Modellen meist Teil einer beweglichen Verbindungseinheit inklusive stromführender Spezialkupplung.

Faulhaber-Motor

Ein Faulhaber-Motor ist ein nach dem Erfinder Dr. Fritz Faulhaber benannter → *Glockenankermotor*. Es handelt sich dabei um einen besonders leistungsfähigen Antrieb, der auch für Modellbahn-Lokomotiven eingesetzt wird.

Fauli
Abk. für → *Faulhaber-Motor* im Modellbahner-Jargon

FDL
Abk. für → *Fahrdienstleiter*

Fehldruck
Die modernen Modellbahn-Fahrzeuge bestechen insbesondere mit der hochwertigen Bedruckung. Dabei kann allerdings eine Menge schief gehen. Fehldrucke gelangen aber nur sehr selten in den Handel, meist werden sie von der Qualitätskontrolle entdeckt. Typische Fehldrucke sind falsche Betriebsnummern, orthographische oder sachliche Fehler oder Pannen bei der Platzierung bzw. Orientierung der Bedruckung. Auch wenn Fehldrucke für die Hersteller sehr ärgerlich sind, für manche Sammler sind sie besondere Raritäten, die auf Auktionen Höchstpreise erzielen.

Fehlerspeicher
Es handelt sich beim Fehlerspeicher um eine spezielle Speicherstelle in einem Digitaldecoder, die den Typ eines detektierten Fehlers in Form einer Zahl speichert. Da es aber keine Normierung dieser Anzeige gibt, sollten Sie unbedingt im Handbuch zu dem betreffenden Digitaldecoder den genauen Fehlertyp kontrollieren. Die Technik, Fehlerspeicher in digitalen Steuergeräten einzusetzen, ist nicht nur bei der Modellbahn bekannt, sondern wird z. B. auch in der Kfz-Technik eingesetzt. Der Inhalt eines Fehlerspeichers kann z. B. sein:
0 = kein Fehler (Fehlerspeicher zurücksetzen)
1 = Kurzschluss Motor
2 = Kurzschluss Licht

FineScale-Radsätze
FineScale-Radsätze haben besonders vorbildnahe Abmessungen. Diese Radsätze sind nach → *RP-25* konstruiert und haben z. B. bei der Nenngröße H0 einen Raddurchmesser von 10,5 mm oder 11 mm. Die Spurkranzhöhe beträgt 0,63 mm und die Radscheiben sind 2,2 mm breit. Luck Feinmechanik (www.luck-feinmechanik.de) liefert FineScale-Radsätze mit Achslängen passend für die Waggons der gängigen Hersteller. Diese FinsScale-Radsätze verfügen über eine 1,5-mm-Achse und sind einseitig oder doppelt isoliert lieferbar. FineScale-Radsätze sind allerdings nicht auf jeder Modellbahn-Anlage einsetzbar, denn sie erfordern kompatibles und hochwertiges Gleismaterial. Die Maße der Spurkränze beschreibt die MOROP-NEM 310/311.

Firmware
Das interne Betriebsprogramm einer Modellbahn-Digitalzentrale oder eines → *Digitaldecoders* wird als Firmware (engl. firm = fest) bezeichnet. Dieses „fest eingebaute“ Programm war in älteren Geräten zumeist tatsächlich unveränderbar, da es in einem Festwertspeicher (ROM-Baustein) gespeichert wurde, der nicht updatefähig ist. Moderne Firmware ist hingegen meist in Flash-Speicherbausteinen organisiert, sodass ein einfaches Update des Betriebsprogramms möglich ist.

Flachbandkabel
Das Flachbandkabel ist ein mehradriges Kabel, in dem die Adern nicht kreisförmig gebündelt, sondern parallel nebeneinander angeordnet sind. Flachbandkabel wird häufig zum Verbinden von vielpoligen Signalleitungen in elektronischen Baugruppen und Computern verwendet. Bei der Modellbahn-Elektronik werden 6-adrige Flachbandkabel häufig als Busleitungen für den → *s88-Bus* verwendet.

Flankenfahrt
Flankenfahrt ist ein Begriff aus der Eisenbahn-Signaltechnik, der in sinngleicher Bedeutung auch von Modellbahnern benutzt wird. Eine Flankenfahrt ist ein spezieller Bahnunfall, bei dem ein Zug einem anderen in die Seite fährt, sozusagen „in die Flanke“. Beim Vorbildbetrieb muss nach den Vorgaben des → *Eisenbahn-Bundesamtes* schon die Gefahr einer Flankenfahrt ausgeschlossen sein. Bei der Modelleisenbahn kommen Flankenfahrten relativ häufig vor. Allerdings kommen für eine Flankenfahrt ganz unterschiedliche Ursachen infrage: Häufig werden Flankenfahrten durch Fehler an den Weichen ausgelöst. Z. B. kann eine Weichenzunge verbogen sein, die Weichenzunge klemmt oder es liegt ein Fremdkörper im Gleis. Fehler lösen oft z. B. auch Magnete an den Fahrzeugen aus, die die Lage der Weichenzunge ungeplant verändern. Bei digital gesteuerten Anlagen können auch Programmierfehler zu Flankenfahrten führen.

TIPP
Eine sehr gute Maßnahme gegen Flankenfahrten ist das Verwenden von Weichen mit echter Rückmeldung, sodass die tatsächliche Weichenlage gemeldet wird. In Kombination mit einer entsprechend „intelligenten" Steuersoftware kommen Flankenfahrten dann praktisch nicht mehr vor.

Flash Memory
Andere Bezeichnung für → *Flash-Speicher*

F

Flash-Speicher
Es handelt sich hierbei um einen speziellen, digitalen Schreib-Lese-Speicher, der auch ohne Spannungsversorgung und Refresh-Zyklen seinen Speicherinhalt behält (persistente Speicherung). Zudem ist der Energieverbrauch im Betrieb sehr gering. Bekannt ist Flash-Speicher durch Speicherkarten für Digitalkameras und die USB-Sticks geworden, die ebenfalls diese Speichertechnik nutzen. Um Flash-Speicher einzusetzen, wird neben dem eigentlichen Speicherbaustein auch ein Mikrocontroller benötigt, der die Steuerung der Datentransfers vornimmt. Bei der Modellbahn kommen Flash-Speicher heute überall zum Einsatz, wo Betriebsprogramme (→ *Firmware*) gespeichert werden müssen, die möglicherweise zu einem späteren Zeitpunkt erweitert oder nötigenfalls fehlerbereinigt werden sollen. Flash-Speicher finden Sie daher in Modellbahn-Zentralen, auf → *Digitaldecodern* und z. B. Steuergeräten für Lichteffekte.

Fleischmann Mehrzugsteuerung
Es handelt sich hierbei um ein veraltetes digitales Steuerungssystem, das nur von der Firma Fleischmann angeboten wurde. FMZ unterstützt 119 Adressen für Lok- und Weichendecoder. Zu FMZ sind heute teilweise noch neuere Geräte der Firma Fleischmann kompatibel.

Fleischmann
Fleischmann ist einer der ältesten und renommiertesten Hersteller von Modellbahnartikeln. Die Firma Fleischmann wurde 1887 von Jean Fleischmann in Nürnberg gegründet. Hergestellt wurden in der Vor-Modellbahn-Ära z. B. Schwimmtiere und Schiffe. Auch für die unter Spielzeugfans bekannte Firma Carette & Cie. hat Fleischmann produziert. Es schloss sich die Produktion von Dampfspielzeug, Antriebsmodellen und einer Modelleisenbahn in Spur 0 an, die mit legendärem Zweischienengleis und Gleichstrombetrieb aufwartete. Ab 1952 produzierte Fleischmann dann die H0-Modelleisenbahn, später wurde die Produktion von Modellen in Spur N aufgenommen. Fleischmann war bis 2009 der letzte große Modellbahnhersteller in Familienbesitz. Eigentümer ist heute die Modelleisenbahn Holding GmbH (Info: www.fleischmann.de).

Flexgleis
Ein Flexgleis ist ein biegsames Gleis zum Erstellen individueller Gleisbilder, ohne sich auf die fertigen Gleiselemente eines Gleissystems beschränken zu müssen. Flexgleise sind mit 80 oder 100 cm meist recht lang. Sie werden überwiegend ohne einen Bettungskörper geliefert, bestehen also nur aus Schwellen und Schienen. Die Schienen müssen je nach Gleisbogen passend gemacht werden, hierfür ist eine → *XURON*-Gleiszange ideal.

Flexprint
Ein Flexprint ist ein biegsamer, elektrischer Leiter für mehrere elektrische Verbindungen, die in einem flexiblen Kunststoffträger zusammengefasst sind. Die Beleuchtungseinheit vieler neuerer Loks aus Hobbyprogrammen bestehen aus einem Flexprint mit LEDs, die in die Leiterbahn gelötet sind. Die Vorwiderstän-

Ein Flexprint mit drei SMD-LEDs für die Darstellung der Spitzensignale der Lokomotive.

de für die LEDs befinden sich dann auf der Motorplatine bzw. dem Decoder.

Fliehkraftkupplung
Eine Fliehkraftkupplung stellt die Verbindung mit dem Motor in Abhängigkeit von der Umdrehungszahl her. Bei Modellbahnfahrzeugen ist eine Fliehkraftkupplung in Triebfahrzeugen mit → *Möller-Antrieb* zu finden.

Flügelsignal
Alte Signale, die durch die Stellung der Signalflügel die Fahrbefehle anzeigen. Andere Bezeichnung für → *Formsignal*.

Flüsterschleifer
Die Mittelschleifer bei den Fahrzeugen für die H0-Modellbahn des Mittelleiter-Systems erzeugen im Betrieb ein gewisses Schleifergeräusch, das bei vielen Modellbahnern unbeliebt es. Insbesondere Skischleifer mit falschem Anpressdruck oder hohem Verschleiß erzeugen ein unschönes Geräusch, weshalb Roco (www.roco.cc) einen „Flüsterschleifer" entwickelt hat. Gegenüber den Standard-Schleifern bei Modellen für das Mittelleiter-System ist das Schleifergeräusch erheblich reduziert, zudem sind Funkenbildung und Verschleiß reduziert. Sichtbares konstruktives Merkmal dieser Schleifer ist das Fehlen des zentralen Lochs für die Befestigungsschraube im Schleifer, wie es die originalen Mittelschleifer von Märklin haben. Roco stattet seit 2006 alle Fahrzeuge für das Mittelleiter-System mit der zweiten Generation von Flüsterschleifern aus. Die vier Varianten des Flüsterschleifers sind einzeln als Ersatzteile erhältlich

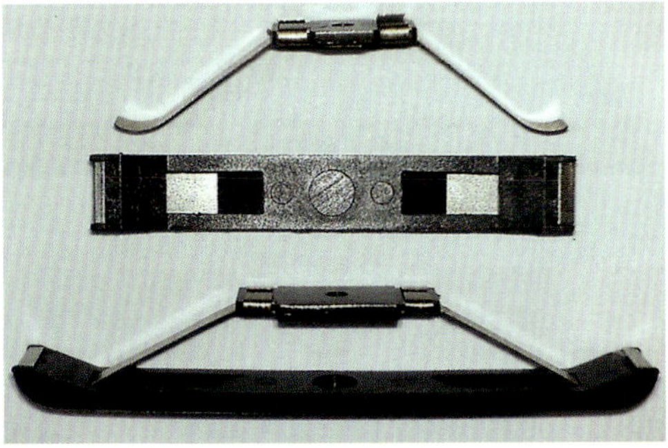

Der Roco-Flüsterschleifer besteht aus der Halterung und dem Skischleifer.

und lassen sich unter vielen Fremdfabrikaten installieren.

Fly Cam
Eine besonders einfache Methode, zu einem → *Kamerawagen* zu kommen, ist die Ausstattung eines Güterwagens mit einer kleinen Fly Cam. Dann entfällt die Funkübertragung, der Film wird auf einer Speicherkarte aufgezeichnet und kann z. B. direkt in PC oder Notebook wiedergegeben werden.

Mit einer Fly Cam kann bis zur Nenngröße H0 die Kamera auf einen Niederbordwaren „verladen" werden und ein Film über die Fahrt auf der Anlage erstellt werden.

FMZ
Abk. für → *Fleischmann* Mehrzug Steuerung

Formsignal
Vom Funktionsprinzip her sind Formsignale ein Semaphor (griechisch „Zeichenträger"), der mechanisch eine Information meldet. Formsignale müssen als Vor- und/oder Hauptsignal drei Stellungen zum Signalisieren der grundlegenden Signalbilder Halt, Fahrt oder Langsamfahrt anzeigen können. Formsignale lassen sich sowohl analog wie auch digital ansteuern und werden häufig mit Bremsstrecken kombiniert.

Ein Formsignal zeigt das Signalbild „Hp2".

TIPP
Ob zu Ihrer Modellbahn-Anlage Form- oder Lichtsignale besser passen, hängt von der Epoche und dem Streckentyp ab.

Fotoätztechnik

Die Fotoätztechnik wird zur Herstellung von Kleinteilen an Eisenbahnmodellen oder auch Modellautos verwendet, beispielsweise Griffen, Haltestangen, Signalhörnern oder Scheibenwischern. Die Fotoätztechnik ist für die Modellbahn interessant, da sie wesentlich filigranere Strukturen und Details als die Guss- bzw. Spritzgusstechnik ermöglicht. Allerdings ist die Fotoätztechnik aufwendig und relativ teuer, weshalb sie praktisch nur bei Kleinserien-Modellen bzw. für die Nachrüstung an bestehenden Modellbahn-Großserien-Modellen eingesetzt wird. Bei der Fotoätztechnik werden die gezeichneten Vorlagen fotografisch auf eine 0,15 bis 0,3 Millimeter dünne Blechplatte übertragen. Die Blechplatte besteht aus Messing, Neusilber oder Stahl, je nach gewünschter Farbe. In einem Säurebad werden die gewünschten Teile dann aus den Blechen herausgeätzt.

Fotografieranstrich

Es handelt sich um eine Sonderlackierung (auch: Fotoanstrich oder Fotolackierung), die seitens der Hersteller bei neuen Lokomotiv-Exemplaren aufgetragen wurde. Loks mit Fotografieranstrich sind bis in die → *Modellbahn-Epoche III* vorbildnah. Sinn dieses Spezialanstrichs war, eine bessere Darstellung auf den damaligen Schwarz-Weiß-Fotos zu erzielen. Der Betriebseinsatz dieser Loks auf der Modellbahn-Anlage ist eher wenig vorbildgerecht, da diese Loks nach der Auslieferung an die Bahngesellschaft entsprechend umlackiert wurden, bei Dampfloks in Schwarz, und erst dann mit den Betriebsnummern versehen wurden. Modellbahn-Hersteller benutzen die Fotolackierung häufig, um bestimmte Sondermodelle hervorzuheben. Insbesondere Märklin hat inzwischen eine recht große Anzahl von Modellen mit hellgrauer Fotolackierung auf den Markt gebracht.

Maschinen im Fotografieranstrich sind noch nicht mit den Betriebsnummern versehen.

FPL

Abk. von Fahrplan

FRED

FRED ist ein kabelgebundener Handregler von Uhlenbrock, der über das → *LocoNet* an die → *Digitalzentrale* IntelliBox angeschlossen wird. Für den Anschluss lassen sich Telefonkabel mit den gängigen Westernsteckern und -buchsen verwenden.

Freeware

Mit dem Sammelbegriff werden für die Nutzung kostenlose Programme beschrieben. Häufig werden Freeware-Programme von Anbietern kostenpflichtiger Programme als Einsteiger-Software mit reduziertem Funktionsumfang angeboten. Es gibt sehr unterschiedliche Freeware-Lizenzarten. Einen großen Raum nimmt die → *OpenSource-Software* ein, die unter der → *GPL* kostenlos genutzt werden darf. Auch für die Modellbahn gibt es eine riesige Anzahl von Freeware-Programmen, die meist unter Windows laufen. Programme für Linux oder mobile Betriebssysteme von → *Smartphones* sind erst in geringer Zahl verfügbar.

Fremdspannung

Als Fremdspannung wird bezeichnet, wenn zu einer korrekten Spannungseinspeisung versehentlich eine weitere Verbindung zu einer anderen Spannungsquelle zustande kommt. Gegen Fremdspannung sind alle digitalen Steuerungssysteme der Modellbahn sehr empfindlich. Häufig treten Probleme mit Fremdspannungen auf, wenn auf einer Modellbahn-Anlage zwei Stromsysteme verwendet werden, z. B. ein alter analoger und ein neuer digitaler Anlagenbereich. Beim Überfahren von Trennstellen kann es zu Fremdspannungen kommen, die zu Defekten an den Digitalgeräten führen können. Im Mittelleiter-System von Märklin sind auch eine Trennstelle und der Einbau einer → *Schleiferwippe* als Trennung nicht immer ausreichend, denn Züge mit mehreren Schleifern können trotzdem Fremdspannungen übertragen.

FREMO

Abk. für → *Freundeskreis Europäischer Modellbahner*

Freundeskreis Europäischer Modellbahner

Der FREMO wurde 1981 gegründet. Inhaltlicher Schwerpunkt des Vereinslebens sind Normung und Bau von Modellbahn-Modulen. Diese Module werden dann bei FREMO-Treffen zu Modul-Arrangements epochengerecht zusammengestellt. Besonderheit der FREMO-Treffen ist, dass die Fahrten auf dem Arrangement vorbildgerecht nach Fahrplan und mit → *Fahrdienstleiter* und Zugführer durchgeführt werden (weitere Infos: www.fremo.org).

FS

Abk. von → *Fahrstraße* oder → *Fahrstufe*

FTP

Abk. von Foiled Twisted Pair, → *Patch-Kabel* mit einfacher Schirmung (→ *S-FTP*)

Führerstand

Als Führerstand wird der Arbeitsplatz des Lokführers bezeichnet. Während Dampfloks nur einen Führerstand haben, sind bei Diesel- und Elektroloks zwei Führerstände der Normalfall, das spart das Umsetzen der Lok auf einer → *Drehscheibe*. Wenn außen neben der Einstiegstür eine „1“ steht, ist das bei der Lok vorne, der hintere Führerstand ist mit einer „2“ gekennzeichnet.

Function mapping

Dieser Begriff bedeutet, dass Sie die Funktionen bzw. Funktionsausgänge eines → *Digitaldecoders* beliebig den Funktionstasten Ihrer → *Digitalzentrale* zuordnen können. Für das Funktionsmapping ist ein Digitaldecoder mit entsprechender Ausstattung sowie eine Digitalzentrale oder ein Programmiergerät für die individuelle Programmierung der Konfigurationsvariablen (CVs) nötig. Für die Zuordnung der Funktionsausgänge zu den Funktionstasten bietet die → *NMRA* eine standardisierte Tabelle der Bit-Zuordnung an.

Funktionsausgang

Als Funktionsausgang werden an einem Modellbahn-Digitaldecoder die Anschlüsse bezeichnet, an denen Motor, Sound- und Beleuchtungseinrichtungen angeschlossen werden. Typischerweise ist ein Funktionsausgang mit ca. 0,2 A belastbar, die Summe der Gesamtbelastung des Decoders darf aber auch nicht durch mehrere summierte Funktionsausgänge überschritten werden. Die gängigen Modellbahn-Digitaldecoder bieten 2 bis 4 Funktionsausgänge. Bei hochwertigen Decodern können Sie die Fähigkeiten eines Funktionsausgangs flexibel konfigurieren, z. B. einen Funktionsausgang für eine Beleuchtungseinrichtung für Dimmer, Feuerbüchsenflackern, Gyro- und Marslight, Blitz und Doppelblitz, Blinken und Wechselblinken programmieren.

Funktionsdecoder

Ein Funktionsdecoder unterscheidet sich von einem → *Digitaldecoder* dadurch, dass er keinen Motorausgang hat. Die Programmierung und Ansprache per Digitaladresse gleicht einem Digitaldecoder mit Motorausgang. Funktionsdecoder werden z. B. für Signale, Weichen und Beleuchtungseffekte eingesetzt. Je nach Verwendungszweck werden Funktionsdecoder mit Anschlusseinrichtungen und in Fertiggehäusen oder nur in Form einer Platine geliefert.

Funktionsmapping

Eingedeutschter Jargonbegriff für → *Function mapping*

G

Gag
Alte Abk. für einen → *Ganzzug*

Galvanische Trennung
Als galvanische Trennung (auch: galvanische Entkopplung) wird die elektrische Trennung zweier elektrisch leitfähiger Gegenstände bezeichnet. Über Kopplungsglieder wird dann zwischen den Stromkreisen die gewünschte elektrische Leistung übertragen. Bei den Modellbahn-Trafos kommt durch die galvanische Trennung der Primärstromkreis (Haushaltsstrom) nirgends mit dem Sekundärstromkreis (Modellbahn-Niederspannung) in Berührung.

Ganzzug
Ein Ganzzug ist ein Zug, der gleichartige Güter transportiert, zumeist Massengüter wie Kohle, Koks, Mineralölprodukte, Chemikalien, Düngemittel oder Kies, und diese ohne Zugtrennung zum Zielbahnhof befördert. Da diese Massengüter gleichartige Waggons erfordern, bestehen Ganzzüge überwiegend aus Waggons desselben Typs. Bekannt ist vielen Modellbahnern der Ganzzug „Langer Heinrich" oder Güterzüge, die aus verschiedenen Fal- oder Fad-Bauarten zusammengestellt sind. Es können auch ähnliche Waggon-Bauarten wie Tamns-, Taes- und Ts-Wagen in Ganzzügen zusammengefasst werden. Für viele Modellbahner haben Ganzzüge auf der Anlage einen hohen Stellenwert, zumal man sie ganz plausibel ohne Bearbeitung und Zugtrennungen fahren lassen kann. Ganzzüge sind typisch für den Massengutverkehr in der Montanindustrie oder für Mineralölprodukte, werden aber auch z. B. beim Autotransport eingesetzt. Das frühere Zuggattungskürzel für Ganzzüge war Gag, die heutige Bezeichnung lautet CT für „complete train".

Garnitur
Ähnlich wie im Mode-Bereich bezeichnet auch bei der Modellbahn der Begriff „Garnitur" eine Zusammenstellung. Hier ist eine Zusammenstellung eines Zuges gemeint, also z. B. die Zusammenstellung bestimmter Schnellzugwaggons zu einem Schnellzug. Dabei schließt der Begriff Garnitur bei der Modellbahn nicht unbedingt das Triebfahrzeug mit ein, denn bestimmte Zuggarnituren, wie z. B. der bekannte Rheingold, wurden von unterschiedlichen Lokomotiven gezogen. Die Modellbahn-Hersteller nutzen die Vorliebe der meisten Modellbahner für stimmige Garnituren gerne aus und liefern häufig komplette Waggon-Packungen mit mehreren Waggons. Beispiele hierfür sind neben dem Rheingold auch der Orient-Express oder bestimmte regionale Züge wie ALEX oder Metronom.

Gattung
Als gemeinsame Gattung wird bei der Eisenbahn eine Gruppe von Fahrzeugen mit gemeinsamen technischen Eigenschaften bezeichnet. Die Gattung ist meist die Grundlage für ein Nummerierungssystem des jeweiligen Betreibers. Oft spielt bei der Zuordnung zu einer Gattung die Achsfolge die wichtigste Rolle. Gattung ist begrifflich oft synonym zu → *Baureihe*.

Gauge
Englischer Begriff für Spurweite, z.B. H0-gauge, TT-gauge, N-gauge

GBM
Jargon-Abk. für → *Gleisbesetztmelder*

GBSWIN
Abk. für „Gleisbildstellwerk für Windows". GBSWIN ist ein funktional uneingeschränktes Shareware-Steuerungsprogramm für die Digitalsteuerung einer Märklin-Anlage. Es handelt sich um eines der ersten Windows-Programme für die Digitalsteuerung, wird aber seit 2004 nicht weiterentwickelt. Laut Anbieter ist es bis Windows XP einsetzbar (Infos: www.mm-eisenbahn.de/GBS_D.html).

Gegenbogen
Ein Gegenbogen (auch: S-Kurve) ist eine Gleisfigur, bei der auf einen Gleisbogen direkt ein weiterer Gleisbogen in entgegengesetztem Krümmungssinn folgt. Sie sollten beim Entwurf eines → *Gleisplans* Gegenbögen möglichst vermeiden. In der Praxis gibt es in solchen S-Kurven häufig ein unschönes Auslenken der Wagenkästen, Probleme mit Entkupplungen oder sogar Entgleisungen.

TIPP
Planen Sie ausreichend lange Zwischengeraden zwischen den Gleisbögen ein und verwenden Sie möglichst große Radien.

Gegenkurve
Seltener benutzter Begriff für → *Gegenbogen*

Geisterwagen
Als einen Geisterwagen bezeichnen Modellbahner Waggon-Modelle, die über einen eigenen, versteckt eingebauten Antrieb verfügen. In aller Regel werden als Geisterwagen gedeckte Güterwagen verwendet, da diese im Inneren viel Platz für die notwendigen Komponenten bieten. Geisterwagen bieten ebenfalls eine Lösung, wenn bei einem Modell der Antrieb irreparabel defekt und keine andere wirtschaftliche Lösung sinnvoll ist. Der Vorteil eines Geisterwagens liegt auch darin, dass man einen Zug mit einem Geisterwagen motorisieren und ganz unterschiedliche unmotorisierte Lokomotiven vor die Garnitur spannen kann. Man spart quasi die Motorisierung mehrerer Loks ein und kann sich auch bei der Wartung weitgehend auf den Geisterwagen beschränken. Zudem sorgen Geisterwagen für soliden Betrieb, wenn eine zugschwache Kleinlok vor den Zug gespannt ist. Um einen Geisterwagen zu bauen, kann z. B. eine einfache Lok des entsprechenden Systems „geschlachtet" werden. Brauchbaren „Modellbahn-Schrott" hierzu bieten Online-Auktionshäuser wie eBay. Alternativ bieten auch kommerzielle Hersteller die technischen Innereien für den Bau eines Geisterwagens an, damit ist der Bau zwar in aller Regel teurer, aber deutlich einfacher. Bekannte Anbieter von Geisterwagen-Bausätzen sind Modellbautechnik Kuhn (www.modelltek.de), PMT (www.pmt-modelle.de), SB-Modellbau (www.sb-modellbau.com) und Weinert (www.weinert-modellbau.de). Geisterwagen gibt es für alle Baugrößen und Spuren. In aller Regel werden Geisterwagen direkt hinter der Lok in den Zug eingestellt. Das hat auch den Vorteil, dass man z. B. einen Sounddecoder mit Loksounds direkt in dem Geisterwagen realisieren kann.

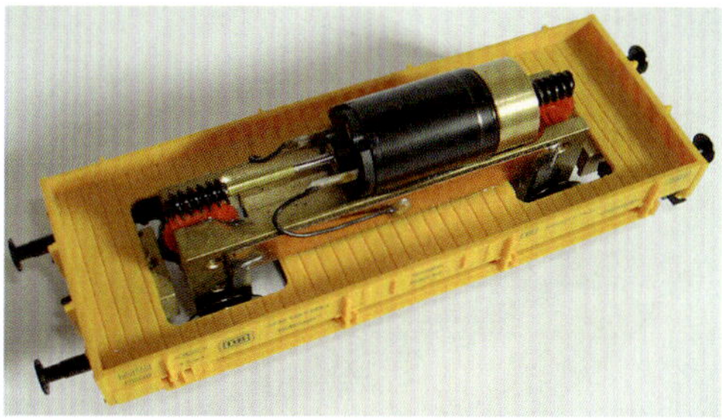

Ein Güterwagen mit Antrieb zum Einsatz als Geisterwagen.

Gemeinsamer Güterwagenpark
Die deutsche Übersetzung des russischen „Obstschi Park Wagonow" ist „Gemeinsamer Güterwagenpark". Der gemeinsame Güterwagenpark bestand vom 1. Juli 1964 bis zum 31. August 1990 und war eine Unterorganisation des Rats für die gegenseitige Wirtschaftshilfe (RGW). Der OPW diente der Verwaltung von 240.000 in den Güterwagenpark eingebrachten Güterwaggons der Spurweite 1.435 mm (→ *Regelspur*) im Eisenbahnverkehr der sozialistischen Länder. Alle OPW-Wagen trugen auf der linken Seite über der ab 1968 zwölfstelligen Wagennummer das umrahmte Kurzzeichen OPW. Modelle von OPW-Waggons erlauben interessante Zuggarnituren insbesondere der Epoche IV.

Gemeinsamer Rückleiter
Einer der häufig verwendeten elektrischen Begriffe der Modellbahn-Technik. Um bei der analogen Modellbahn-Elektrik die Masseleitungen mehrerer Verbraucher nicht einzeln zur Spannungsquelle legen zu müssen, werden sie zu einer gemeinsamen, einpoligen Rückleitung zusammengefasst. Manche Grundschaltungen mit → *Schaltgleisen* oder Kontaktgleisen sind nur mittels des gemeinsamen Rückleiters einfach zu realisieren. Je nach Modellbahn-System beschreibt der gemeinsame Rückleiter aber unterschiedliche Zusammenhänge:

- Bei analogen Dreileiter- und Mittelleiter-Modellbahnen können bestimmte Schienen gemeint sein. Beim analogen Märklin-System bilden die beiden Schienen den gemeinsamen Rückleiter. Beim System → *TRIX* Express ist der → *Mittelleiter* der gemeinsame Rückleiter.
- In einem analogen Modellbahn-System können zwei oder mehrere Stromkreise oder → *Magnetartikel* einen gemeinsamen Rückleiter benutzen, was den Verkabelungsaufwand reduziert.
- Bei Digitalsystemen ist der gemeinsame Rückleiter für die an einen → *Lokdecoder* oder → *Funktionsdecoder* angeschlossenen Verbraucher das blaue Kabel.

Die → *NEM 605* „Leitungen, Kennfarben" legt als Kabelfarbe für den gemeinsamen Rückleiter (Masseleiter, GND) Schwarz fest, Blau wird dort für „Gleichstromversorgungsleitung negativ" eingesetzt. Wird ein Kabel als gemeinsamer Rückleiter mehrerer Verbraucher eingesetzt, muss das Kabel die Ströme aller Verbraucher aufnehmen können, also den erforderlichen → *Kabelquerschnitt* haben. Bei Anlagen der Nenngröße H0 sind 2 mm² ein sinnvoller Wert.

WICHTIG
Alle beteiligten Transformatoren müssen über eine → *galvanische Trennung* verfügen, zudem sollten sie baugleich sein. Beim Verwenden unterschiedlicher Transformatoren können sich durch Verschiebungen der Phasenlage und des Timings durch Additionen erheblich erhöhte Spannungen ergeben. Lebensgefahr!

G

Gemischter Zug
Besteht ein Zug gleichzeitig aus Personen- und Güterwagen, wird er als Gemischter Zug bezeichnet. Dabei kann es sich sowohl um einen → *Güterzug* mit Personenbeförderung (GmP) als auch – seltener – um einen → *Personenzug* mit Güterbeförderung (PmG) handeln.

Gender-Changer
Bezeichnung für einen → *Adapter*, der bei gleicher Anschlussbelegung eine Buchse in einen Stecker bzw. einen Stecker in eine Buchse umwandelt. Gender-Changer werden insbesondere bei Anschlüssen mit seriellen Kabeln gelegentlich benötigt.

Gentoo-Linux
Es handelt sich hierbei um eine Linux-Distribution mit besonders hoher Flexibilität und Geschwindigkeit. Gentoo-Linux wird als Betriebssystem der → *Digitalzentrale* Märklin → *Central Station II* eingesetzt (weitere Infos zu dieser Linux-Distribution unter www.gentoo.de).

Geschwindigkeitstabelle
Eine Geschwindigkeitstabelle ist ein Teil einer Steuerungssoftware für den automatischen Digitalbetrieb der Modellbahn-Lokomotiven. Die Geschwindigkeitstabelle erfasst die Information, wie schnell eine Lok bei einer bestimmten Fahrstufe tatsächlich ist. Daraus kann die PC-Software dann später die Position der Lok im Gleisbild bestimmten. Um diese Geschwindigkeitstabelle zu erzeugen, befindet sich in den entsprechenden Programmen in aller Regel ein spezielles Menü, mit dem der Vorgang durchgeführt wird. Für das Erzeugen der Geschwindigkeitstabelle fährt die Lok mehrere Male auf einer definierten Strecke hin und her, das Geschwindigkeitsverhalten wird dabei durch Rückmelder an den PC und die Steuersoftware übermittelt. Zum Erzeugen einer aussagekräftigen Geschwindigkeitstabelle sollte dieser Einmessvorgang mit betriebswarmer Lok auf einer ebenen, geraden Strecke durchgeführt werden.

Getriebegeräusche
Wenn sie nicht gerade gewollt von einem Sounddecoder stammen, sind Getriebegeräusche bei der Modellbahn meistens Anzeichen für eine notwendige Wartung. Insbesondere trocken laufende Getriebe neigen zum Quietschen, was dann ein Abschmieren/Ölen erforderlich macht. Ein gängiges Wartungsintervall bei Fahrzeugen der Spur H0 sind 40 Stunden Betriebseinsatz. Hilfreich bei der Kontrolle der Wartungsintervalle sind bei der digitalen Modellbahn Programme, die einen integrierten Betriebsstundenzähler bieten. Bei Fahrzeugen mit sehr langem Betriebseinsatz bzw. einem hohen Alter können Getriebegeräusche allerdings auch einen Verschleiß von Zahnrädern oder Schneckengetrieben anzeigen.

Gewürm
Wenig freundlicher Jargonbegriff der Modellbahner der „großen" Spuren für die Modellbahnen der „kleinen Spuren", speziell → *Spur N* und → *Spur Z*

Glaskesselwagen
Es handelt sich bei Glaskesselwagen um Modellbahn-Waggons, die nicht einem realen Vorbild nachempfunden sind. Es sind Güterwagen, die ähnlich einem Tankwagen als Last Flüssigkeiten in einem Glaszylinder transportieren können. Für die Herstellung von Glaskesselwagen ist insbesondere Märklin bekannt, die Glaskesselwagen in den Spuren 1, H0 und Z produziert haben und weiterhin produzieren.

Ebenfalls gibt es Glaskesselwagen, die unter dem Markennamen Minitrix von Märklin für die Spur N produziert werden, auch unter der Märklin-Handelsmarke Primex gab es Glaskesselwagen. Glaskesselwagen gibt es in Ausführungen mit unterschiedlicher Bedruckung, in aller Regel steht ein Hersteller hochprozentiger alkoholischer Getränke Pate bei der Namensgebung. Glaskesselwagen sind bei vielen Sammlern ein beliebtes Thema. Während es die Märklin-Glaskesselwagen in der Spur H0 als Zwei- und Vierachser gibt, sind sie in den Spuren 1, N und Z nur als Zweiachser verfügbar. Allen Glaskesselwagen ist gemein, dass sie mit einem Verschluss aus echtem Kork verschlossen werden können. Über die genauen Inhaltsmengen der Flüssigkeitstransporter schweigt Märklin sich bislang aus.

H0-Glaskesselwagen in der Ausführung als 4-Achser mit klassischem Bremserhäuschen.

Gleichrichter

In der Elektronik werden Gleichrichter zum Umwandeln von Wechselspannung (→ *AC*) in Gleichspannung (→ *DC*) verwendet. Um nach der Gleichrichtung Wechselstromanteile zu dämpfen, wird eine gleichgerichtete Spannung meist mithilfe von Kondensatoren geglättet.

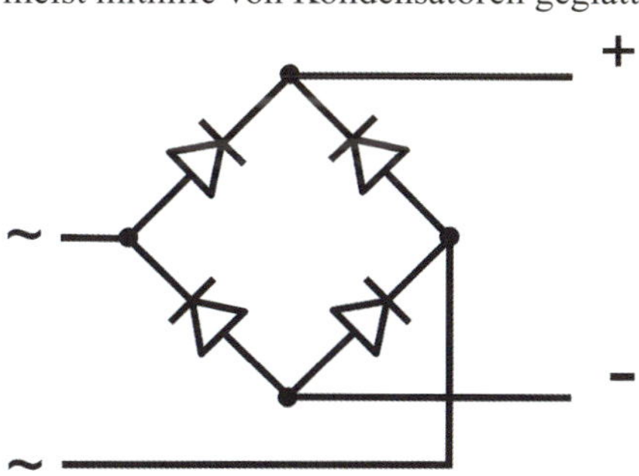

Ein Gleichrichter ist aus vier → Dioden aufgebaut und mit diesem Schaltzeichen in einer elektronischen Schaltung zu erkennen.

Gleichstrom

Als Gleichstrom (Abk. → *DC*) wird ein elektrischer Strom bezeichnet, dessen Richtung und Stärke sich nicht ändert. Da ein Generator immer Wechselspannung erzeugt, muss der Betriebsstrom für die Modellbahn grundsätzlich gleichgerichtet werden. Besonders einfache, preiswerte, analoge Modellbahn-Systeme arbeiten mit einer Gleichstromquelle, die direkt den Gleichstrommotor in einem Triebfahrzeug antreibt. Durch den einfachen Wechsel der Polarität ist die Umschaltung der Fahrtrichtung möglich. Zudem arbeiten praktisch alle elektronischen Schaltungen (beispielsweise in Digitalzentralen und PCs) mit Gleichstrom.

Gleichstrommotor

Die meisten Modellbahn-Fahrzeuge werden von einem Gleichstrommotor angetrieben. Die Betriebsspannung der verwendeten Modellbahn-Motoren beträgt in den meisten Fällen 12 V, bei kleinen Spuren auch 10 V.

Gleis 2000

Gleis 2000 ist das H0-Gleissystem, das Märklin von 1987 bis 1995 für die „Abenteuer-Eisenbahn“ Alpha produzierte. Es handelt sich dabei um ein Mittelleiter-Gleissystem mit der Nachbildung eines Schotterbettes. Für das → *Teppichbahning* und Kinderhände sind Gleis 2000 wie auch → *C-Gleis* ideal geeignet, da sie elektrisch zuverlässig und mechanisch robust sind. Dieses Modellbahn-Gleis war die Grundlage für das später daraus entwickelte Märklin C-Gleis.

TIPP
Für das Verbinden von Gleis 2000 zu C-Gleis gibt es kein fertiges Übergangs-Gleisstück. Der Übergang lässt sich aber recht einfach mit dem Märklin C-Gleis/M-Gleis Übergangsgleis (Art.-Nr. 24951) bewerkstelligen.

Gleisabschnitt

Als einen Gleisabschnitt bezeichnet man bei der Modellbahn einen elektrisch zusammenhängenden Bereich, der zu Zwecken der Steuerung, Rückmeldung oder Überwachung vom Rest des Gleises elektrisch isoliert ist. Diese Isolation kann je nach Anforderung in einem

Zweileiter-System eine oder beide Schienen betreffen, im Mittelleiter-System kann zusätzlich auch der Mittelleiter in einem Gleisabschnitt vom Rest der Anlage elektrisch getrennt sein.

Gleisadapter

Gleisadapter dienen dazu, unterschiedliche Gleissysteme eines Herstellers miteinander zu kombinieren oder auch Gleissysteme eines anderen Herstellers an das vorhandene Gleismaterial anschließen zu können. Sehr bekannt sind die Gleisadapter (Übergangsgleisstücke) z. B. vom Märklin M-Gleis zum K-Gleis oder zum → *C-Gleis*. Ein besonders universelles 62-mm-Übergangsgleis für H0-Zweileitergleise namens GUE62-U (Art.-Nr. 55208) bietet PIKO an. Dieser Gleisadapter ermöglicht den Übergang vom PIKO A-Gleis und dem PIKO Hobby-Gleis (1992 bis 2002), dem klassischen Roco 2,5 mm Neusilbergleis, dem Fleischmann Profi- und Modell-Gleis und ähnlichen Gleisen anderer Hersteller. Voraussetzung ist eine Profilhöhe von 2,5 mm, zudem darf das zu verbindende Gleis keine Bettung haben.

Ein Gleisadapter stellt eine mechanische und elektrische Verbindung zwischen zwei unterschiedlichen Gleissystemen her.

Gleisbesetztmelder

Um für Steuerungszwecke einen besetzten Gleisabschnitt zu erkennen und ein Meldesignal zu erzeugen, werden Gleisbesetztmelder (GBM) benutzt. Moderne Gleisbesetztmelder für digitale Modellbahnanlagen sind microcontrollergesteuert. In 2-Leiter-Systemen arbeiten GBM nach dem Prinzip der Strommessung. Das heißt, es werden vom Gleisbesetztmelder Stromverbraucher wie Triebfahrzeuge, beleuchtete Waggons oder mit → *Widerstandslack* leitend gemachte Achsen erkannt. Im Mittelleiter-System wird eine Außenschiene abisoliert und gegen eine Potenzialmessung mit positiver Vorspannung geschaltet. Die leitenden Achsen der Mittelleiter-/3-Leiter-Fahrzeuge legen dann dieses Potenzial auf Masse (-). Um die Verdrahtung und das Handling zu erleichtern, sind GBM meist in der Lage, eine größere Anzahl von Gleisabschnitten zu überwachen, z. B. 16-fach oder 2 x 8-fach. Für die digitale Modellbahn ist es für den GBM entscheidend, über welches Bussysteme er mit der → *Digitalzentrale* bzw. dem PC und dem Steuerprogramm kommunizieren kann. Besonders hochwertige GBM haben daher die Möglichkeit, das notwendige Interface flexibel zu stecken (z. B. LENZ RS-Interface, → *LocoNet-Interface*, Märklin → *s88-Interface*).

Gleisendstücke

Auf Modul- oder Segment-Anlagen sind die Gleisenden dieser Anlagenabschnitte der empfindlichste Punkt. Häufig kommt es hier zu Beschädigungen. Daher gibt es spezielle Gleisendstücke mit mechanischer Verstärkung des Gleiskörpers, mit denen auch häufige Transporte kein Problem mehr sind.

Gleisfigur

Als eine Gleisfigur bezeichnet man bei der Modellbahn das Gleisbild, das entsteht, wenn man eine vorgegebene Streckenführung z. B. aus einer Startpackung nachbaut. Das ist in den meisten Fällen ein Oval mit einem Ausweich- bzw. Überholgleis.

Gleisformat

Bei allen digitalen Modellbahn-Steuerungen liegt immer die volle Spannung an den Schienen zur Übermittlung in die Fahrzeuge und andere digitalen Komponenten wie Weichendecoder an. Jeder Stromverbraucher in einer Lok (Motor, Beleuchtung, Funktionen) wird daraus bedient. In dieser auch → *Digitalstrom* genannten Spannung sind auch die Daten codiert, die zu Steuerungszwecken den Decodern der Lokomotiven und Weichen gesendet werden. Das Verfahren, mit dem die Codierung der Daten in der Digitalspannung vorgenommen wird, bezeichnet man als Gleisformat. Es unterscheidet sich je nach eingesetztem Digitalsystem.

Gleisklammern

Für eine individuelle und großzügige Gleisführung ist der Einsatz von → *Flexgleisen* nahezu unumgänglich. Um Flexgleise passend zu machen, werden sie in der gewünschten Position fixiert, bis die endgültige Befestigung auf dem Untergrund durchgeführt wird. Hierzu dienen Gleisklammern, die von oben auf das Gleis aufgesetzt werden und die Position der Schienen an einer bestimmten Stelle fixieren.

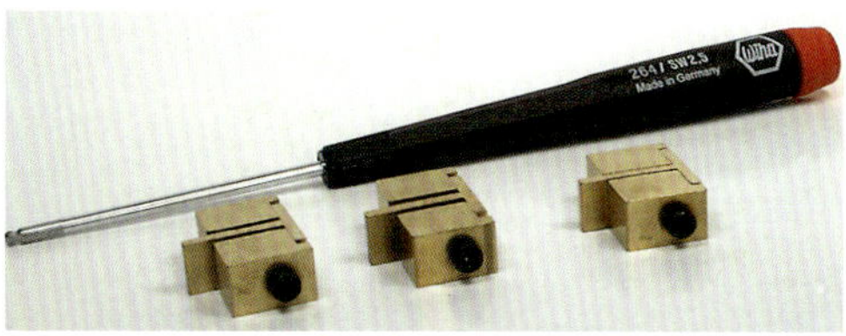

Gleisklammern fixieren die Gleisführung eines Flexgleises, indem die beiden Schienen starr miteinander verbunden werden.

Gleisplan

Der Gleisplan stellt die Modellbahn-Gleisanlagen auf grafische Art zwei- oder dreidimensional dar. Beim Planen einer Modellbahn-Anlage ist ein optimaler Gleisplan das wichtigste planerische Element überhaupt, denn Änderungen am Gleisplan sind nach dem Erstellen einer Anlage nur mit hohem Aufwand möglich. Ein umfassender Gleisplan stellt Rangier- und Streckengleise, Bahnhofsanlagen, Weichen, Brücken und andere Elemente des Gleisverlaufs und der Gleisfiguren dar. Die Planung des Gleisplans fand klassisch mittels einer → *Gleisplan-Schablone* in einem verkleinerten Maßstab von 1:10 oder 1:5 statt. Heute werden PC-Programme zu diesem Zweck eingesetzt, die mittels Gleisplan-Bibliotheken auch gleich die Kosten eines Gleisplans berechnen können.

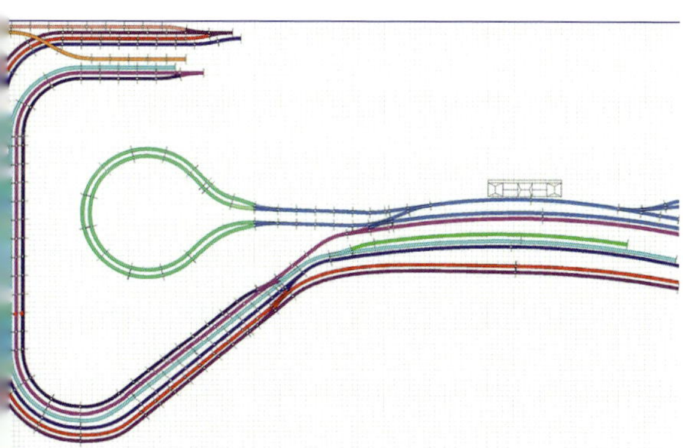

Der Gleisplan eines mehrgleisigen Durchgangsbahnhofs mit zweispuriger Kehrschleife.

Gleisplan-Zeichenschablone

Mit einer Gleisplan-Zeichenschablone wird der Gleisplan einer Modellbahn-Anlage auf klassischem Weg erstellt. Mit der Schablone wird der Gleisverlauf mit einem Bleistift auf Papier übertragen, nach der Papiervorlage werden dann die Gleise verlegt. Die Gleisplan-Zeichenschablonen enthalten Geraden, Kurven, Weichen und andere Gleiselemente eines bestimmten Gleissystems. Die Schablone reduziert den Zeichenmaßstab meist auf 1:10 zwischen Modellgleis und Schablone.

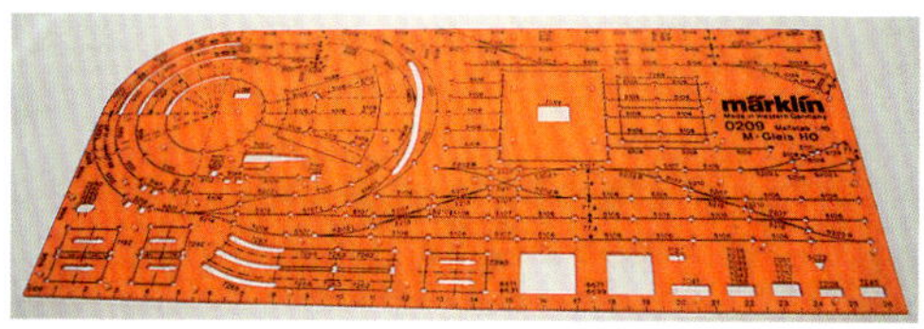

Eine Gleisplan-Zeichenschablone dient dem maßstabgetreuen Zeichnen von Gleisbildern.

Gleisschablone

Verkürzung des vollständigen Begriffs → *Gleisplan-Zeichenschablone*

Gleiswendel

Eine Gleiswendel ist bei der Modellbahn eine spezielle Konstruktion, mit der größere Höhenunterschiede auf einer Anlage auf möglichst wenig Platz überwunden werden. Gleiswendeln überwinden aber nicht nur einfach Höhenunterschiede, sie werden auch ganz praktisch benutzt, um z. B. Züge aus dem sichtbaren Bereich der Anlage in einen unsichtbaren → *Schattenbahnhof* zu fahren. Gleiswendeln können auch in einem Oval ausgeführt werden, üblich ist jedoch ein Kreis mit einem festen Radius. Die gängigste Ausführung beim Bau von Gleiswendeln sind Trassenbretter, die mittels Gewindestangen miteinander verschraubt sind. Beim Bau einer Gleiswendel empfiehlt es sich, einen möglichst großen Radius zu verwenden, das steigert die Befahrbarkeit und Betriebssicherheit erheblich.

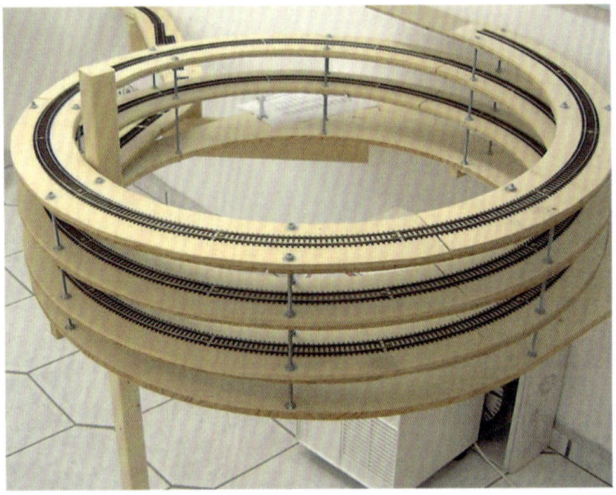

Eine eingleisige Gleiswendel im Rohbau.

Gleiswüste

Bei Gleiswüste handelt es sich um einen 100%igen Modellbahn-Begriff, der nicht der Vorbildbahn entlehnt ist. Als eine Gleiswüste werden Modellbahn-Anlagen bezeichnet, die praktisch nur mehr oder weniger komplexen Fahrbetrieb ermöglichen, aber über keinen oder nur sehr wenig ausgeprägten Landschafts-Modellbau verfügen. In der nicht vorurteilsarmen Modellbahner-Szene werden insbesondere Märklinisten und reine Modellbahn-Sammler gerne verdächtigt, nur Anlagen mit einer Gleiswüste zu betreiben. Typische Bauform einer Gleiswüste ist die „Modellbahn-Platte“, also ein rechteckiger Untergrund, der mit möglichst vielen Gleisen bestückt wird.

Gleitende Kurve

Anderer Begriff für → *Übergangsbogen*

Glockenankermotor

Glockenankermotoren sind hochwertige Motoren für Modellbahn-Triebfahrzeuge. Der Name Glockenankermotor rührt von der Glockenform der Ankerwicklung her. Glockenankermotoren werden auch → *Faulhaber-Motoren* oder im Jargon „Fauli“ genannt, da das Antriebsprinzip mit eisenloser Schrägwicklung der Ankerspule eines Glockenankermotors 1958 von Dr. Faulhaber zum Patent angemeldet wurde. Besondere Vorteile der Glockenankermotoren sind die Verschleißfreiheit, die Laufruhe und die geringe Stromaufnahme. Zu beachten ist, dass es für Glockenankermotoren spezielle → *Digitaldecoder* gibt, also nicht jeder Digitaldecoder auch für Glockenankermotoren geeignet ist. Bekannte Hersteller der Glockenankermotoren sind neben Faulhaber auch Maxon und Escap. Auf die Nachrüstung von Glockenankermotoren in H0-Triebfahrzeugen hat sich die Firma sb-modellbau spezialisiert. Wichtig für den Betrieb: Faulhaber- bzw. Glockenankermotoren dürfen im Stillstand nicht von einem Wechselstrom durchflossen werden, das führt zur Zerstörung des Motors. Die Situation tritt ein, wenn eine → *Digitalzentrale* ein symmetrisches Digitalsignal liefert und versehentlich ein analoges Triebfahrzeug mit Faulhaber-Motor, aber ohne Digitaldecoder, aufgegleist ist.

Ein Glockenankermotor mit Schwungmasse zum Ersatz des Standard-Antriebs einer Großserienlokomotive (Hersteller: sb-modellbahn).

GmP

Abk. für Güterzug mit Personenbeförderung → *Zugbildung* Modellbahn

Gold capacitor

„Gold-Caps“ sind Doppelschicht-Elektrolytkondensatoren, deren Technik 1978 von der Firma Panasonic entwickelt wurde. Gold-Caps haben bei geringer Baugröße eine sehr hohe Kapazität. Damit eignen sich die auch als „Super-Caps“ bezeichneten Stromspeicher gut für die Verwendung bei den mittleren und kleinen Modellbahn-Spuren, denn trotz geringer Größe erreichen Gold-Caps mehrere Farad Kapazität. Bei der Modellbahn werden Gold-Caps daher als elektrischer Speicher gegen Spannungsausfall z. B. bei verschmutzten

Schienen verwendet. Nachteilig sind die geringe Spannung von 5 V, der hohe Innenwiderstand und der hohe Ladestrom im Einschaltmoment.

GPL

Abk. für General Public Licence, Kennzeichnung für Programme, die unter dieser „öffentlichen Lizenz“ kostenlos genutzt und weiterverbreitet werden dürfen (→ *OpenSource*)

Graphitlack

Ein → *Widerstandslack* des Herstellers Kontakt Chemie

Gsp

Abk. für Gleissperrsignal

Güterzug mit Personenbeförderung

Hierbei handelt es sich um einen Güterzug, in den ein oder mehrere Personenwagen eingestellt sind. Diese auf Nebenbahnen bei der DB bis in die 80er-Jahre anzutreffende Betriebsabwicklung spart einen zusätzlichen Zug ein und hatte somit wirtschaftliche Gründe. Die Personenwaggons waren beim Dampfbetrieb regulär am Ende des Zugs eingestellt. Da aber Güterwaggons keine Heizleitungen haben, wurden die Personenwaggons im Winter direkt hinter die Lok gekuppelt → *Zugbildung*.

GUI

Abk. für Graphical User Interface, grafische Benutzeroberfläche, die die Arbeit und Administration per Maussteuerung ermöglicht und komfortabler als Systeme mit einer Kommandozeilensteuerung sind. Die bekannteste GUI für PCs ist Windows, Modellbahn-Programme mit grafischer Benutzerführung unter Linux laufen meist unter KDE (K Desktop Environment). Auch die neue Generation von Modellbahn-Digitalzentralen wie Märklin Central Station, ESU ECoS oder Viessmann Commander sind mit einer grafischen Benutzeroberfläche ausgestattet. Oftmals finden Sie eine GUI, die zudem berührungsempfindlich ist und so eine Steuerung per Fingerdruck (→ *Touchscreen*) erlaubt.

Gyro-Light

Gyro-Light ist die Bezeichnung für eine spezielle Beleuchtung, die US-Großdieselloks (Streckenloks) als zusätzliches Warnlicht neben dem dauerhaften Spitzensignal bieten. Das Gyro-Light wurde vom US-Unternehmen The Pyle-National Company entwickelt. Es beschreibt bei der Vorbildbahn eine runde oder elliptische Bahn, die ursprünglich mechanisch gesteuert wurde. Das Licht wird hingegen beim Modell per Elektronik pulsierend im Wechsel auf- und abgeblendet. Beim Gyro-Light schwillt das Licht zweimal hintereinander auf und ab, dann erfolgt eine kurze Pause.

TIPP

Hochwertige Modellbahn-Digitaldecoder bieten einen speziellen Lichtausgang, der auch auf die Darstellung des Gyro-Light-Effekts programmiert werden kann. Dazu wird in einer vorgegebenen Konfigurationsvariablen (je nach Decoder z. B. CV 125, CV 126) des betreffenden → *Lokdecoders* der Wert für den gewünschten Effekt gesetzt.

H0

Bei H0 (sprich „Ha Null") handelt es sich um die in Deutschland verbreitetste Nenngröße für den Modellbahnbau. Der Name rührt von der Hälfte des Maßstabes 0 (Null) her und beträgt 1:87 bei einer Spurweite von 16,5 mm. Deshalb bedeutet H0 richtig „Halb 0". Die Auswahl an Modellbahnartikeln für diese Nenngröße ist besonders groß, Experten schätzen weltweit einen Marktanteil von über 70 %.

H0e

Es handelt sich bei H0e um eine Modellbahn im Maßstab 1:87, die aber als Vorbild nicht die Regelspurbahn mit einer Spurweite von 1.435 mm, sondern eine Schmalspurbahn mit 750 mm hat. Bekanntester Hersteller von H0-Modellen für diese Spur ist die Firma Bemo (www.bemo-modellbahn.de).

H0m

Es handelt sich bei H0m um eine Modellbahn im Maßstab 1:87, die als Vorbild eine Schmalspurbahn mit 1.000-mm-Spurweite hat. Das „m" ist sozusagen die Abk. für „Meterspur". Daher hat die H0m-Modellspur eine Spurweite von 12 mm.

H0n

H0n ist eine Schmalspur-Variante der Nenngröße H0, die als Vorbild eine Schmalspurbahn mit 750-mm-Spurweite hat. Das „n" steht für „narrow gauge" (Schmalspur). Die H0n-Modellspur hat eine Spurweite von 9 mm. Die Nenngröße H0n ist selten anzutreffen, gefahren wird meist auf dem Gleismaterial der → *Spur N.*

Haftreibungszugkraft

→ *Zugkraft*

Haftreifen

Es handelt sich hierbei um Gummiringe, deren Durchmesser entsprechend dem Umfang der Antriebsräder von Triebfahrzeugen gewählt ist. Haftreifen dienen dazu, die Zugkraft zu erhöhen, wenn die reine Adhäsionskraft zwischen angetriebenen Rädern und Schienen für einen sicheren Antrieb, z. B. auf Steigungen, nicht ausreicht. Haftreifen werden je nach Hersteller entweder in Schwarz oder einer transparenten Gummimischung geliefert. Das Verwenden von Haftreifen ist unter Modellbahnern immer wieder ein kontroverses Thema, da Haftreifen den elektrischen Kontakt des Modells verschlechtern und der Gummiabrieb zur Verschmutzung der Schienen beiträgt. Zudem können unrunde, verschlissene oder verschmutzte Haftreifen während der Fahrt zum Schlingern des Modells beitragen. Speziell digital gesteuerte Loks sind daher tendenziell mit weniger Haftreifen ausgestattet, als es bei analogen Loks üblich ist. Insbesondere US-Modellbahner fahren häufig völlig ohne Haftreifen. Haftreifen sind im Modellbahn-Betrieb ein typischer Verschleißartikel. Das Wechseln bzw. Aufziehen eines Haftreifens ist bei manchen Fahrzeugen „fummelig", und es muss das Lokgehäuse abgenommen, manchmal auch eine Drehgestellblende entfernt werden. Bei Dampflok-Modellen müssen in vielen Fällen zum Aufziehen des Haftreifens die Koppelstangen abgeschraubt werden.

Die beiden Räder des linken Radsatzes sollen mit Haftreifen ausgestattet werden. Beim Rad oben links wurde der Haftreifen entfernt, und die → Haftreifen-Nut ist zu erkennen.

Haftreifen-Nut

Damit der Radreifen gute Fahreigenschaften bietet, liegen die Haftreifen in einer Nut. Ein nachträgliches Ausstatten (Fräsen) eines Modellbahn-Rades mit einer Haftreifen-Nut ist praktisch nicht möglich, sodass nur der Austausch des Rades bzw. des Radsatzes bleibt. Da Haftreifen einen typischen Verschleißartikel darstellen, sind sie bei den entsprechenden Herstellern als Ersatzteil verfügbar.

Halbreliefgebäude

Diese speziellen Gebäude-Modelle werden für den Anlagenhintergrund eingesetzt. Sie werden auf 300-g-Karton gedruckt und dann mit lösungsmittelfreiem Kontaktkleber zusammengeklebt. Mit Halbreliefgebäuden erzeugen Sie im Hintergrund der Anlage zu einem niedrigen Preis eine erstaunliche, plastische Tiefenwirkung. Spezialisiert auf Halbreliefgebäude ist J. Wischermann, der diese Gebäudebausätze für die Nenngrößen H0, 0 und 1 anbietet (www.modellbahnhintergrund.de).

Halbwellensteuerung

Die Halbwellensteuerung (Einweggleichrichtung) basiert darauf, dass eine Wechselstromquelle bei der Gleichrichtung nicht vollständig in die Gleichspannung gerichtet wird, wozu vier Dioden bzw. ein entsprechender Gleichrichter anzuwenden sind. Stattdessen wird bei der Halbwellensteuerung nur die obere oder untere Amplitude des Wechselstroms verwendet. Auf diesem sehr einfachen Weg kann eine Modellbahn mit Wechselstrom betrieben werden, und in die Triebfahrzeuge werden Dioden und Gleichstrommotoren eingebaut, sodass jedes Fahrzeug nur mit einer Halbwelle betrieben wird. Damit wird es möglich, zwei Loks auf demselben Gleis unabhängig zu steuern. Da aber mit dem System kein Fahrtrichtungswechsel möglich ist, hat keine dieser Entwicklungen am Markt Erfolg gehabt. Lediglich die bei Modellbahnern sehr bekannte Firma FALLER führte Ende der 1960er-Jahre eine Möglichkeit ein, die Autos der Modellautobahn FALLER Auto Motor Sport (AMS) mit Halbwellen zu steuern, womit zwei Autos auf einem Stromkreis unabhängig gesteuert werden konnten. Aktuell bieten manche analogen Transformatoren eine schaltbare Halbwellenautomatik, beispielsweise der Titan 816. Vorteil dieser Halbwellenanfahrt genannten Steuerung ist, bei der Steuerung analoger Loks einen vergrößerten Regelbereich bei niedrigen Geschwindigkeiten zu erreichen.

Handentkuppler

Das Abkuppeln von aufgegleisten Fahrzeugen ist je nach Nenngröße und Kupplungstyp manchmal eine fummelige Angelegenheit. Als einfaches Mittel hilft bei vielen Standard-

Handentkuppler bieten auch die Modellbahn-Hersteller an; oben ein Entkuppler von Roco, unten das Modell von Märklin.

Mit den Halbreliefgebäuden erstellen Sie verblüffend realistische Hintergründe für Ihre Anlage.

Kupplungstypen (Bügel- und Fallhakenkupplungen) ein Handentkuppler. Der wird von unten unter die Kupplung geführt und öffnet sie dann durch Anheben des Verbindungselements der Kupplungstype.

Handmuster

Es handelt sich bei der Modellbahn bei einem Handmuster um ein Modell, das im gewünschten Maßstab produziert, aber noch nicht vollständig ist. Sinn des Handmusters ist es, dem Auftraggeber in mehreren Stufen bei der Produktion eine Kontrolle zu ermöglichen und so beispielsweise Korrekturen für Spritzformen oder die Bedruckung zu veranlassen. Da Handmuster sehr unterschiedliche Produktionsschritte zeigen, können beispielsweise Fenstereinsätze, Motor, Elektronik, Beleuchtung oder auch die Bedruckung fehlen. Ist ein Handmuster zwar mit Rädern, nicht aber mit einem Antrieb ausgestattet, spricht man auch von einem Rollmodell. Die Modellbahn-Hersteller zeigen Handmuster gerne auf Messen, um die Käufer schon einmal für ein Modell zu interessieren. Allerdings werden manche Handmuster schon extrem früh gezeigt, und es kann teilweise noch 1 oder 2 Jahren dauern, bis aus einem Handmuster das vollständige Modell für die Serienfertigung geworden ist. Während es in anderen Branchen teilweise üblich ist, Handmuster großzügig zur Ansicht zu versenden oder sogar zu verkaufen, ist das in der Modellbahn-Branche absolut unüblich. Im Gegenteil achten die Hersteller darauf, dass keine unfertigen Modelle einer Serie in Umlauf kommen.

Handmuster einer PIKO Spur G-Diesellokomotive BR 260: Schon äußerlich ist zu sehen, dass die Scheiben und die Bedruckung fehlen.

H

Handregler

Allgemein sind Handregler an der Modellbahn spezielle Fahrregler, die das Steuern der Fahrzeuge komfortabler als eine feste Station erlauben. Daher sind Handregler auch häufig per Funk oder Infrarot mit der Zentrale verbunden, um maximale Bewegungsfreiheit zu haben. Handregler neuer Generation (Märklin/TRIX MobileStation, LGB LokHandy, PIKO Digi-Fern, Roco Lokmaus, Uhlenbrock IRIS) vereinen ganz oder teilweise die Funktionen von Handregler und → *Digitalzentrale*.

Einfacher, kabelloser Infrarot-Handregler aus einer Märklin-Start-Packung.

Handweiche

Die preiswertesten Versionen der Weichen eines Gleissystems sind als Handweichen ausgeführt. Das Stellen der Weichenzunge findet also rein manuell statt, meist über einen Hebel an der Seite der Weiche. Manche Handweichen lassen sich mit einem zusätzlichen Antrieb ausrüsten, um so zu einer automatischen, fernbedienbaren Weiche zu kommen.

TIPP
Wenn Sie planen, Ihre Modellbahn-Anlage mit einer Digitalzentrale oder per PC-Software zu steuern, achten Sie beim Kauf von Handweichen darauf, dass sich ein Antrieb nachrüsten lässt.

Handylautsprecher

Da Handylautsprecher sehr klein sind, eignen sie sich zum Einbau und zur Klangwiedergabe in den „kleinen" Spuren N und teilweise sogar Z.

Harzkamel

Jargonbezeichnung für die V100 der Deutschen Reichsbahn der DDR in der Schmalspurausführung

Haushaltsstrom

Der Betrieb aller Modellbahn-Anlagen ist elektrisch auf den Anschluss an den Haushaltsstrom mit 230 V Wechselstrom ausgelegt. Diese „Steckdosenspannung" wird für den Modellbahn-Betrieb durch den Transformator in eine ungefährliche Niederspannung von 12 bis 16 V transformiert.

WICHTIG
Zwar können Sie durchaus Modellbahn-Fahrzeuge aus Ländern mit anderem Haushaltsstrom auf Ihrer Anlage einsetzen. Die elektrischen Anschlusskomponenten lassen sich in vielen Fällen wegen abweichender Spannung (z. B. USA 120 V/60 Hertz) aber nicht in Deutschland verwenden. Unfallgefahr!

HDD

HDD ist die Abk. für Harddisk Drive und bezeichnet ein Festplattenlaufwerk. Die HDD ist der Standard-Massenspeicher bei PCs und Notebooks. Auch die Modellbahn-Programme sind in PCs oder Notebooks in aller Regel auf einer HDD gespeichert, denn dieser magnetische Speicher bietet schreibende und lesende Zugriffsmöglichkeiten. Der Vorteil einer HDD gegenüber anderen Speichermöglichkeiten ist neben der hohen Kapazität die schnelle Zugriffszeit. Modellbahn-Programme, insbesondere die zur Digitalsteuerung, haben im Allgemeinen einen eher geringen Speicherbedarf, sodass Sie auch moderne Programme meist problemlos auf alten Festplatten mit weniger als 100 GB Kapazität betreiben können.

Heberleinbremse

Die Heberleinbremse ist eine durchgängige Eisenbahnbremse, die mit einer mechanischen Seilbetätigung ausgeführt wird. Typisch für die Heberleinbremse sind die gut sichtbaren Seilführungen auf den Wagen, die Seile konnten aber auch unter den Wagen geführt werden (Spreewaldbahn). Bei einigen Schmalspurbahnen in Sachsen können zahlreiche Original-Fahrzeuge mit der Heberleinausrüstung besichtigt werden (Lößnitzgrundbahn, Weißeritztalbahn, Schmalspurbahnmuseum Rittersgrün). Bei hochwertigen Eisenbahnmodellen von Schmalspurfahrzeugen sind auch (funktionsuntüchtige) Elemente der Heberleinbremse nachgebildet.

Heißkleber

Dieser Klebstoff, auch Heizkleber genannt, findet im Modellbahnbereich vielfältige Anwendung. Im Modellbau eignet er sich vor allem für Verbindungen im nicht sichtbaren Bereich, zudem ist er beim Einkleben von LEDs und Befestigen von Decodern gut einzusetzen.

Hektometertafel

Zur Orientierung an den Gleisstrecken wurden bis in die 70er-Jahre Kilometersteine verwendet, seitdem wurden sie durch Hektometertafeln aus Blech ersetzt. Auf Hauptstrecken steht am rechten Gleis jeweils nach 200 Metern eine Hektometertafel.

TIPP
Für eine realistische Nachbildung auf der Modellbahn können Sie Hektometertafeln auf stabilem Papier (90 bis 120 g/qm²) leicht selbst drucken. Als Masten eignen sich für die mittleren Nenngrößen Stecknadeln.

Hemmschuhe

Es handelt sich hierbei um eine klassische Bremsvorrichtung, um Waggons zu bremsen, die von einem → *Ablaufberg* kommen. Als funktionsloses Zubehör gibt es Hemmschuhe (auch: Bremsschuhe) in mehreren Maßstäben, für H0 z. B. von Weinert Modellbau (www.weinert-modellbau.de).

Herstellerkennung

Die Herstellerkennung ist standardmäßig CV 8 in einem → *Digitaldecoder* und gibt den Hersteller des Decoders an.

Herzstückpolarisierung

Die Herzstückpolarisierung (engl. „Frog Power") dient dazu, bei der Weiche einer elektrischen Modellbahn im Zweileiter-System das Herzstück der Weiche entsprechend dem geschalteten Fahrweg mit der richtigen Polarität der anliegenden Betriebsspannung zu versorgen. Damit ist auch bei abbiegender Fahrt ein zuverlässiger elektrischer Kontakt zwischen den Fahrzeugen und den leitenden Schienen hergestellt. Weichen in einem Mittelleiter-System benötigen keine Herzstückpolarisierung.

TIPP
Weichen mit Herzstückpolarisierung dürfen beim Befahren keinesfalls aufgeschnitten, sondern müssen immer geschaltet werden. Andernfalls kommt es zum Kurzschluss.

Hf
Abk. für Formhauptsignal

HLA
Abk. für → *Hochleistungsantrieb*

Hochfrequenz-Gleisreiniger
Ein Hochfrequenz-Gleisreiniger reinigt bei Zweileiter-Systemen mit einem speziellen „Reinigungsstrom" die Schienen. Dazu wird ein ungefährliches Hochspannungssignal angelegt. Das Gerät registriert den Spannungsabfall, wenn ein Triebfahrzeug über ein verschmutztes Schienenstück fährt, und sendet automatisch hochfrequente Stromimpulse aus. Zeigt die Spannungsaufnahme der Lok wieder Normalwerte, deaktiviert sich der Gleisreiniger automatisch. Insbesondere beim Einsatz auf den kleinen Spuren N und Z ist ein Hochfrequenz-Gleisreiniger prinzipiell sinnvoll. Ein Hochfrequenz-Gleisreiniger wurde von der Firma NOCH angeboten, musste jedoch im Rahmen der EU-Harmonisierung wegen Frequenzverletzungen nach französischem Recht aus dem Programm genommen werden.

Hochleistungsantrieb
Für Betriebsbahner sind die Standard-Antriebe mancher Lok-Modelle nicht ausreichend. In vielen Fällen ist das Regelverhalten schlecht, Langsamfahrt ist kaum möglich oder die Zugkraft reicht nicht für lange Züge in einer Gleiswendel. Solche Mängel behebt ein Hochleistungsantrieb. Diese Antriebe werden von manchen Modellbahn-Herstellern und besonders vom Zubehörhandel angeboten. Ein Hochleistungsantrieb besteht meist aus einem → *Digitaldecoder* in Kombination mit verbesserten Motor- und Getriebeelementen. Hochleistungsantriebe sind hersteller- und fahrzeugspezifisch, sodass sie nur in ganz bestimmte Fahrzeuge eines Herstellers passen. Bekannt sind z. B. die Hochleistungsantriebe, die Märklin als Nachrüst-Sets anbietet („Fünf-Sterne-Antrieb"). Für die Modellbahn-Hersteller sind solche Nachrüst-Antriebe ein gutes Geschäft, zudem kann der Einstandspreis mancher Modelle dadurch niedriger gehalten werden.

Märklin-Hochleistungsantrieb, nachgerüstet im Märklin-Motor-Drehgestell eines H0-Modells der Elektrolokomotive E03.

Hochleistungsmotor
Ein Hochleistungsmotor (HL-Motor) dient dazu, die Antriebseigenschaften gegenüber dem Standard-Antrieb einer Modellbahn-Lokomotive zu verbessern. Hochleistungsmotoren sind bürstenlos und der Anker ist mit 5 Spulen („Fünf-Sterne-Antrieb") ausgestattet. Bekannte Hochleistungsmotoren sind der → *Glockenankermotor* und der Softdrive-Sinus-Motor. Teilweise benötigen Hochleistungsmotoren eine vorgeschaltete Regelelektronik, können also nicht direkt am Gleichstrom betrieben werden. Nicht jede Modellbahn-Lokomotive kann mit einem Hochleistungsmotor ausgestattet werden, oft fehlt der Platz, oder das Getriebe lässt sich nicht abstimmen. Bekannt in der Szene sind insbesondere die Hochleistungsmotoren von sb-modellbau (www.sb-modellbau.com).

Höchstgeschwindigkeit
Als maximale Geschwindigkeit von Modellbahn-Triebfahrzeugen gibt die → *NEM 661* als Maßgabe das folgende Verhältnis zwischen Nenngröße und Erhöhung der Geschwindigkeit in Prozent gegenüber der tatsächlich maßstäblichen Geschwindigkeit vor:

Z	+70 %
N	+60 %

TT	+50 %
H0	+40 %
S	+30 %
0 (Null)	+20 %
größer 0 (Null)	+10 %

Bei modernen Loks mit → *Digitaldecoder* können Sie die maximale Geschwindigkeit programmieren. Ältere, analoge Loks insbesondere der kleineren Spuren sind in den meisten Fällen „Raser" ohne jeden Bezug zur vorbildnahen, maßstäblichen Geschwindigkeit.

Hohlprofilschiene

Wenn Schienen für die Modellbahn aus Weißband (Weißblech) oder ähnlichen Blechen zusammengebogen werden, spricht man von einer Hohlprofilschiene. Da diese Art der Produktion vom Material her sehr preiswert ist, waren Hohlprofilschienen die Standardschienen bei praktisch allen Modellbahnsystemen. Bekannt sind z. B. die Hohlprofilschienen der klassischen Spur-0-Systeme, die der PIKO-Modellbahn zu Zeiten der DDR sowie das Märklin-M-Gleis. Aufgrund des runden Schienenkopfes sind wegen des mangelhaften elektrischen Kontaktes Hohlprofilschienen für die digitale Steuerung einer Modellbahn kaum einsetzbar. Heutige Modellbahn-Gleise sind mit Schienen aus einem Vollprofil ausgestattet.

WICHTIG

Märklin-K-Gleis wurde von 1969 bis 1980 als Hohlprofilgleis produziert, erst ab 1981 als Vollprofilgleis. Wer also Gebrauchtware für eine digitale Märklin-H0-Modellbahn kauft, sollte sehr genau hinschauen.

Holzroller

Holzroller ist der Kosename und Spitzname für die DR Neubauloks der Baureihen E 11, E 42, E 109 (DR 211), E 142 (DR 242), E 171 (Holzroller auf 6 Achsen) sowie E 251, der ersten von der Deutschen Reichsbahn in der DDR beschafften Elektrolokomotiven. Die Bezeichnung Holzroller soll wegen folgender Besonderheiten entstanden sein: Das Dach enthält auf der rechten und linken Seite je zwei Laufstege aus Holzbrettern. Die Speichenräder ähneln Holzrädern. Die Loks gelten als sehr robust, eben wie ein Holzroller unkaputtbar. Sehr viele Informationen, technische Daten und Bilder zu den Holzrollern finden Sie auf der Webseite www.holzroller.de von Daniel Berg.

Hosenträgerweiche

Eine Hosenträgerweiche ist eine Gleisfigur, die sowohl bei der Echtbahn wie auch bei der Modellbahn anzutreffen ist. Es handelt sich dabei um eine doppelte Gleisverbindung, die durch 4 Weichen und eine Kreuzung gebildet wird. Das Aussehen erinnert an die Rückenansicht eines klassischen Hosenträgers, daher der Name. Der Sinn einer Hosenträgerweiche ist, einen Spurwechsel zwischen zwei Gleisen, der in beiden Fahrtrichtungen gleichermaßen möglich ist, auf möglichst engem Raum unterzubringen. Dazu besteht eine Hosenträgerweiche aus 4 einfach abzweigenden Weichen plus einer Kreuzung. Vorteil auf der Modellbahnanlage ist, dass eine Hosenträgerweiche z. B. im Bereich einer Bahnhofseinfahrt viel Platz spart und flexibles Rangieren ermöglicht. Eigentlich sollte dieses wichtige Gleiselement daher bei

Eine Hosenträgerweiche ermöglicht auf wenig Raum den Gleiswechsel zweier Strecken.

allen Gleissystemen im Angebot sein, es ist jedoch tatsächlich nur in wenigen Modellbahn-Gleissystemen verfügbar. Grund hierfür mag der relativ hohe Aufwand und damit Preis sein, denn für den Betrieb einer Hosenträgerweiche sind vier Antriebe erforderlich. Für H0-Bahner gibt es Projekte, Hosenträgerweichen selbst zu bauen. Besser sieht es bei Spur N aus; PECO bietet für das Gleissystem Code 55 eine Hosenträgerweiche an, von KATO gibt es für das Unitrack-Gleis diese doppelte Gleisverbindung ebenfalls.

HP
Abk. für Haltepunkt

H

Hp0
Dieser Signalbegriff bedeutet „Halt". Beim Formsignal zeigt der (obere) Flügel waagerecht nach rechts. Beim → *Lichtsignal* bzw. als Nachtzeichen werden ein oder zwei rote Lichter = Hp00 waagerecht angezeigt.

Hp1
Das ist ein Signalbegriff, er bedeutet übersetzt „Fahrt". Beim Formsignal zeigt der (obere) Flügel schräg nach rechts aufwärts, beim Lichtsignal bzw. beim Nachtzeichen ein grünes Licht.

Hp2
Bei diesem Signalbegriff (übersetzt: „Langsamfahrt") zeigen zwei Signalflügel rechts nach schräg aufwärts. Als Nachtsignal bzw. Lichtsignal wird ein grünes und senkrecht darunter ein gelbes Licht angezeigt.

HSI
Abk. für High Speed Interface. Das HSI ist eine schnellere Variante des → *s88-Busses*, die von der Firma Littfinski angeboten wird (Info: www.ldt-infocenter.com).

Hundeknochen
Hundeknochen ist eine scherzhafte Bezeichnung aus dem Modellbahn-Jargon für ein in der Mitte gestauchtes Gleisoval, das an einen Knochen erinnert.

Hundekurve
Die Hundekurve (auch: Hundskurve) ist bei der Modellbahn eine spezielle Gleisfigur, die darin besteht, den Radius eines Gleisbogens im Verlauf des Gleisbogens immer geringer werden zu lassen, die Kurve zieht sich progressiv zu (→ *Übergangsbogen*).

INFO
Der Begriff Hundekurve wird sinnverwandt auch in der Flieger-, Wassersport- und Motorsportsprache verwendet.

Hybridlokomotive
Andere Bezeichnung für → *Zweikraftlok*

Hyperlink
Eine Verbindung (Sprungziel) von einem Text zu einem anderen Text oder anderem Datenelement wird als Hyperlink bezeichnet. Der Startpunkt des Hyperlinks in einem Dokument wird dem Leser angezeigt, z. B. durch Unterstreichung oder eine andere Farbe. Wird dieser Startanker bedient (angeklickt), wird automatisch der Zielanker, der hinterlegte Link, aufgerufen. Fachzeitschriften zur Modelleisenbahn verwenden in ihren Online- oder PDF-Versionen Hyperlinks, um zu anderen eingebundenen Inhalten zu verweisen oder weiterführende Online-Inhalte aufzurufen.

Hz
Abk. für Hertz. Die Einheit Hertz beschreibt die Anzahl der vollständigen Schwingungen (Taktzyklen), die ein System in einer festgelegten Zeit durchführt. Meist wird die Einheit mit den folgenden Präfixen versehen, um höhere Frequenzen übersichtlicher beschreiben zu können:

Einheit mit Präfix	Anzahl Schwingungen pro Sekunde
kHz, K = kilo	1.000
MHz, M = Mega	1.000.000
GHz, G = Giga	1.000.000.000

I²C
Abk. für „Inter Integrated Circuit", das ist die Bezeichnung für den Eingabebus der klassischen Märklin → *Digitalzentrale* Control Unit. Der Bus wird von Zubehörherstellern wie Uhlenbrock verwendet, um zum klassischen Märklin-Digitalsystem kompatible Komponenten zu produzieren.

IB
Jargon-Bezeichnung für „Intellibox", der verbreiteten → *Digitalzentrale* der Firma Uhlenbrock

IB-Com
Es handelt sich bei der IB-Com (IntelliBox-Com) um ein Interface zur automatischen Modellbahn-Steuerung per PC-Software. Da es sich um ein reines Interface handelt, verfügt die IB-Com über keine eigenen Steuereinrichtungen wie ein Fahrgerät. Die IB-Com ist einsetzbar mit jeder Steuersoftware, die das → *LocoNet-Protokoll* unterstützt. Die IB-Com unterstützt bis zu 9.999 Decoderadressen und bis zu 128 Fahrstufen. Sie steuert bis zu 32 Lokomotiven gleichzeitig, dabei sind je Lok 32.768 Sonderfunktionen schaltbar. Im Datenformat Motorola sind bis zu 320, im DCC-Format bis zu 2.048 Magnetartikel schaltbar. Die IB-COM enthält einen integrierten 3,5-A-Booster und wird mit einem Software-Fahrgerät geliefert. Im Bundle ist die IB-Com zudem mit der Steuerungssoftware → *WinDigiPet* lieferbar (Info: www.uhlenbrock.de).

IB-Switch
Die IB-Switch ist ein pultförmiges Keyboard, passend zur IntelliBox von Uhlenbrock. Das Gerät ist praktisch das „Stellwerk" zur IntelliBox und dient dazu, Weichen und Fahrstraßen über Magnet- und Schaltartikeldecoder zu schalten.

IBW
Abk. für Innenbogenweiche

IC
1. Abk. für Integrated Circuit (integrierter Schaltkreis)
2. Auf der Modellbahn-Anlage kann auch ein IC-Zug (Inter City) gemeint sein, der von vielen Modellbahn-Herstellern für die gängigen Spurweiten angeboten wird.

ICE
Ursprünglich Abk. für Intercity Experimental, später im Betriebseinsatz für → *Intercity Express*

Impedanz
Als Impedanz (lat. impedire = hemmen, hindern) wird in der Elektrotechnik der komplexe Wechselstromwiderstand Z bezeichnet. Impedanz meint zusammenfassend alle Widerstände, die einer Ausbreitung von Schwingungen entgegenwirken. Bei der Modellbahn ist es die Impedanz der Lautsprecher in den Fahrzeugen, die auf den Sounddecoder abgestimmt sein muss, andernfalls kann der Sounddecoder zerstört werden. Gängige Mini-Lautsprecher (z. B. von ESU) sind in 13 mm, 16 mm, 16 x 25 mm, 20 mm, 23 mm, 28 mm, 20 x 40 mm und 40 mm Größe und mit 100 Ω Impedanz lieferbar.

Impulsbreitenspannung
Die Impulsbreitenspannung ist im analogen Fahrbetrieb eine spezielle Fahrspannungsart. Besonderheit der Impulsbreitenspannung ist das besonders gute Langsamfahrverhalten der Loks, das beim Rangieren zum Tragen kommt. Bei der digitalen Modellbahn geben die → *Lokdecoder* in den Triebfahrzeugen die Impulsbreitenspannung an den Gleichstrommotor ab.

Impulsbreitensteuerung
Anderer Begriff für → *Pulsweitenmodulation*

Impulskontakt
Um Strom nur für einen kurzen Moment zu einem Verbraucher fließen zu lassen, wird ein Impulskontakt verwendet. So ein kurzer Schaltimpuls wird bei der klassischen Modellbahn-Steuerung per Taster ausgelöst. Impulskontakte werden z. B. beim Stellen eines Magnetartikels eingesetzt. Ist beispielsweise die Weichenzunge in die gewünschte Lage gestellt, darf kein Dauerstrom fließen, denn das würde die Magnetspule erwärmen und möglicherweise durchbrennen lassen.

Index-Pin
Um auf Steckschnittstellen eine eindeutige Orientierung beim Anschluss sicherzustellen, haben diese Schnittstellen meist einen Index-

Pin, der als Verpolungsschutz dient. Ein Index-Pin kann eine mechanische Sicherung sein, indem er z. B. verschlossen ist. Oft ist der Index-Pin nur durch eine besondere Markierung für die Orientierung hervorgehoben.

WICHTIG
Die aktuellen Modellbahn-Schnittstellen → *21MTC* und → *PluX22* benutzen zwar dasselbe Rastermaß, aber die Index-Pins liegen auf unterschiedlichen Positionen. Beide Schnittstellen sind also nicht kompatibel.

Indusi

Indusi ist die Abk. für induktive Zugsicherung. Die Indusi wird heute als → *punktförmige Zugbeeinflussung* bezeichnet. Ihre Aufgabe ist, durch Zwangsbremsung Unfälle und Gefährdungen zu verhindern, wenn ein Triebfahrzeugführer z. B. Halt zeigende Signale oder Geschwindigkeitsbeschränkungen nicht beachtet. Zwar wird bei der Modelleisenbahn keine funktionierende Indusi eingesetzt, aber auf den Modellbahn-Anlagen werden die Komponenten dieser elektromagnetisch funktionierenden Sicherung häufig detailgetreu an den Lokomotiven und dem Gleis nachgebildet.

Industriekreis

Allgemeine Bezeichnung für Gleisbögen mit sehr engen Radien. Speziell Märklin verwendet diese Bezeichnung für den engsten Gleisbogen (siehe auch: → *Standardradius*). Damit soll ausgedrückt werden, dass diese Gleise nicht für Neben- oder gar Hauptstrecken gedacht sind, sich aber z. B. für das Gestalten einer Werksbahn mit Rangierloks und kurzen Waggons eignen. Speziell große Dampflok-Modelle, bei denen vier oder mehr Koppelachsen im Rahmen gelagert sind, können Industriegleise oft nicht befahren. Ausnahme hiervon sind → *Mallet-Loks*.

Informations-Technik

Oberbegriff (Abk. IT) für die Informations- und Datenverarbeitung und die dazu eingesetzten Geräte (Hardware) und Programme (Software)

Infrarot-Fernbedienung

Bei der Modellbahn sind alle kabellosen Steuerelemente und Fahrregler im Trend. Für die Signalübertragung wird neben Funk in manchen Fällen auch Infrarot-Licht eingesetzt. Infrarot-Fernbedienungen senden dazu ein Signal im unsichtbaren Infrarot-Bereich aus. Als Strahlungsquelle dienen häufig Infrarot-Leuchtdioden. Das Signal wird mit einer Frequenz von ca. 40 kHz übertragen, ein Bandpassfilter sorgt dafür, dass störende Frequenzen ausgeblendet werden. Die Kodierung der übertragenen Informationen erfolgt mit unterschiedlichen Modulationsverfahren, die Burst- und Pausendauer verändern. Für die digitale

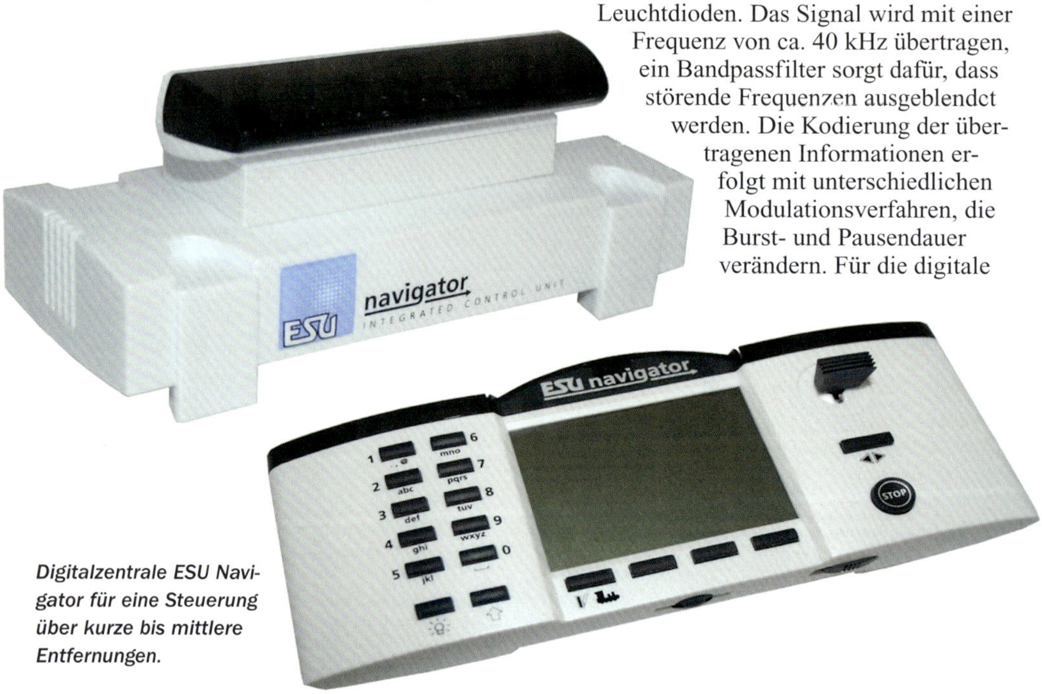

Digitalzentrale ESU Navigator für eine Steuerung über kurze bis mittlere Entfernungen.

Modellbahn wird meist eine bidirektionale Infrarot-Technik eingesetzt, um Rückmeldungen zu ermöglichen.

Inselbahnhof

Das ist kein Bahnhof auf einer Insel, sondern die Bezeichnung für einen Bahnhof, bei dem das Bahnhofsgebäude von Streckengleisen eingeschlossen ist. Ein Inselbahnhof wie auch Inselbahnsteige sind nur durch Fußgängertunnel oder -brücken zu erreichen. Da auf Modellbahn-Anlagen notorischer Platzmangel herrscht, sind Inselbahnhöfe und -bahnsteige recht häufig dargestellte Szenen.

Intellibox

Intellibox (im Jargon „IB" genannt) ist der Name der Modellbahn → *Digitalzentrale* der Firma Uhlenbrock (www.uhlenbrock.de) aus Bottrop. Durch den frühen Markteintritt, die Multiprotokollfähigkeit und das integrierte Interface zum Anschluss eines PCs zur Modellbahnsteuerung ist die Intellibox sehr verbreitet.

Intercity-Express

Der Intercity-Express ist die schnellste und komfortabelste Zugkategorie der Deutschen Bahn. Die Schreibweise in Österreich und der Schweiz ist InterCityExpress. Der ICE-Vorläufer InterCity-Experimental wurde am 26. November 1985 vorgestellt und stellte am selben Tag mit 317 km/h zwischen Gütersloh und Hamm einen neuen Weltrekord für Drehstrom-Schienenfahrzeuge auf. Als ICE 3 werden die aktuellen Baureihen von ICE-Hochgeschwindigkeitszügen bezeichnet, sie sind für eine Höchstgeschwindigkeit von 330 km/h zugelassen. Modelle einer ICE-Baureihe sind bei den Herstellern beliebte Motive von → *Startpackungen* und daher auf vielen Modellbahn-Anlagen anzutreffen. Im Modellbahn-Betrieb sind allerdings die inkompatiblen Spezialkupplungen der Modelle oftmals ein Ärgernis.

ICE-2-Triebkopf und -Steuerwagen (oben) und zwei Triebköpfe des ICE 1 (unten) in der Baugröße H0 von Fleischmann.

Interface

Anderer Begriff für → *Schnittstelle*

IP-Adresse

IP-Adresse ist die Abk. für Internet Protokoll Adresse. Jeder Computer und jede → *Digitalzentrale*, die an das Internet angeschlossen ist, benötigt zur Kommunikation eine solche IP-Adresse als weltweit eindeutige Kennung. Die IP-Adresse ist numerisch und besteht aus 4 durch Punkte getrennte Zahlen im Wertebereich 0 bis 255, z. B. 129.187.18.9 oder 192.168.2.1. Für die Einwahl ins Internet vergibt der betreffende Internet Service Provider (ISP) meist dynamische IP-Adressen, die bei jeder Einwahl aus dem Adresspool des ISP neu vergeben werden. Wichtig ist die IP-Adresse für den Betrieb einer Modellbahn, wenn ein Update der Betriebssoftware (→ *Firmware*) einer Digitalzentrale von einem Firmenserver bezogen werden soll. Möglicherweise muss dann die IP-Adresse des Update-Servers eingegeben werden oder die Modellbahn Digitalzentrale muss in einem lokalen Netzwerk mittels einer bestimmten IP-Adresse mit einem → *Router* verbunden werden, der wiederum seinerseits die Verbindung mit dem Update-Server herstellt. Weiterhin werden die IP-Adressen bei mittleren und großen Modellbahn-Anlagen benötigt, um mehrere Computer für die Anlagensteuerung in einem lokalen Netzwerk (LAN) zu verbinden.

iPhone

Das iPhone ist ein von der Firma Apple entwickeltes Smartphone, das 2007 in der ersten Version auf den Markt kam. Das Gerät vereint Funktionen eines Breitbild-Medienspielers mit denen eines Mobiltelefons mit Digitalkamera und Internetzugang. Die Steuerung findet weitgehend über den Multitouch-Bildschirm statt. Für Modellbahner lässt sich mittels des iPhones auch eine Steuerungsmöglichkeit für die digitale Modellbahn realisieren. Die entsprechende iPhone-Applikation → *iRoc* ist kostenlos und Teil der Rocrail-Programme zur Modellbahn-Steuerung. Das iPhone mit der iRoc-App wird über WLAN mit dem PC oder Notebook verbunden, auf dem die Modellbahn-Steuerungssoftware läuft.

IR-Fernbedienung

Abk. von → *Infrarot-Fernbedienung*

iRoc

iRoc ist ein kostenloses Programm („App"), das auf den Smartphones Apple „iPhone" läuft. Es dient dazu, über WLAN das Programm → *Rocrail* zu bedienen, das seinerseits auf PC oder Notebook läuft. Damit ist es dann möglich, die digitale Modellbahn über ein iPhone drahtlos fernzubedienen. iRoc bietet Ihnen folgende Eigenschaften:

- Läuft mit allen von Rocrail unterstützten Digitalzentralen
- Integrierter Fahrregler
- 16 Funktionen und Licht
- Sperren und Freigeben von Lokomotiven
- Einstellbare Empfindlichkeit des Schiebereglers
- Fahrstraßen-, Weichen- und Signalsteuerung
- Steuerung von Ausgängen
- Automatisches Wiederverbinden
- Automatische Steuerung von Loks
- Interaktive Gleisplan-Darstellung

Isolierschienenverbinder

Für praktisch jedes Modellbahn-Gleissystem gibt es passende Isolierschienenverbinder. Mit ihnen wird eine mechanische Verbindung zwischen den Gleisstücken bzw. Schienen hergestellt, ohne eine elektrische Verbindung zu erzeugen. Insbesondere zum Isolieren bestimmter Gleisabschnitte sind Isolierschienenverbinder nötig. Alternativ bietet sich in den Zweileiter-Systemen der Modellbahn ein Trennen der Schienen mit einem Mini-Trennschleifer an. Um die notwendige mechanische Stabilität zu erhalten, muss dann allerdings eine aufwendigere, stabile Gleisbettung erfolgen.

Isolierspray

Da ein Kurzschluss zu den ungeliebten elektrischen Phänomenen rund um die Modelleisenbahn gehört, ist beim technischen Modellbau Isolierspray ein nützlicher Helfer. Isolierspray ist ein Überzugslack auf Acrylharzbasis und vermeidet Kriechströme und Kurzschlüsse. Das Elektronikschutzmittel wird zumeist als farbloses oder weißes Spray in den gängigen 400-ml-Spraydosen geliefert.

Isolierte Achsen

Bei isolierten Achsen ist durch eine Achshülse die elektrische Leitfähigkeit unterbrochen. Fahrzeuge mit isolierten Achsen müssen bei allen Zweileiter-Systemen verwendet werden, da ansonsten ein Kurzschluss zwischen den beiden Leitern (Schienen) auftreten würde. Um isolierte bzw. isolierende Achsen zu erreichen, setzen Billighersteller einfach Kunststoffachsen ein, diese Radsätze sind aber eher minderqualitativ.

ISP

Abk. von Internet Service Provider, dt. Internet-Dienstleister. Ein ISP ist erforderlich, um eine Datenverbindung über das Internet vorzunehmen, beispielsweise um ein Update zu einer → *Digitalzentrale* vom Server des Herstellers herunterzuladen. ISP können sowohl kommerzielle Unternehmen als auch nichtkommerzielle Organisationen wie Universitäten sein. Große ISPs wie die Deutsche Telekom liefern neben der Datenkommunikation auch Sprachkommunikation sowie weitere Dienste, z. B. IP-TV („Internet-Fernsehen"). Eine besonders wichtige Dienstleistung jedes ISPs ist die Bereitstellung von Serverkapazitäten, um die Inhalte z. B. des www unter einer bestimmten Adresse verfügbar zu machen.

IT

Abk. für → *Informations-Technik*

ITG

Abk. für „Innovations-Takt-Geber". Damit wird auf die Firma Märklin angespielt, die sich bei der Modellbahn gerne selbst so bezeichnet. Wird das Kürzel in Foren verwendet, ist es meist eher ironisch gemeint.

Jahreswagen

Als Jahreswagen werden Sonderwagen bezeichnet, die von Herstellern, Modellbahnclubs und manchmal auch kommerziellen Anbietern anderer Branchen jährlich herausgegeben werden. Gleichzeitig erfüllen Jahreswagen auch eine Funktion als Werbemittel. Die Jahreswagen sind für manchen Modellbahner ein spezielles Sammelgebiet. Für Betriebsbahner sind die Jahreswagen meist weniger attraktiv, da sie praktisch immer über einen speziellen Aufdruck des Auftraggebers verfügen und somit nicht vorbildgerecht eingesetzt werden können.

Jakobsachsen

Andere Bezeichnung für → *Jakobs-Drehgestell*

Jakobs-Drehgestell

Jakobs-Drehgestelle sind eine spezielle Bauart von Eisenbahn-Drehgestellen an Eisenbahnwaggons. Jakobs-Drehgestelle wurden nach ihrem Entwickler Wilhelm Jakobs (1858 bis 1942) benannt. Besonderheit der Jakobs-Drehgestelle ist, dass ein Drehgestell zwei aufeinanderfolgende Fahrzeuge gleichzeitig aufnimmt. Dieses Drehgestell befindet sich direkt unter dem Übergang zweier fest verbundener Waggons. Der Vorteil dieser Bauart ist, dass die einzelnen Wagen bei Zügen mit Jakobs-Drehgestellen kürzer als vergleichbare Wagen der klassischen Bauart sind, da sie keinen äußeren Überhang haben. Zudem kommen Gewichtsvorteile hinzu. Jakobs-Drehgestelle sind bei Personen- und Güterwaggons anzutreffen, sehr oft bei Triebzügen (z. B. dem FLIRT) oder Hochgeschwindigkeitszügen wie dem TGV. Für den Modellbahner sind Modelle mit Jakobs-Drehgestellen gleich aus mehreren Gründen problematisch. Die Wagen können nicht einfach getrennt werden, was sowohl beim Betrieb (bei Unfällen oder Beschädigungen) als auch bei der Lagerung nachteilig ist. Das Auf- und Abgleisen ist relativ umständlich. Zudem verwenden die Hersteller für die Verbindung der Waggons völlig unterschiedliche, meist nur bei diesem einen Modell verwendete Kupplungen. Oft bestehen Jakobs-Drehgestelle aus drei Achsen, was bei ungünstiger Gleisgeometrie oder Weichen zu Entgleisungen führen kann. Bei klassischen Modellen hat daher oft die mittlere Achse keinen Radkranz, um die Bogenläufigkeit zu verbessern. Bei modernen Modellen wird stattdessen die mittlere Achse teils mit beweglichen Achsschenkeln ausgestattet, um auch in engen Kurvenradien vorbildgerecht zu fahren.

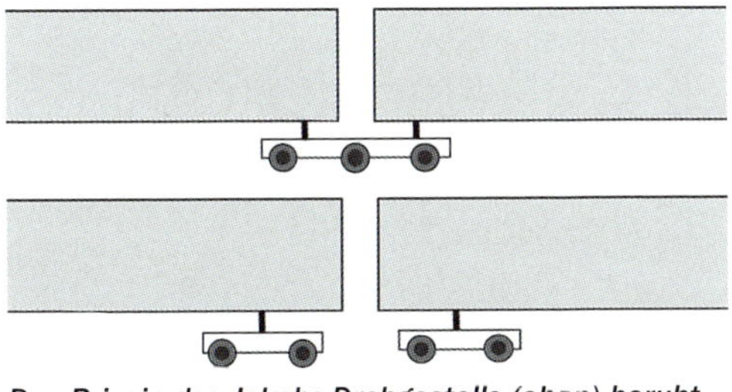

Das Prinzip des Jakobs-Drehgestells (oben) beruht darauf, dass jeweils zwei Waggons auf demselben Drehgestell aufliegen.

Justierzange

Es handelt sich bei einer Justierzange um eine Spezialzange, die rund um die Modellbahn recht häufig zum Justieren und Biegen von Kleinteilen wie Drähten, Blechen und Bauteilen eingesetzt wird. Eine Justierzange ist von der Bauform her vergleichbar mit einer Flachzange, die besonders flache und schlanke Backen hat. Zudem ist die Innenseite einer Justierzange glatt oder sogar poliert, um keine Abdrücke am Werkstück zu hinterlassen. Manche Justierzangen sind besonders ausgeformt, z. B. mit einem 90-°C-Schnabel, um spezielle Biegevorgänge ausführen zu können.

Kabelquerschnitt

Für die Nenngrößen N, TT und H0 empfehlen sich bei mittleren Anlagengrößen 1,5 mm². Je länger die Leitung wird, desto größer sollte auch der Kabelquerschnitt sein. Die Einspeisung des Fahrstroms sollte je nach Nenngröße in regelmäßigen Abständen von 1 bis 2 m stattfinden. Beim von vielen Digitalzentralen gelieferten → *Digitalstrom* mit 3,5 A Leistung gilt für Hin- und Rückleitung folgender Kabelquerschnitt Q (mm²) und folgende maximale Kabellänge L (m):

Q	0,14	0,25	0,5	0,75	1,5	2,5
L	0,6	1,0	2,0	3,0	6,0	10,0

Kadee-Kupplungen

Spezielle Kupplungsentwicklung aus Nordamerika, die Magnetismus für die Kuppelvorgänge nutzt. Besonderheit ist eine magnetische Entkupplungseinrichtung, die unter dem Gleis angebracht wird (Info: www.kadee.com).

K

Kaffeemühlen-Motor

Scherzhafte Bezeichnung im Jargon für die Elektromotoren von alten TRIX Express-Triebfahrzeugen, die auf das Betriebsgeräusch anspielt.

Kamerawagen

Modellbahn-Waggons, die mit einer Kamera ausgestattet sind, werden als Kamerawagen bezeichnet. Mit diesen Wagen ist es möglich, eine Modellbahn-Anlage aus der interessanten Perspektive des Modellbahn-Lokführers zu machen. Bei den meisten Systemen überträgt die Kamera per Funk das Bild auf einen Empfänger, der per Composite-Schnittstelle an Fernseher oder PC angeschlossen werden kann. Sowohl von Modellbahn-Herstellern als auch von mehreren Zubehör-Anbietern sind Kamerawagen erhältlich.

Kapspur

Kapspur ist eine spezielle Schmalspur-Spurweite. Beim Vorbild beträgt die Kapspur-Spurweite 1.067 mm (42 Zoll). Die Bezeichnung (eigentlich „CAP“) geht auf den Eisenbahningenieur Carl Abraham Pihl zurück, der die Kapspur erstmals in größerem Umfang angewendet hat. Heute sind Eisenbahnen mit Kapspur-Spurweite im südlichen Afrika, in Japan („Japanese Standard Gauge“) und Taiwan (mit Ausnahme der regelspurigen Hochgeschwindigkeitsstrecken), in Indonesien, in Australien, auf Neuseeland und in Ecuador in Betrieb. Auch die berühmten „Cable Cars“-Straßenbahnen in San Francisco sind in Kapspur gebaut. Bei Modelleisenbahn-Gleisen wird nicht zwischen der Kapspur und der 1.000-mm-Schmalspur unterschieden. Im verbreiteten Maßstab 1:87 entspricht die Kapspur (1-m-Schmalspur) daher der Spurweite H0m (12 mm). Im Maßstab 1:160 (Nm) ist die Spurweite 6,5 mm, daher werden die Gleise des Märklin Spur-Z-Systems verwendet. Für Modellbahner sind Fahrzeuge für die Kapspur speziell von Japanischen Herstellern für die Spur N im Angebot. Weiterhin gibt es in Japan auch Modelle in Nenngröße 0 (1:45) mit einer Spurweite von 24 mm, die als Spur 0j bezeichnet wird.

Kardanwelle

Eine Kardanwelle verbindet den Motor eines Triebfahrzeugs mit den angetriebenen Dreh-

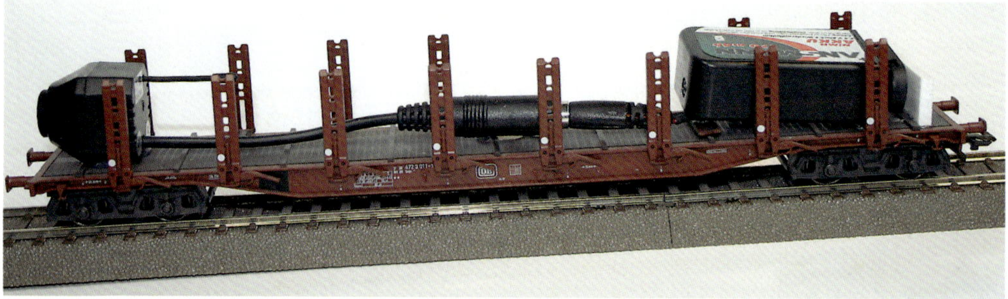

Einfache Kamerawagen lassen sich in Fahrzeugen bis zur Nenngröße H0 mit preiswerten Kameras aus dem Elektronik-Handel recht leicht selbst realisieren.

gestellen. Bei den meisten Herstellern von Triebfahrzeugen ist es heute Standard, bei Modellen mit zwei Drehgestellen vom Mittelmotor aus über zwei Kardanwellen beide Drehgestelle anzutreiben.

KATO Unitrack

Es handelt sich bei KATO Unitrack um ein Gleissystem für die Nenngröße N des japanischen Herstellers KATO. Die Besonderheit besteht in der integrierten Böschung (Gleisbett) in Kombination mit einer „Klick"-Verbindung der Gleiselemente. Damit ist das Unitrack trotz der geringen Spurweite von nur 9 mm für einen freien und relativ stabilen „fliegenden" Aufbau und „Teppichbahning" geeignet, was sonst nur größeren Spuren zugesprochen wird. Den Vertrieb für KATO Unitrack in Deutschland hat NOCH (www.noch.de).

Eine Weiche mit Abzweig rechts des Unitrack-Gleissystems; gut sind die Klick-Verbinder an den Gleisenden zu erkennen.

Kehrschleifenmodul

Ein Kehrschleifenmodul ist bei der elektrischen Modellbahn bei einem Zweileiter-System notwendig, um eine Kehrschleife, ein Gleisdreieck oder eine Drehscheibe zu befahren. In einem Zweileiter-System kommt es ohne ein Kehrschleifenmodul in diesen Gleisfiguren sonst zu einem Kurzschluss. Das Kehrschleifenmodul erkennt den Kurzschluss bei der Ein-/Ausfahrt und vertauscht dann automatisch die Polarität der beiden Leiter (Schienen) innerhalb der Kehrschleife. Um den richtigen Zeitpunkt für das Umpolen zu erkennen, gibt es zwei Methoden:

1. Klassisch ist die Kurzschlussauswertung, die auf Dauer allerdings einen Abbrand (Schwärzung) an Rädern und Gleisen zur Folge hat.
2. Neuere Kehrschleifenmodule benutzen eine Auswertung der Besetztzustände von Schaltabschnitten, was schonender und verschleißfrei arbeitet.

Das spezielle Kehrschleifenmodul muss zur jeweiligen Modellbahn passen, daher gibt es Kehrschleifenmodule für analoge und digitale Modellbahnanlagen sowie für bestimmte Baugrößen (Spuren). Bei hochwertigen Kehrschleifenmodulen können die Besetztzustände angezeigt und mit einem Erweiterungsmodul über einen Rückmeldebus (z. B. Lenz-RS-Bus, → *s88* oder → *LocoNet*) an ein digitales Steuerungssystem rückgemeldet werden.

Keyboard

Eigentlich heute ein gängiger Begriff für eine Tastatur an einem → *PC* oder einem anderen Gerät zur Datenerfassung. Im Modellbahn-Jargon ist jedoch ein → *Magnetartikelstellpult* oder in einer → *Digitalzentrale* die Steuerungseinrichtung für → *Magnetartikel* gemeint.

K-Gleis

Beim K-Gleis handelt es sich um ein H0-Gleissystem von Märklin, das sich an den fortgeschrittenen Modellbauer richtet. Es ist ein Mittelleitergleis, das mit Kunststoffschwellen ausgestattet ist, aber keinen Bettungskörper hat. In jeder Schwelle befindet sich ein Punktkontakt. Die beiden Schienen dieses Gleistyps sind zunächst elektrisch nicht verbunden, aber beim Einbau in eine Anlage stellen die Anschlussgarnituren und Gleiselemente wie Weichen eine elektrische Verbindung zwischen den beiden Schienen her. Das K-Gleis ist das verbreitetste Gleissysteme für Modellbahnen mit dem H0-Mittelleiter-System und wird wegen der geltenden Patente nur von der Firma Märklin angeboten.

Kitbashing

Dieser Begriff aus dem Modellbau bezeichnet den Zusammenbau kommerzieller Modelle, ohne die Bauanleitung des Herstellers zu befolgen. Per Kitbashing werden also völlig neue Modelle kreiert. Bei der Modellbahn wird durch Kitbashing z. B. aus den Gebäudemodellen zweier unterschiedlicher Hersteller ein völlig neues Gebäudemodell zusammengesetzt. Kitbashing ist sozusagen ein Mittelding zwischen dem Zusammenbau eines Bausatzes und dem kompletten Selbstbau eines Modells und hat daher insbesondere bei „exotischen" Nenngrößen große Bedeutung.

KK
Abk. für Kurzkupplung

KKK
Abk. für Kurzkupplungskulisse

Kleberückstände entfernen
Kleberückstände von Preisauszeichnungen und anderen Aufklebern lassen sich mit Modellbahnöl ganz einfach entfernen. Anleitung zum Entfernen von Kleberückständen und Aufklebern: Streichen Sie das auch als Dampf- und Reinigungsöl bezeichnete Reinigungsmittel satt auf die Klebereste oder den Aufkleber. Lassen Sie das Modellbahnöl einige Minuten einwirken. Wischen Sie die Kleberückstände weg bzw. ziehen Sie den Aufkleber ab. Marktführend ist das seit 40 Jahren bewährte „SR24 Modellbahnöl“, das Sie in Modellbahn-Fachgeschäften in unterschiedlichen Gebindegrößen erhalten.

Kleinserien-Modelle
Bei der Modellbahn gibt es eine Vielzahl von Kleinserienherstellern, deren Modelle sich in aller Regel durch eine besondere Detailfülle auszeichnen. Diese Kleinserien-Modelle sind entsprechend hochpreisig und wenden sich eher an Sammler als an Betriebsbahner. Kleinserien-Modelle werden typischerweise von Hand gefertigt, vielfach aus Weißmetall, auch die Ätztechnik wird oft zur Herstellung verwendet.

Klimaschneepflug
Dieser spezielle Schneepflug wurde von Rudolf Klima entwickelt und war an einem umgebauten Schlepptender montiert, wobei die Räumgeschwindigkeit maximal 60 km/h betrug. Der Klima-Schneepflug wurde von einer Lok geschoben, das Bedienpersonal befand sich in einer geschlossenen Arbeitskabine. Die Flügel ließen sich über einen Zylinder per Dampf oder Druckluft bewegen, die Räumkanten waren einstellbar und mit weit ausladenden Seitenflügeln ausgestattet. Das Räumen war auch einseitig rechts oder links möglich.

Klothoidenweiche
Klothoidenweichen sind eine spezielle Bauweise von Schnellfahrweichen. Bei der Klothoidenweiche steigt der Radius des abzweigenden Gleises kontinuierlich an, entsprechend der geometrischen Form einer Klothoide. Im Netz der Deutschen Bahn kamen Klothoidenweichen erstmals auf der 1998 eröffneten Schnellfahrstrecke Hannover–Berlin zum Einsatz. Vorteil dieser Weichenbauform ist nicht nur die schnelle Befahrbarkeit, zudem ist der Verschleiß geringer und der für Fahrgäste spürbare Ruck beim Gleiswechsel fällt bei Klothoidenweichen wesentlich sanfter aus als bei den gängigen Korbbogenweichen. Für den Modellbahn-Betrieb gibt es bislang in Großserie keine Klothoidenweichen. Wer eine solche Weiche einsetzen möchte, ist also auf den Selbstbau angewiesen.

Knetmetall
Knetmetall ähnelt von der Konsistenz her Knetmasse und kann beliebig in Form gebracht, modelliert und gestaltet werden, um Löcher und Risse zu reparieren. Die Masse wird in zwei farblich unterschiedlichen Komponenten geliefert, die zu gleichen Teilen zu vermengen sind. Nach einer Aushärtezeit von rund 2 Stunden bei Raumtemperatur oder nur 5 Minuten im Ofen ist Knetmetall so hart, dass Sie es bohren und fräsen oder sogar ein Gewinde hineinschneiden können. Knetmetall ist wasserdicht und resistent gegen Öl, Benzin und Säure und bietet daher zur Reparatur oder Konstruktion im Modellbahnbereich erstaunliche Möglichkeiten. Knetmetall ist nicht leitend, sodass auch elektronische Bauteile am Ort gehalten oder Platinen fest und isoliert befestigt werden können. Und sogar das nachträgliche, einseitige Isolieren von Wechselstrom-Radsätzen kann mit Knetmetall durchgeführt werden. Knetmetall hat nach dem Aushärten das gleiche Gewicht wie Aluminium, auch die Festigkeit und der thermische

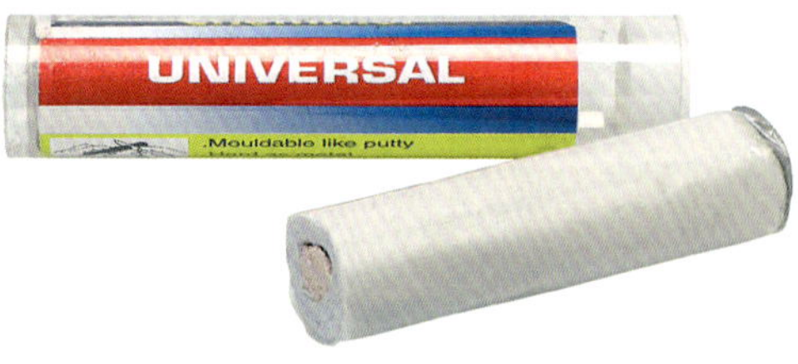

Knetmetall eignet sich auch zum Modellieren von Modellbahn-Ersatzteilen und zu Reparaturzwecken.

Dehnungskoeffizient sind vergleichbar (Bezugsquelle z. B. www.pearl.de).

Knuffingen

Knuffingen ist mit rund 6.000 „Einwohnern" die größte fiktive H0-Modellbahn-Stadt im Miniatur Wunderland Hamburg. Die Modellbahn-Stadt Knuffingen liegt zwischen dem nachgebildeten Harz und den nachgebildeten Alpen, in einer sanften Hügelregion mit prächtigem Bergpanorama im Hintergrund. Die gesamte Region Knuffingen umfasst 120 m². Knuffingen hat eine eigene Domain mit Ortseingangsschild (www.knuffingen.de).

KÖF

KÖF ist das Akronym für Kleinlok mit Ölfeuerung und Flüssigkeitsgetriebe. KÖFs sind eine Gruppe kleiner Dieselloks, die für den leichten Verschub- und Rangierdienst in Bahnhöfen und Industrieanlagen eingesetzt werden. Die KÖF haben sich als Nachfolger kleiner Dampfloks zu diesem Zweck sehr bewährt, sodass sie ab den Dreißigerjahren bis in die heutigen Tage in großen Stückzahlen beschafft worden sind. Mit einer KÖF lässt sich bei der Modellbahn das Überstellen von Waggons aus einem Werk hin zum Streckenanschluss z. B. der DB sehr gut nachbilden. Da es von KÖFs und den Nachfolgemodellen KÖF II und KÖF III eine nahezu unendliche Farbenvielfalt gibt, sind sie von vielen Modellbahn-Herstellern in einer riesigen Zahl von Farb- und Formvarianten für praktisch alle Spurweiten zu haben.

TIPP

Der Betrieb einer Modellbahn-KÖF ist oft wenig zufriedenstellend, da diese Fahrzeuge bei geringer Größe und geringem Gewicht nur über 2 Achsen verfügen. Oftmals ist die Zugkraft gering und die Stromaufnahme schlecht. Informieren Sie sich vor dem Kauf möglichst gründlich über ein KÖF-Modell.

Kofferanlage

Eine transportable Kleinst-Modellbahn, die in einem Koffer untergebracht ist, meist in einem stabilen Aluminiumkoffer. Da Kofferanlagen nur wenig Platz bieten, sind es in aller Regel

Modell einer KÖF im Maßstab 1:32 für die Spur 1.

die Spuren N und Z, die in Kofferanlagen eingebaut werden. Bekanntester deutscher Hersteller von Kofferanlagen ist NOCH (Info: www.noch.de).

Kolophonium

Es handelt sich hierbei um ein chemisches Hilfsmittel, mit dem beim Weichlöten mittels Lötkolben oder → *Lötstation* der Fluss des Lötzinns verbessert wird. Kolophonium als Flussmittel ist allerdings inzwischen veraltet und weitgehend durch Flussmittel auf Alkohol- oder Wasserbasis mit halogenfreien Aktivierungszusätzen ersetzt worden.

WICHTIG
Beim Löten rund um die Modellbahn dürfen generell nur säurefreie Stoffe eingesetzt werden.

Kompatibilität

Bedeutet so viel wie „Austauschbarkeit" oder „Verträglichkeit" von Hardware- und Software-Komponenten zwischen Geräten und Produkten unterschiedlicher Hersteller. In der Modellbahn spielt z. B. die Kompatibilität der Fahrzeuge zu einer Spurweite und einem elektrischen System eine zentrale Rolle. Im Rahmen der Digitalisierung der Modellbahn kommt die Kompatibilität zu einem Digitalsystem noch hinzu.

Konfigurationsvariable

Konfigurationsvariablen (Abk. CV) sind Speicherstellen in einem Chip auf einem Digitaldecoder. Die CVs werden von 1 an fortlaufend nummeriert und können Zahlenwerte von 0 bis 255 speichern. Mit den Werten in diesen Speicherstellen stellen Sie bestimmte Eigenschaften des Decoders und damit des gesteuerten Fahrzeugs ein. Die Zuordnung der Nutzung der CVs ist zum Teil bei den → *Digitaldecodern* unterschiedlicher Hersteller übereinstimmend:
CV 1 = Digitaladresse des Fahrzeugs
CV 3 = Anfahrbeschleunigung
CV 4 = Bremsverzögerung
CV 5 = Höchstgeschwindigkeit

Konstantstromquelle

Eine Konstantstromquelle wird bei der Modellbahn z.B. für den Anschluss von LEDs benutzt. Sie erzeugt dann durch die gleichbleibende Spannung eine konstante Helligkeit über den gesamten Eingangsspannungsbereich. Weiterer Vorteil ist der Schutz der LED, da ein Überschreiten des maximalen Betriebsstroms der LED von der Schaltung verhindert wird. Konstantstromquellen für LEDs bieten Modellbahn- und Elektronikversender an.

Kontaktgleis

Ein spezielles Gleiselement, das beim Überfahren einen elektrischen Berührungskontakt schließt. Dazu hat ein Kontaktgleis (auch: Gleisschalter) beim Mittelleitersystem einen einseitig isolierten Schienenabschnitt, bei dem durch die Räder der Fahrzeuge ein Stromfluss hergestellt wird. Bei Zweileiter-Systemen werden Kontakte wie → *Pilzschleifer* verwendet, um einen Einmalkontakt zu bewirken. Bei der analogen Modellbahnsteuerung werden Kontaktgleise eingesetzt, um Signale, Weichen, Schranken an Bahnübergängen oder Gleisbesetztmeldungen auszulösen.

Konventionelle Lok

Als eine konventionelle Lok wird ein Triebfahrzeug ohne → *Lokdecoder* bezeichnet, manchmal auch als „analoge Lok". Neuere konventionelle Loks sind überwiegend mit einer Steckschnittstelle ausgerüstet, sodass ein → *Digitaldecoder* ohne Lötarbeiten nachgerüstet werden kann.

Konventioneller Betrieb

Damit beschreiben die Hersteller von digitalen Steuerungssystemen für die Modellbahn den Einsatz von digital ausgestatteten Fahrzeugen auf einer Anlage, die nicht über eine → *Digitalzentrale* oder ein entsprechendes Programm gesteuert wird.

Kopfbahnhof

Der Kopfbahnhof (auch: Sackbahnhof) ist dadurch gekennzeichnet, dass die Züge nicht durch den Bahnhof hindurchfahren. Stattdessen fahren die eingefahrenen Züge aus der Einfahrtrichtung wieder heraus („Kopf machen"). Der Nachbau eines Kopfbahnhofs ist auf Modellbahn-Anlagen eher selten zu finden, da das Weichenvorfeld und die Elektrik dazu sehr aufwendig sind. Das Gegenteil des Kopfbahnhofs ist der Durchgangsbahnhof.

Kopframpe
Eine Kopframpe ist eine geneigte Laderampe. Über eine Kopframpe kann auf der Modellbahn-Anlage ein LKW- oder PKW-Modell direkt auf einen Autotransport-Waggon oder einen Wagen der „rollenden Landstraße“ auffahren. Eine Fernsteuerung dieses Vorgangs ist u. a. auf Grundlage des FALLER Car-Systems möglich.

Kreuzung
Im Gleisplan wird eine Gleisüberschneidung ohne die Möglichkeit eines Abzweigs Kreuzung genannt. Besteht die Möglichkeit, an einer Kreuzung zwischen den sich kreuzenden Gleisen zu wechseln, wird das als Kreuzungsweiche bezeichnet. Kreuzungsweichen sind in den meisten Gleissystemen lieferbar.

Kriechströme
Elektrische Kriechströme sind der Feind jedes Modellbahners. Es handelt sich hierbei allgemein um Stromflüsse, die nicht gewollt sind und meist dazu führen, dass elektrischen Komponenten auf der Anlage oder den Triebfahrzeugen elektrische Leistung verloren geht. Die Ursachen für Kriechströme sind vielfältig: Feuchtigkeit, Mängel in der Isolierung, Fehler bei der Verkabelung oder schlechte Wartung von Fahrzeugen gehören dazu. Kriechströme haben zudem ein gewisses Gefahrenpotenzial: Tritt z. B. nach einem Kurzschluss ein längerer Kriechstrom auf, kann der Trafo oder die → *Digitalzentrale* die ungewollte Leistungsabgabe möglicherweise nicht detektieren und liefert entsprechend mehr Strom. Das kann eine Erhitzung des Materials und seiner Umgebung mit entsprechenden Beschädigungen zur Folge haben.

WICHTIG
Im schlechtesten Fall kann durch Kriechströme die ganze Anlage in Brand geraten.

Krokodil
Krokodil ist die Jargon-Bezeichnung für eine der bekanntesten Modellbahn-Lokomotiven überhaupt. Es handelt sich dabei um Modelle der Güterzug-Elektrolokomotive der Schweizer Serie Ce 6/8, die für den schweren Güterzugeinsatz insbesondere auf der steilen Gotthardbahn entwickelt wurden. Das Krokodil gab es sowohl beim Vorbild als auch bei der Modellbahn in einer Vielzahl von Varianten. Oft werden diese Baureihen als Schweizer

Eine der teuersten Modellbahn-Loks der Welt ist das Märklin „Millennium-Krokodil“.

Krokodil oder SBB-Krokodil bezeichnet. Aufgrund der Beliebtheit des SBB-Krokodils gibt es Modelle der Lok für alle wichtigen Spuren und von vielen Herstellern. Bekannt sind die Märklin/TRIX-Krokodil-Modelle für H0, die Arnold und Minitrix-Modelle für Spur N, die LGB-Modelle für die Gartenbahn Spur G und für die Spur 0 das Modell von ETS. Speziell bei Märklin gibt es sogar Sammler, die nur alle Märklin-H0-Krokodil-Varianten sammeln. Das kann allerdings teuer werden. Denn auch das teuerste Märklin-Modell aller Zeiten ist ein Krokodil. Der Preis dieses Krokodils kommt dadurch zustande, dass es aus purem Platin gefertigt wurde, zudem sind die → *Kuppelstangen* aus Titan und an beiden Vorbauten erstrahlt ein eingesetzter Rubin als Rangierlicht. Dieses „Millennium-Krokodil" wurde nur im Hauptprogramm 2000/2001 angeboten und kostete ca. 65.000 DM.

K

Krokodilklemmen

Bei Krokodilklemmen handelt es sich um eine Vorrichtung für eine mechanische, provisorische Klemmverbindung zu einem elektrischen Leiter. Krokodilklemmen halten das Kabel durch Federkraft fest, was für gute Kontaktsicherheit sorgt und die Arbeit sehr erleichtert. Meist sind Krokodilklemmen an Messleitungen eines Messgerätes vorzufinden, oder ein Kabel ist beidseitig mit Krokodilklemmen ausgestattet, um zu Werkstattzwecken Tests mit elektrischen Verbindungen herzustellen, ohne zeitaufwendig löten zu müssen.

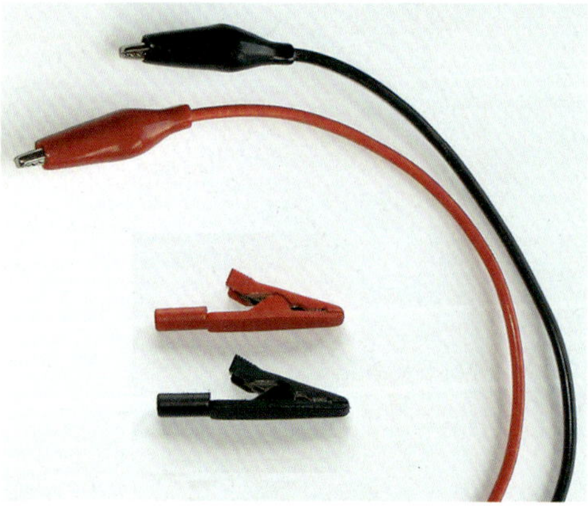

Mit Krokodilklemmen stellen Sie ganz schnell eine elektrische Verbindung her.

Kupferlackdraht

Zur elektrischen Verkabelung z. B. von Modellbahn-Fahrzeugen oder Fahrzeugen des Car Systems wird häufig Kupferlackdraht eingesetzt. Es ist ein Wickeldraht, der aus Kupfer besteht, der mit einer Lackisolierung überzogen ist. Daher kann er auch als Wickeldraht für das Erstellen von Spulen verwendet werden.

TIPP
In den mittleren Nenngrößen lässt sich dünner Kupferlackdraht gut für das Gestalten von Überlandleitungen verwenden.

Kupferlackdraht ist in unterschiedlichen Farben lieferbar, um die Übersicht bei der Verdrahtung zu verbessern.

Kuppelachse

Als eine Kuppelachse wird bei Vorbild- wie Modellbahn-Dampfloks ein Radsatz bezeichnet, der mit mindestens einer zweiten Kuppelachse mechanisch gekoppelt ist. Zusammen übertragen die angetriebenen Achsen des Fahrzeugs die Antriebskraft auf die Schienen. Die Verbindung der Kuppelachsen wird durch die Kuppelstange hergestellt. Die wichtigste Kuppelachse ist die mit dem Treibradsatz, auf den die Dampfmaschine die Kraft der Zylinder abgibt. Besonders häufig sind Dampflok-Modelle mit drei Kuppelachsen ausgestattet.

Kuppelradsatz

Bei einem stangengetriebenen Triebfahrzeug besteht ein Kuppelradsatz aus der Achswelle und einem Räderpaar. Ein Kuppelradsatz ist an den Kuppelzapfen und den Ausgleichsgewichten in den Radscheiben zu erkennen, die bei den im Betrieb auftretenden Zentrifugalkräften ein Gegengewicht zu dem Stangenmechanismus bilden. An Kuppelradsätzen wird bei der Modellbahn als Kuppelzapfen meist eine Ansatzschraube verwendet.

Kuppelstange

Eine Kuppelstange verbindet bei klassischen Vorbild-Lokomotiven → *Kuppelachsen* mechanisch miteinander. Das trifft hauptsächlich auf Dampflokomotiven zu, ist aber prinzipiell unabhängig von der → *Traktion*, denn es gibt auch Diesel- und sogar Elektrolokomotiven mit Kuppelstangen. Die Kuppelstangen sind an den Kuppelrädern über exzentrisch angebrachte Kurbelzapfen befestigt und können somit die Drehbewegung der Treibachse auf die anderen Kuppelachsen übertragen. Während die Kuppelstange bei Vorbild-Dampfloks immer die Kraft der Maschine auf die gekoppelten Achsen überträgt, ist das bei Modellbahn-Dampfloks oft nicht der Fall und die Kuppelstange ist nur eine Attrappe und ohne Funktion für den Antrieb. Bei Modellbahn-Triebfahrzeugen ist die Demontage der Kuppelstange bei manchen Modellen nötig, wenn z. B. ein → *Haftreifen* ersetzt werden soll.

Kupplung

Alle Verbindungen zwischen den Modellbahn-Fahrzeugen werden als Kupplungen bezeichnet. Während es Nenngrößen mit gut standardisierten Kupplungen gibt (Spur N, Spur G), herrscht bei manchen Nenngrößen ein Kupplungs-Wirrwarr aus unterschiedlichsten Systemen, die meist inkompatibel zueinander sind. Das betrifft insbesondere die verbreitete Nenngröße → *H0*.

Kupplungslehre

Vorrichtung zum Justieren verbogener Kupplungen der Modellbahn-Fahrzeuge. Ohne korrekte Justage ist insbesondere das automatische Kuppeln der gängigen Kupplungssysteme sehr unzuverlässig.

Kurvenüberhöhung

Die Kurvenüberhöhung dient bei der Echtbahn dazu, die durch die Fahrt in Gleisbögen hervorgerufene Seitenbeschleunigung im Fahrzeug durch die erhöhte Lage der äußeren Schiene zu kompensieren. Eine Kurvenüberhöhung hat beim Modellbahn-Betrieb aus fahrdynamischen Gründen praktisch keine Vorteile, sie ist nur auf Schnellfahrstrecken eine optische Annäherung an das Original. Im

Ein nur selten vorgefertigtes Gleiselement ist diese zweispurige Kurvenüberhöhung im KATO-Unitrack-Gleis. Dass auch Güterzüge auf überhöhten Schnellfahrstrecken verkehren, ist allerdings eher vorbildfern.

Gegenteil ist das Kuppeln je nach System erschwert oder unmöglich, es können elektrische Kontaktprobleme auftreten und im Extremfall besteht sogar die Gefahr des Kippens von Fahrzeugen nach innen. Welche Überhöhung zu einer bestimmten Spurweite sinnvoll ist, erläutert die → *NEM 114*.

Kurzkupplung

Kurzkupplungen, abgekürzt KK, haben zum Ziel, das Aussehen einer Modellbahngarnitur optisch zu verbessern, indem die Fahrzeuge näher aneinander gekuppelt werden. Um bei Kurvenfahrten nicht zu entgleisen, ist für den Einsatz von Kurzkupplungen eine Kinematik erforderlich. Die Kurzkupplungssysteme für H0 sind im Gegensatz zu den Standardkupplungen untereinander weitgehend inkompatibel.

TIPP
Kinematiken zum Nachrüsten bietet der Hersteller SYMOBA (www.symoba-schniering.de).

Solche per Kurzkupplung verbundene Waggons kommen der Vorbildoptik eines Zuges sehr nahe.

Kurzkupplungskulisse

Kurzkupplungskulisse, abgekürzt KKK, ist eine Vorrichtung bei der Modellbahn für ein vorbildnahes, kurzes Kuppeln der Fahrzeuge in einem Zug. Das ist nur möglich, wenn in Kurven eine Kulissenführung das Ausfedern der Kupplung ermöglicht, da sich die Pufferteller ansonsten verhaken oder zum Beispiel ein Waggon aus den Schienen gedrückt wird.

Kurzschluss

Wenn ein Pluspol und ein Minuspol einer Spannungsquelle eine direkte elektrische Verbindung (widerstandslose Verbindung) haben, wird das als Kurzschluss bezeichnet. Da ein Kurzschluss der Spannung praktisch keinen ohmschen Widerstand entgegensetzt (0 Ω), steigt der Strom entsprechend stark an (Kurzschlussstrom). Daher verfügen → *Digitalzentralen* über entsprechende Schutzschaltungen, die den abgegebenen Strom begrenzen, um Beschädigungen oder sogar Brände zu verhindern. Kurzschlüsse sind der natürliche Feind jedes Modellbahners und für eine Vielzahl von Funktionsstörungen die Ursache. Ausgelöst werden Kurzschlüsse meist durch entgleiste Fahrzeuge, falsches Befahren polarisierter Weichen und Isolationsmängel. Kurzschlüsse sind aber nicht immer unbeabsichtigt. Beispielsweise werden empfindliche elektronische Bauelemente wie ICs oft für die Lagerung und den Transport kurzgeschlossen, um Beschädigungen durch elektrostatische Entladungen zu verhindern.

WICHTIG
Ein Kurzschluss kann auch durch den Menschen selbst ausgelöst werden, wenn er einen Plus- und einen Minuspol berührt! Der Körperwiderstand ist jedoch größer als 0 Ω und variiert sehr stark, 1.000 Ω sind eine mittlere Größe. Trotzdem ist Vorsicht geboten, denn ab einer Wechselspannung von ca. 50 V und einer Gleichspannung von ca. 120 V besteht Gefahr.

Labornetzteil

Labornetzteile gehören zur gehobenen Ausstattung einer Modellbahn-Werkstatt. Der besondere Vorteil ist nicht nur die freie Wahl von Spannung und Stromstärke, sondern insbesondere die Möglichkeit der Strombegrenzung. Beispielsweise nach dem Einbau eines Digitaldecoders ist es sinnvoll, erste Tests mit einer Strombegrenzung auf z. B. 15 V und 1 A durchzuführen.

Ladegut

Da Güterzüge beim Vorbild nicht zum Spaß, sondern zum Transport von Gütern fahren, spielt vorbildnahes Ladegut bei der Modellbahn eine große Rolle. Es ist ein Trend zu beobachten, dass immer mehr Hersteller Waggons gleich mit passendem Ladegut liefern. Vielfach lässt sich Ladegut aber auch aus sehr preiswerten Materialien selbst erstellen.
Z. B. werden je nach Modellbahn-Nenngröße Kabelkanäle, Messingrohre oder farblich behandelte Trinkhalme zu einer Rohrverladung.

TIPP
Baumärkte sind für Bastler ein Eldorado für billiges Modellbahn-Ladegut.

Ladelehre

Zur Kontrolle der richtigen Beladung von Güterwaggons wird eine Ladelehre (Österreich: Lademaß) eingesetzt. Dieses Gestänge, meist aus Flacheisen, wird zur Überprüfung beladener Güterwagen an das Gleis herangeschwenkt. Die konkreten Maße der Ladelehre unterscheiden sich bei den Vorbildbahnen. Die meisten europäischen Regelspurbahnen haben aber inzwischen ein ähnliches oder übereinstimmendes → *Lichtraumprofil* wie die deutschen Eisenbahnen. Sendungen mit maßstäblicher Lademaßüberschreitung (Lü-Sendungen) kommen bei der Modellbahn recht häufig vor, insbesondere bei den „kleinen Spuren“.

LAN

Abk. für Local Area Network (lokales Netzwerk). Ein LAN ist eine Verbindung zwischen

So wird's gemacht: Mit der eingeschwenkten Ladelehre werden die richtigen Beladungsabmessungen geprüft.

Rechnern und Peripheriegeräten, die dem Datenaustausch dient. Auch die → *Digitalzentralen* der Modellbahn sind mit LAN-Anschlüssen ausgestattet, die eine Verbindung mit dem Netzwerkstandard Ethernet ermöglichen. Lokale Netzwerke können heute kabelgebunden oder per Funktechnik aufgebaut werden, was gerade für mobile Computer (Notebooks) sehr praktisch ist. Lokale Funknetzwerke werden als Wireless LAN (WLAN) bezeichnet.

Längenmaßstab

Der Längenmaßstab ist bei der Modellbahn ein ganz besonderes Problemfeld. Das zeigt sich schon daran, dass Modelle von Schnellzugwagen in den größeren Maßstäben häufig verkürzt werden, Gleiches gilt für die Modelle von z. B. Bahnhöfen. Die folgende Tabelle verdeutlicht, wie lang ein Personenzug mit nur vier Schnellzugwagen und einer Lokomotive im jeweiligen Maßstab ist und z. B. ein vorbildnaher Bahnsteig eben auch diese Länge haben müsste:

Z (1:220) = ca. 0,60 m
N (1:160) = ca. 0,80 m
TT (1:120) = ca. 1,10 m
H0 (1:87) = ca. 1,50 m
0 (ca. 1:45) = ca. 2,90 m
1 (1:32) = ca. 4,10 m
2, II, G (ca. 1:22,5) = 5,80 m

Berücksichtigen Sie bei dieser näherungsweisen Berechnung, dass Schnellzugwagen insbesondere in den größeren Spuren verkürzt werden und meist nicht dem vollen, umgerechneten Längenmaßstab entsprechen. In der verbreiteten Nenngröße H0 sind vierachsige Schnellzugwagen je nach Hersteller und Modell z. B. mal im Längenmaßstab 1:100, 1:93,5 oder eben im korrekten 1:87. Auch beim Gleisplan ist es, von einem kleinen Ausschnitts-Diorama einmal abgesehen, nicht möglich, die Entfernungen der Vorbildbahn in ein Modell maßstäblich zu übernehmen. Eine Strecke von 1 km beim Vorbild entspricht in den jeweiligen Spurweiten folgenden Strecken:

Z (1:220) = 4,5 m
N (1:160) = 6,3 m
TT (1:120) = 8,3 m
H0 (1:87) = 11,5 m
0 (ca. 1:45) = 22,2 m
1 (1:32) = 31,3 m
2, II, G (ca. 1:22,5) = 44,4 m

Langer Heinrich

Bezeichnung für einen → *bekannten Ganzzug* für Massengüter der Deutschen Bundesbahn (DB)

Laptop

Veralteter Begriff für einen tragbaren Computer, wie er häufig an der Modellbahn zu Mess- und Steuerungszwecken eingesetzt wird. Aktuelle Bezeichnung ist → *Notebook* bzw. Netbook.

Lasercut

Die Lasercut-Technik spielt im Architektur-Modellbau eine große Rolle. Die Steuerung des Lasercuts findet über einen Rechner statt (CNC = computer numeric control). Als Materialien für die Lasercut-Technik eignen sich Glas, Gummisorten, Holz, Kork, Metalle, Pappe, Plexiglas sowie bestimmte Textilien. Daher bieten inzwischen viele Hersteller Lasercut-Bausätze speziell für die Modellbahn an. Vorteile der Lasercut-Bausätze sind insbesondere die hohe Detailtreue und je nach verwendetem Material auch die einfache Montage und der im Vergleich zum Plastikmodellbau niedrigere Preis. Lasercut-Modelle bieten inzwischen mehrere Hersteller für die gängigen Modellbahn-Maßstäbe an, insbesondere Kleinserienhersteller wie z. B. www.joswood.de und www.moebo-exclusive.de.

TIPP
Falls Sie ein Lasercut-Modell altern möchten, ist zum Beispiel NOCH Patina-Pulver (Art.-Nr. 61165) in Kombination mit dem NOCH Haft- und Fixierspray (Art.-Nr. 61152) sehr gut geeignet.

Beispiel für ein Lasercut-Modell für die Nenngröße H0 (Hersteller Joswood).

Lastausgleich
Anderer Begriff für → *Lastregelung*

Lastregelung
Die Lastregelung ist eine Eigenschaft von → *Digitaldecodern*, die dazu dient, die eingestellte Geschwindigkeit von Triebfahrzeugen konstant zu halten. Damit wird vermieden, dass ein Zug an einer Steigung langsamer wird oder sogar stehen bleibt. Die Lastregelung zählt heute zu den Standard-Eigenschaften guter Digitaldecoder und kann nach Wunsch programmiert werden. Digitaldecoder der ersten Generationen verfügten meist nicht über eine Lastregelung.

Laufachse
Als Laufachse wird bei einem Schienenfahrzeug eine nicht angetriebene Achse eines Triebfahrzeugs bezeichnet. Bei der Modellbahn können die Laufachsen und die angetriebenen Achsen wie bei der Vorbildmaschine funktionieren, aber auch völlig abweichen. Die Laufachsen zusammen mit den angetriebenen Achsen ergeben die Achsfolge des Fahrzeugs, die grundlegend für die Typisierung der Lokomotiven ist.

Lauffläche
Die Lauffläche ist der Teil des Eisenbahnrades, der den tragenden Kontakt zur Schiene sicherstellt. Die Lauffläche hat als Besonderheit im Gegensatz zu Rädern z. B. von Autos ein konisches, kegelstumpfförmiges Profil. Der Durchmesser der Lauffläche ist also an der Innenseite größer als an der Außenseite des Rades. Die konische Lauffläche des Radreifens wird auch dazu benutzt, den Wegunterschied bei der Fahrt durch einen Gleisbogen auszugleichen, denn das kurveninnere Rad eines Radsatzes hat einen kürzeren Weg als das kurvenäußere zurückzulegen. Während der Fahrt laufen die beiden Radkränze des Radsatzes aufgrund dieser Geometrie der Laufflächen ständig wechselseitig an den inneren Schienenköpfen an. Daraus ergibt sich eine ganz spezielle Bewegung, die Sinuslauf genannt wird.

Laufrichtung
Die Laufrichtung eines Triebfahrzeuges ist vorwärts oder rückwärts. Bei Dampfloks ist die Laufrichtung vorwärts durch die äußere Gestaltung bestimmbar (Rauchkammer, Kessel), bei Elektro- und Dieselloks durch die Nummer des Führerstands (1 oder 2) oder die Kennung „V". Für den vorbildnahen Modellbahn-Betrieb ist zu beachten, dass bei der Laufrichtung rückwärts bei Dampfloks zumeist Beschränkungen in der Höchstgeschwindigkeit bestehen.

Lautsprecher
Ein Lautsprecher ist ein elektrodynamischer Schallwandler. Er wandelt elektrische Signale in Luft-Schallsignale um, indem eine Spule an einer Membran in Abhängigkeit der Frequenz des anliegenden Wechselstroms schwingt. Bei der Modellbahn werden Lautsprecher klassisch im Bereich der Modellbahn-Anlage für Hintergrundgeräusche (Bahnhofsansagen, Betriebsgeräusche, Wetterphänomene) eingesetzt. Heute kommen in großer Zahl Mini-Lautsprecher in den Modellbahn-Triebfahrzeugen zum Einsatz, die die originalen Betriebsgeräusche von Zylindern, Elektromotoren, Pfeifen oder Bremsen imitieren. Dabei geht der Trend zu einer immer größeren Anzahl von Soundereignissen. Für den Anschluss von Lautsprechern bei Modellbahn-Fahrzeugen ist der ohmsche Widerstand eine wichtige Größe, die unbedingt zu beachten ist, damit der Sounddecoder nicht beschädigt wird. Kleine Lautsprecher für die Modellbahn-Fahrzeuge benötigen durch den internen Aufbau der Sounddecoder eine Impedanz von 100 Ω. Entsprechende Modellbahn-Sounddecoder sowie Mini-Lautsprecher in den Größen 13 mm, 16 mm, 16 x 25 mm, 20 mm, 23 mm, 28 mm, 20 x 40 mm und 40 mm liefert ESU (www.esu.eu).

Lautsprecher im Triebkopf eines H0-Modells des Triebzugs RAm (Hersteller Roco).

LED
Abk. für → *Light Emitting Diode* (Licht abstrahlende → *Diode*)

LED-Führerstandsbeleuchtung
Im Vorbildbetrieb ist der Führerstand einer Lokomotive nur selten vollkommen dunkel.

Mit einer winzig kleinen Platine können Sie mit einer LED-Führerstandsbeleuchtung diesen Effekt bei Modell-Triebfahrzeugen nachrüsten (Info: www.tams-online.de).

LED-Lichtleiste

Zur Beleuchtung von Personenwaggons hat sich bei der Modellbahn der Einsatz von LED-Lichtleisten (LED-Leuchtstäben) durchgesetzt und die Verwendung von kleinen Glühbirnchen abgelöst. LED-Lichtleisten werden heute von vielen Herstellern angeboten, unterscheiden sich aber in der Ausführung erheblich. Zunächst ist die Baugröße zu beachten, wobei die gängigen Modelle für H0 und TT verwendet werden können. Für die anderen Baugrößen sind vorgefertigte LED-Lichtleisten seltener. Dann spielt die Farbe der LEDs eine Rolle, warmweiße/gelbe LED-Lichtleisten empfehlen sich bei Modellen älterer Fahrzeuge (Epochen I und II), kaltweiße bei neueren. LED-Lichtleisten können in den meisten Fällen passend gekürzt werden, sodass sie praktisch bei allen Modellen einsetzbar sind. Als Schutz vor Flackern bieten viele LED-Lichtleisten die Anschlussmöglichkeit für ein oder zwei Speicherkondensatoren (→ *Gold-Cap*). Geeignet sind LED-Leisten meist für Analog-, Digital-, Gleich- oder Wechselstrombetrieb im Spannungsbereich von ca. 6 bis 25 V, der Stromverbrauch liegt typisch bei rund 50 mA. Besonderheit bei manchen LED-Lichtleisten ist die Kombination mit einem → *Digitaldecoder* (Funktionsdecoder), sodass die Beleuchtung über die → *Digitalzentrale* geschaltet werden kann oder zusätzlich zur Beleuchtung spezielle Modellbahn-Beleuchtungseffekte schaltbar sind, z. B. das Flackern einer defekten Leuchtstoffröhre imitiert wird.

LED-Lichtleiste mit Kennzeichnung der Stellen, an denen die Leiste gekürzt werden kann.

Lehmann-Groß-Bahn

Es handelt sich bei der LGB um eine wetterfeste Modellbahn speziell für den Freilandbetrieb, die in der Nenngröße IIm mit einer Spurweite von 45 mm im Maßstab 1:22,5 produziert wird. Die Spur wird vereinfacht oft auch als „Spur G" bezeichnet. LGB wurde 1881 gegründet und zog 1950 nach Nürnberg um. Seit 1968 wurde dort die „Groß-Bahn" produziert, die aus Modellen von 1.000-mm-Schmalspurbahnen besteht. Allerdings wird die Orientierung nach Vorbild und Maßstab eher flexibel gehandhabt, sodass Vorbilder auch Fahrzeuge mit 750-mm-Spurweite und sogar Regelspurweite (1.435 mm) sind. Der tatsächliche Maßstab schwankt daher zwischen 1:16 bis 1:29, was immer wieder Anlass zu heftigen Diskussionen gibt. 2007 hat die Märklin-Holding LGB übernommen (Infos: www.lgb-bahn.de).

Leistungsbedarf

Mit Leistungsbedarf wird die Stromaufnahme eines Triebfahrzeugs oder anderen elektrischen Verbrauchers, wie z. B. der gesamten Anlage, beschrieben. Der Leistungsbedarf wird in mW (Milliwatt) angegeben. Modellbahn-Lokomotiven haben in aller Regel einen umso höheren Leistungsbedarf, je größer der Maßstab ist, was ursächlich mit der Leistungsstärke der Motoren zusammenhängt.

LFCM

Abk. für großer Scheibenkollektor-Motor (LFCM = large flat collector motor). Dieser klassische Märklin-Motor ist in älteren H0-Modellen größerer Vorbildmaschinen sehr verbreitet und findet sich z. B. in Modellen der Baureihen 01, 03, 18, 44, 03.10 und 216.

LGB

Abk. für → *Lehmann-Groß-Bahn*

Lichteffekte

Lichteffekte wie Blinken, Flackern, Dauerbetrieb, Stroboskop können Sie heute mit vielen → *Digitaldecodern* erzeugen. Dazu schließen Sie LEDs an den entsprechenden Funktionsausgang des Digitaldecoders an und programmieren Ihren gewünschten Effekt mittels → *Digitalzentrale* oder Programmiergerät, indem Sie in die betreffende Konfigurationsvariable den zugehörigen Wert programmieren.

TIPP

Alternativ können Sie auch ein System wie → *Light@Night* einsetzen, und für analoge Modellbahnen bieten Elektronik- und Zubehör-Hersteller viele Lösungen an.

Lichtkörper

Lichtkörper werden bei der Modellbahn verwendet, um das Licht einer Lichtquelle (meist eine Mikroglühlampe) zu einer anderen Stelle im Modell zu übertragen. Mittels des Lichtkörpers, der aus transparentem Kunststoff besteht, kann z. B. das Licht einer Mikroglühlampe zu den drei Licht-Austrittsöffnungen eines Dreilicht-Spitzensignals weitergeleitet werden. Seit moderne Modellbahn-Fahrzeuge mit LEDs beleuchtet werden, werden die Lichtkörper zusehends überflüssiger.

Lichtleitkörper

Andere Bezeichnung für → *Lichtkörper*

Lichtraumprofil

Bezeichnung der Umgrenzung des für Gleise mindestens offen zu haltenden lichten Raums. Die Lichtraumprofile unterscheiden sich bei den normalspurigen Bahnen, beispielsweise ist das englische Lichtraumprofil deutlich größer als das deutsche. Zudem gibt es für spezielle Einsätze wie z. B. auf Fähren Waggons mit abweichenden Lichtraumprofilen. Es empfiehlt sich, in der frühen Bauphase einer Modellbahn-Anlage eine maßstäbliche Pappschablone zu erstellen und z. B. auf einem Flachwagen zu befestigen. Damit fahren Sie dann in einer Stellprobe die Strecken ab, um störende Einschränkungen des Lichtraumprofils frühzeitig beheben zu können. Weitere Infos bietet Ihnen die NEM 103 „Umgrenzung des lichten Raumes“.

Lichtsignal

Wer die modernen Signalbilder der Bahn zeigen möchte, greift zu Lichtsignalen. Lichtsignale sind auch auf der Modellbahn-Anlage wesentlich unempfindlicher als → *Formsignale*. Die neuen Lichtsignale basieren auf der LED-Technik und sind daher sehr langlebig und verbrauchen nur wenig Strom. Lichtsignale müssen als Vor- und/oder Hauptsignal drei Stellungen zum Signalisieren der grundlegenden Signalbilder Halt, Fahrt oder Langsamfahrt anzeigen können.

Ein Lichtsignal zeigt das Signalbild Vr1.

Lichtstrom

Der Begriff „Lichtstrom“ entstammt der Begriffswelt der klassischen, analogen Modellbahn. Der Lichtstrom wird dabei durch ein gelbes Kabel vom Transformator zum Verbraucher geleitet, und die Rückleitung geschieht über ein Kabel brauner Farbe oder den gemeinsamen Rückleiter des gesamten Systems. Der Lichtstrom wird nicht gesteuert, sondern liegt immer in der vollen Spannung (klassisch 12 V DC oder 16 V AC) an. Auf kleinen, digital gesteuerten Anlagen kann der Lichtstrom der digitalen Versorgungsspannung entnommen werden, auf mittleren und größeren Anlagen sollte der Lichtstrom jedoch immer als separate Spannung und völlig getrennt vom Digitalstrom zum Verbraucher geführt werden.

Light Emitting Diode

LEDs haben sich anstelle der klassischen „Glühbirnchen“ in der Modellbahntechnik durchgesetzt, da ihre Lebensdauer sehr groß und der Stromverbrauch sehr niedrig ist. Zudem geben LEDs praktisch keine Wärme ab und sind völlig unempfindlich gegen mechanische Erschütterungen, sodass die Modelle auch wartungsfreundlicher werden. Beim Anschluss einer LED muss auf die richtige Polung von Anode und Kathode geachtet werden. LEDs können prinzipiell an Wechsel- und Gleichstrom betrieben werden, beim Anschluss an Wechselstrom kommt es bei unseren üblichen 50 Hz aber zu einem Flackern, da ja nur eine Phase (Stromrichtung) genutzt wird. Vorteil bei der Beleuchtung von Modellbahn-Fahrzeugen per LED ist auch die Auswahl an weißen Farbtönen, die von gelblich über reinweiß bis zu kaltem Weiß mit bläulichem Lichtanteil reicht.

Light@Night

Universell auf allen Modellbahnanlagen einsetzbar ist Light@Night eine flexible Lichtsteuerung. Bisher war die Erzeugung von vorbildgerechten Lichteffekten auf Modellbahnen mit einem relativ hohen Aufwand verbunden. Light@Night macht realistische Lichteffekte für jeden möglich: Häuser, Straßen-Ampeln, Lichterkette, Licht für Einsatzfahrzeuge, Baustelle, Autoblinklicht, Raumlichtsteuerung vom Sonnenuntergang bis zum Gewitter. Statt speziell angepasster Hardware verwendet das System die Rechenkapazität eines PCs/Notebooks zum Erzeugen der Effekte und steuert damit eine einfache und universelle Steuerelektronik an. Der PC kann zusätzlich für die Überwachung und Steuerung einer digitalen Anlage genutzt werden. L@N ist mit Railware kombinierbar und voll netzwerkfähig (Info: www.light-at-night.com).

Limburger Zigarre

Jargonbegriff für die Akkutriebwagen der Baureihe 176

LINT

LINT ist ein Akronym für „leichter innovativer Nahverkehrstriebwagen" und eine Bezeichnung für von der Firma Linke-Hoffmann-Busch (LHB) entworfene Dieseltriebwagen für den Nahverkehr. Da die Firma LHB durch die Firma Alstom übernommen wurde, wird das Akronym nun von der Firma Alstom bei der Coradia-Familie verwendet: Alstom LHB Coradia LINT. Modelle von LINT-Triebwagen gibt es von verschiedenen Modellbahn-Herstellern, so zum Beispiel von Fleischmann und Märklin für die Spur H0, von Minitrix für die Spur N.

Linux

Linux ist ein kostenloses → *OpenSource-Betriebssystem*, das auf vielen Plattformen läuft. Zwar ist Linux besonders auf PCs bekannt, aber auch Modellbahn-Digitalzentralen setzen intern vielfach ein „embedded Linux" ein, denn ein Vorteil dieses Betriebssystems ist seine Skalierbarkeit. Zwar ist der Linux-Kernel standardisiert, es gibt jedoch nicht „das" Linux, da es in vielen unterschiedlichen Distributionen von verschiedenen Unternehmen angeboten wird. Es gibt bislang praktisch keine kommerzielle Modellbahn-Software für Linux, aber diverse OpenSource-Projekte, z. B. Digital Direct for Linux

Linux-Distributionen und -Programme erkennen Sie an dem Linux-Maskottchen, dem Pinguin „Tux".

In Anlehnung an die Form und den Stationierungsort bekamen die Akkutriebwagen der Baureihe 176 den Namen „Limburger Zigarre".

(www.vogt-it.com/OpenSource/DDL) und → *SpDrS60* für Linux (http://home.arcor.de/stefan.preis/modellbahn/ spdrs60/index_d.htm).

LISSY
Abk. für → *Lok Individuelles Steuerungs-System*

LM, LM2
Abk. für die Namen der Digitalzentralen → *Lokmaus* und → *Lokmaus 2* von Roco

Lochrasterplatine
Eine Lochrasterplatine dient dazu, elektronische Bauteile mechanisch zu organisieren und durch Leiterbahnen elektrisch zu verbinden. Dazu werden die Bauteile durch Weichlöten mit den Leiterbahnen verbunden. Lochraster-Platinen bestehen meist aus Epoxyd-Harz (Pertinax) und werden im Euroformat (180 x 100 mm) angeboten. Der Abstand zwischen den Löchern beträgt 2,54 mm (ein Zehntel Zoll), die Bohrungen haben einen Durchmesser von 1 mm. Lochrasterplatinen eignen sich bei der Modellbahn gut dazu, einfache Schaltungen z. B. aus → *Widerständen*, Dioden und → *LEDs* zu erstellen und zu verkabeln. Da Lochrasterplatinen einfach zugesägt werden können, sind sie z. B. auch in Modellbahn-Fahrzeugen leicht passend zu befestigen.

Locomotion Network
Speziell für die Zwecke der Modelleisenbahn entwickelte die US-Firma DigiTrax das Bussystem Locomotion Network (Abk. LocoNet). LocoNet wird bzw. wurde auch von den Herstellern Fleischmann, PIKO und Uhlenbrock eingesetzt. Ziel der Entwicklung war ein optimiertes Bussystem für die Verbindung einer → *Digitalzentrale* mit Peripheriegeräten wie Funkreglern, Handreglern oder PC-Interfaces. LocoNet war ursprünglich nur für die Verwendung mit DCC-Modellbahnen gedacht. LocoNet ist ein proprietäres Protokoll, dessen genaue technische Eigenschaften von DigiTrax nicht offengelegt sind. Es mangelt daher an der Dokumentation und der flächendeckenden Unterstützung, da andere Hersteller beim Verwenden des LocoNet Lizenzgebühren an DigiTrax zahlen müssen. Auf dem deutschen Modellbahn-Markt ist es vor allem Uhlenbrock, dessen Komponenten das LocoNet unterstützen. Bislang unterstützen erst wenige Steuerungsprogramme LocoNet (Railroad & Co., → *Railware*, → *WinDigiPet*).

LocoNet
Abk. für → *Locomotion Network*

Lok Individuelles Steuerungs-System
LISSY ist ein Produkt von Uhlenbrock zur Zugverfolgung auf analogen und digitalen Modellbahn-Anlagen. Es ermöglicht Pendelzugsteuerung, lokabhängige Schattenbahnhofsteuerung, Geschwindigkeitsmessung, Anfahr- und Bremsverzögerung an Signalen und automatische Steuerung von Sonderfunktionen. LISSY basiert auf einem Infrarot-Sender und -Empfänger und arbeitet daher ohne jede Gleisunterbrechung. Das LISSY-System verwirklicht im Gegensatz zur virtuellen Zugverfolgung einer Steuersoftware eine reale Zugverfolgung. LISSY besteht aus einem Infrarot-Sender, der am Fahrzeug montiert wird, und einem Empfängermodul, dessen zwei Infrarot-Sensoren ins Gleis eingebaut werden. Die vom Infrarot-Sender gemeldete Lokadresse und Zugkategorie wird vom Empfänger erkannt und ans → *LocoNet* übermittelt. Auch ohne den Einsatz eines Computers sind mit LISSY viele automatische Steuerfunktionen realisierbar.

Lok
Lok ist die Abk. für Lokomotive. Die Abk. wird sowohl im Echtbetrieb als auch bei der Modellbahn verwendet und bezieht sich auf alle Arten von → *Traktionen*.

Lokadresse
Die Lokadresse ist die digitale Adresse, unter der ein Triebfahrzeug von der → *Digitalzentrale* angesprochen wird. Im Motorola-System sind die Adressen 1 bis 80 unterscheidbar, seit Neuestem reicht die Adressierung bis Adresse 225. Im DCC-System stehen klassisch die Lokadressen 1 bis 127 bereit, praktisch alle neuen DCC-Komponenten verarbeiten die Adressen 1 bis 9.999.

Lok-Alzheimer
Jargonbegriff für Loks, die mit älteren (oder fehlerhaften) → *Digitaldecodern* ausgestattet sind, die ein spezielles Betriebsverhalten zei-

gen. Die Lok fährt normal mit der eingestellten Anfahrbeschleunigung los und bleibt schon nach kleinsten Unterbrechungen der Stromversorgung abrupt stehen. Dann bleibt sie entweder ganz stehen oder fährt von 0 wieder los. Der Name rührt also daher, dass diese Decoder die vor der Unterbrechung erreichte bzw. gefahrene Geschwindigkeit „vergessen“.

Lokdecoder

Als Lokdecoder (auch: Lokempfänger) werden die Digitaldecoder in den Triebfahrzeugen bezeichnet. Moderne Lokdecoder sind zu unterschiedlichen Digitalsystemen und Protokollen kompatibel, alte Lokdecoder in der Regel nur zu einem bestimmten System. Damit legt der Lokdecoder letztlich fest, mit welchen → *Digitalzentralen* sich eine Lok steuern lässt (→ *Multiprotokolldecoder*).

Lokführer

Der Lokführer steuert das Triebfahrzeug und wird in der heutigen Bahnfachsprache daher als Triebfahrzeugführer bezeichnet. Die umgangssprachliche Bezeichnung Lokführer bleibt davon allerdings unberührt. Ein aktueller Trend ist, Modellbahn-Lokomotiven auch mit einer Lokführer-Figur auszustatten. Der Lokführer wird häufig mit dem → *Zugführer* verwechselt.

Lokkarte

Eine Lokkarte ist eine Speicherkarte in der Größe einer Scheckkarte, auf der Informationen zum Betrieb und für die Konfiguration einer Modellbahn-Lokomotive gespeichert sind. Märklin verwendet die Lokkarten bei den Digitalzentralen Central Station 2 und Mobile Station 2.

Auf der Vorderseite der Lokkarte befinden sich Daten zu dem Fahrzeug, auf der Rückseite ist der Speicherchip.

Lokliege

Eine Lokliege ist eine Vorrichtung zum Fixieren einer Modellbahn-Lokomotive zum Zwecke der Wartung und Reparatur. Wenn Sie keinen Selbstbau einer Lokliege, beispielsweise aus Styropor, vornehmen möchten, bietet NOCH (www.noch.de) ein empfehlenswertes Produkt aus alterungsbeständigem Polyäthylenschaum. Besonderheit dieser praktischen Lokliege ist eine Mulde mit einer Magnetplatte, in der Kleinteile abgelegt und festgehalten werden und doch gut greifbar bleiben. Zudem eignet sich diese Lokliege auch für den Transport von Fahrzeugen. Die Lokliege ist für die Baugrößen H0 und TT geeignet, für die Spur N gibt es ebenfalls ein passendes Modell.

Eine Lokliege ist für Service und Reparatur ein sinnvolles Werkstatt-Zubehör.

Lokmaus

Lokmaus ist der Produktname einer → *Digitalzentrale* der Firma → *Roco*, die in Form eines kabelgebundenen Handreglers organisiert ist. Roco schaffte mit der Lokmaus als erste Firma ein einfach zu bedienendes und preiswertes Digitalsystem. Die Lokmaus vereint alle grundlegenden Eigenschaften einer Modellbahn-Digitalzentrale. Jede Lokmaus kann 99 Lokomotiven steuern. Das System arbeitet mit einer „Master-Maus“, die die eigentliche Zentrale darstellt. Hinzugesteckt werden können „Slave-Mäuse“, um mehrere Züge komfortabel zu steuern. Die erste Lokmaus wurde nicht von Roco, sondern als Auftragsarbeit von Lenz entwickelt. Die neueren Lokmaus 2 und 3 sind Eigenentwicklungen.

WICHTIG
Die Lokmaus 1 ist inkompatibel zu den Digitalsystemen Lokmaus 2 und 3, der Versuch eines Mischbetriebs führt zur Zerstörung der Komponenten.

Loknummer
Die Loknummer ist die Produktionsnummer einer Lok – z. B. ist die „103 001“ die erste Lok der Baureihe 103. Die Lokummer ist Teil der Bezeichnung der → *Baureihe*.

Lokomotivzug
Ein Lokomotivzug ist ein Zug, der nur aus Lokomotiven zusammengestellt ist. Das klingt zunächst widersinnig, ist aber ein wirtschaftliches Verfahren, um Loks zwischen Lokomotivstationen, Heimatbahnhof oder Betriebswerken zu überführen. Die Stärke solcher Lokzüge liegt meist bei 3 oder 4 Loks, nur sehr selten mehr. Für den Modellbahner ist es also durchaus ein interessantes Motiv, z. B. hinter ein motorisiertes Diesellok-Modell 1 bis 3 Lok-Dummys zu kuppeln, die z. B. aus preiswerten Modellen mit defekten Motoren oder Getrieben bestehen.

LokSim3D
Der Betrieb einer Eisenbahn ist ein extrem komplexes Unterfangen. Wenn Sie im Modell an vorbildnahem Betrieb interessiert sind, dann sind gute Simulations-Programme ein empfehlenswerter Weg, um Kenntnisse über die Betriebsabläufe zu erhalten. Dazu brauchen Sie nicht unbedingt ein kostenpflichtiges Programm wie den → *TrainSimulator*, denn mit dem „LokSim3D“ steht ein Freeware-Programm zur Verfügung, das sich in der Leistung gegenüber kommerziellen Produkten nicht verstecken braucht. Fahren Sie doch selbst mal einen Zug als Lokführer, bedienen Sie die Sicherheitseinrichtungen und halten Sie den Fahrplan ein. Mithilfe des Editors können Sie selbst Strecken, Loks, Fahrpläne und Grafikobjekte erstellen (umfangreiche Infos und den Download finden Sie unter www.loksim3d.de).

Der LokSim3D ist ein hervorragendes Trainingsinstrument, um die betrieblichen Umstände des Schienenverkehrs vorbildgetreu kennenzulernen.

Lok-Tender-Kupplung
Eine Lok-Tender-Kupplung verbindet bei einer Schlepptender-Dampflok die eigentliche Zugmaschine mit dem Schlepptender, der die Betriebsstoffe Kohle (oder Öl) und Wasser mitführt. Bei Modellbahn-Loks ist die Lok-Tender-Kupplung vielfach nur durch einen Zapfen hergestellt, in den eine Kupplungsdeichsel eingehängt wird. Bei neueren Modellen finden sich auch Kurzkupplungen und Kinematiken. Lok-Tender-Kupplungen führen bei modernen Modell-Loks meist elektrische Leitungen mit sich (beachten Sie die Herstellerhinweise!).

Lokzug
Abk. für → *Lokomotivzug*

Losbrechkraft
Als Losbrechkraft (häufig auch „Losbrech-Moment“) wird die minimale Kraft bezeichnet, die zum Überwinden einer Haftreibung benötigt wird. Der Körper bewegt sich nach der Losbrechkraft mittels Gleitreibung fort. Diese Losbrechkraft bemerkt der Modellbahner zumeist, wenn ein Triebfahrzeug anfährt, denn durch die Losbrechkraft wird ein sichtbarer Ruck verursacht. Um dieses vorbildferne Ruckeln, das durch die Losbrechkraft verursacht wird, zu minimieren oder abzustellen, kann in manchen Lokdecodern die Konfigurationsvariable CV 65 mit einem optimierten Wert programmiert werden. CV 65 wird meist als „zusätzliche Anfahrspannung“, manchmal auch als „Anfahrkick“ oder „Kick Start“ bezeichnet. Dazu wird mittels des Wertes in der CV 65 die Anfahrspannung beim Wechsel von Fahrstufe 0 (Stillstand) nach Fahrstufe 1 erhöht.

WICHTIG
Wie bei Lokdecodern üblich, unterstützen nicht alle Decoder diese CV.

Lötbrücke
Elektronikplatinen werden häufig für unterschiedliche Bestückungen und Funktionen ent-

wickelt, um Kosten zu sparen. In machen Fällen finden Sie dann Lötbrücken vor, mit denen sich im besten Fall „geheime" Funktionen des Geräts freischalten oder nachbestücken lassen.

Löten

Als Löten bezeichnet man das Verbinden von Metallteilen durch eine erhitzte und verflüssigte Metalllegierung. Diese Verbindung ist strom- und wärmeleitend. Das Lot für das in der Modellbahn-Technik angewandte Weichlöten besteht aus Legierungen, die Zinn (Sn), Silber (Ag) und Kupfer (Cu) enthalten (z. B. Sn 97,1 Ag 2,6, Cu 0,3). → *Blei* (Pb) wird in modernen Legierungen nicht mehr verwendet, da es giftig ist.

Lötöl

Lötöl wird als Flussmittel eingesetzt, um beim Weichlöten eine Verbindung zwischen Metallen herzustellen, die sich ansonsten mit diesem Lötverfahren nicht verbinden lassen, speziell Stahl und Edelstahl. Auch zum Verlöten von Federstahldrähten oder dem Anlöten von Kabeln an die Schienen des Märklin → *C-Gleises* wird Lötöl eingesetzt. Unter Modellbahnern ist insbesondere das Fohrmann Lötöl bekannt (Info: www.fohrmann.com).

Lötstation

Eine Lötstation ist für Arbeiten an Digitalkomponenten unentbehrlich. Sie unterscheidet sich von einem einfachen Lötkolben dadurch, dass die Temperatur regelbar ist und der Lötvorgang potenzialfrei durchgeführt wird. Einer der bekanntesten Hersteller von Lötstationen ist ERSA (www.ersa.de).

Ludmilla

Ludmilla ist die Jargon-Bezeichnung für Großdiesselloks der Baureihen BR 232, BR 241 und BR 233, vormals BR 132. Es handelt sich um eine in der früheren Sowjetunion entwickelte und gebaute Lok. Über die Reichsbahn der DDR kamen dieses Loks auch in den Bestand der DB, die sie bei der DB Cargo/Railion einsetzt. Aber auch bei Privatbahnen finden sich diese Loks, sodass sie auf der Modellbahn vielfältig vor Güterzügen, z. B. → Ganzzügen, eingesetzt werden können. Ludmilla-Modelle wurden und werden von vielen Herstellern produziert.

LÜ

LÜ ist die Abk. von Lademaßüberschreitung. Von einer LÜ spricht der Eisenbahner, wenn eine Sendung mit besonders großen äußeren Abmessungen das erlaubte Lichtraumprofil überschreitet. Es werden vier unterschiedliche Typen von Lademaßüberschreitungen unterschieden und mit den Buchstaben A bis D bezeichnet:

- **A (LÜ Anton):** Höhenüberschreitung, keine Maßnahmen für ein Gegengleis nötig
- **B (LÜ Berta):** geringe Breitenüberschreitung, ohne Maßnahmen, sofern nicht LÜ C im Nachbargleis
- **C (LÜ Cäsar):** Breitenüberschreitung, Ausschluss von LÜ-Sendungen Berta oder Cäsar im Nachbargleis
- **D (LÜ Dora):** Sperrung des Nachbargleises wegen großer Breitenüberschreitung für alle Fahrzeuge notwendig.

Damit auf der Modellbahn keine Unfälle wegen einer LÜ vorkommen, bieten manche Hersteller LÜ-Messwagen. Für die Spur H0 hat Liliput einen LÜ-Messwagen der DB Cargo im Sortiment.

LüP

Abk. für Länge über Puffer

LZ100

Name der → *DCC-Digitalzentrale* von Lenz. Die LZ100 ist eine der wichtigsten Zentralen für die PC-Steuerung einer Modellbahn-Anlage. Da sie sehr schnell arbeitet, können bis zu 15 Züge gleichzeitig gesteuert werden. Allerdings verfügt die LZ100 über keine eigenen Bedienelemente, sodass noch ein Eingabegerät für den → *XpressNet-Bus* benötigt wird. Zudem wird für den Betrieb ein → *Booster* benötigt, für die Steuerung einer Anlage per PC muss ein externes Interface über XpressNet angeschlossen werden. Die LZ100 kann 9.999 Lokadressen und 1.024 Magnetartikel unterscheiden, 1.024 Rückmeldesignale können über den RS-Rückmeldebus empfangen werden. Die LZ100 bietet eine von 11 bis 22 V einstellbare Ausgangsspannung, → *Programming on Main* und → *RailCom-Unterstützung* (Infos: www.digital-plus.de).

TIPP
Als LZV100 ist das Gerät auch mit integriertem 5-A-Booster erhältlich.

m

Kennzeichnung für die Abbildung einer Meterspur-Schmalspur der Vorbildbahn, also z. B. H0m für die Schmalspur mit originalen 1.000 mm Spurweite, die im Modell auf 12-mm-Spurweite verkehrt. Weiterhin häufiger anzutreffen sind 0m und Nm, andere Schmalspur-Modellbahnen sind eher exotisch.

m3

Aus lizenzrechtlichen Gründen wird das Digitalprotokoll Märklin → *mfx* von Digitalzentralen anderer Hersteller bislang meist nicht unterstützt. Ausnahmen sind die → *Digitalzentralen* → *ECoS* und → *Master Control*. Die ECoS unterstützt mfx ohne die automatische Anmeldung der Lok an die Digitalzentrale. Eine weitere Variante der mfx-Unterstützung ist das inoffizielle Protokoll „m3" der Digitalzentrale → *Master Control*. Das auch als „mfx-Miniprotokoll" bezeichnete m3 erlaubt die Steuerung von Loks mit Märklin mfx-Decoder, die automatische Anmeldung unterstützt es aber ebenfalls nicht. Loks müssen daher auf ein Programmiergleis gesetzt werden, und es muss eine m3-Adresse (von 1 bis 64.000) manuell vergeben werden.

WICHTIG
Es lassen sich nur alle mfx-Loks auf der Anlage gemeinsam mit m3-Adressen steuern, auf → *Märklin-Motorola* reagieren Loks nicht mehr, wenn eine per m3 gefahren wird. Da zudem unsicher ist, ob alle mfx-Loks sich mit m3 steuern lassen und es keinen offiziellen Support gibt, ist von der Nutzung dieses Protokolls abzuraten.

MAC

Abk. für → *Media Access Control*

MagicTrain

Mit dem MagicTrain hat Fleischmann eine Schmalspur-Spielbahn der Baugröße 0e im Angebot. Spezieller Vorteil ist, dass diese Modellbahn auf den Gleisen mit der Spurweite 16,5 mm fährt, die auch von der führenden H0-Modellbahn benutzt werden.

Magnetartikel

Jargontypischer Sammelbegriff für Antriebe, die magnetisch funktionieren. Das sind im Wesentlichen die klassischen Antriebe von Formsignalen und Weichen mit → *Magnetspulenantrieb*.

Magnetartikelstellpult

Mit einem Magnetartikelstellpult werden → *Magnetartikel* entsprechend der gewünschten Fahr- und Betriebssituation gestellt. Während ein analoges Magnetartikelstellpult in Form von entsprechenden mechanischen Tastern kurze elektrische Verbindungen herstellt, sind bei modernen Digitalzentralen die Magnetartikelstellpulte integriert und werden meist per → *Touchscreen* bedient.

Magnetfeldkupplung

Die Magnetfeldkupplung für die Modellbahn wurde von der Firma Schiffer Design entwickelt. Die Kupplung ermöglicht einen vorbildnahen Betrieb, denn die Fahrzeuge werden über die Kupplung gezogen und über die Puffer geschoben. Die Magnetfeldkupplung wird mit einem Magneten bedient, der zum Kuppeln über oder unter das Fahrzeug gehalten wird. Vorteil ist die herausragende Optik, denn Magnetfeldkupplungen sind im Vergleich zu Kupplungen der Großserien sehr zierlich und vorbildnah. Nachteil dieser Kupplung ist, dass sie keine Schiebekräfte übertragen kann, daher müssen sich beim Schieben die Puffer berühren. Das grenzt den Betriebseinsatz auf Strecken mit großen Kurvenradien ein. Zum Nachrüsten werden Magnetfeldkupplungen für die Baugrößen H0, TT und N angeboten, müssen aber im Selbstbau montiert werden (Info: www.schifferdesign.de).

Magnetspulenantrieb

Viele Aktionen auf der Modellbahn werden mittels eines Magnetspulenantriebs ausgelöst. Eine klassische Anwendung ist das Stellen einer Weichenzunge mittels eines Magnetspulenantriebs mit zwei Wicklungen. Auch das Stellen von Signalen, ferngesteuerten Kupplungen oder Entkupplern funktioniert auf der Basis von Magnetspulenantrieben. Bei allen Magnetspulenantrieben ist zu beachten, dass die Magnetspule nur für den gewünschten Schaltvorgang unter Spannung gesetzt werden sollte. Andernfalls kann sie sich erwärmen und so-gar durchbrennen. Auf hochwertigen, digital gesteuerten Anlagen werden Magnetspulen-antriebe zusehens von motorischen Antrieben abgelöst.

Mallard

Mallard ist der Name einer Dampflokomotive der Baureihe Klasse A4 der britischen London and North Eastern Railway (LNER). Es handelt sich um eine Schnellzugdampflokomotive mit der Achsfolge 2'C1' (Pacific-Achsfolge). Die Mallard (wörtlich: Stockente) stellte am 3. Juli 1938 auf der Strecke Barkstone–London den bis heute gültigen, offiziellen Geschwindigkeitsweltrekord für Dampflokomotiven von 201,2 km/h auf. Es gibt eine große Anzahl von Mallard-Modellen, Besonderheit ist eine Variante in → *Echtdampf*.

Mallet

Nach ihrem Erfinder, dem Schweizer Ingenieur Anatole Mallet (sprich „Malleh“), werden Dampfloks mit einem speziellen Fahrwerk als Mallet-Loks bezeichnet. Diese Bauart besitzt zwei eigenständige Fahrwerke, wobei das hintere Fahrwerk mit dem Lokrahmen verbunden ist. Das vordere Fahrwerk ist mit einem eigenen Rahmen mit eigener Kolbendampfmaschine beweglich über einen Drehzapfen mit dem Lokrahmen verbunden. Dieses erfolgreichste Gelenksystem des Dampflokbaus ermöglichte Maschinen mit hoher Leistung und guter Bogengängigkeit bei mehr als 3 angetriebenen Achsen. In Deutschland sind betriebsfähige Mallet-Lokomotiven heute noch bei den meterspurigen Harzer Schmalspurbahnen im Betrieb. Die Bauart Mallet brachte in den USA die größten jemals gebauten Dampflokomotiven hervor (→ *Big Boy*). Die Vorteile dieses Gelenksystems treten auch bei Modellen dieser Maschinen zutage, denn auch relativ enge Radien der Modellbahn-Anlagen meistern die Modell-Mallets besonders gut.

Märklin Firmengeschichte

Die Firma Märklin ist einer der Marktführer unter den Modellbahn-Herstellern und blickt auf eine über 150 Jahre bestehende Firmengeschichte zurück. Besonders wichtige Stationen der Firmengeschichte:

1859: Die Söhne des Firmengründers präsentieren auf der Leipziger Frühjahrsmesse als erstes Unternehmen eine Uhrwerkbahn mit Schienenanlagen in Form einer Acht.

1935: Einführung der 16,5-mm-Spurweite H0, der ersten elektrischen Tischeisenbahn.

1969: Nach langen Jahren der Unterbrechung führt Märklin wieder ein Sortiment in der „Königsspur“ Spur 1 ein.

1972: Einführung der Modellbahn Mini-Club mit 6,5 mm Spurweite und dem Maßstab 1:220.

1984: Vorstellung des serienreifen elektronischen Steuersystems Märklin digital, mit dem Züge und Magnetartikel unabhängig voneinander mit oder ohne Computer auf einer Anlage gesteuert werden können.

1997: Übernahme der Firma TRIX Modelleisenbahn GmbH & Co. KG durch die Märklin Holding GmbH.

Eine Dampflok der Baureihe 96 (Hersteller Rivarossi) mit dem auffälligen Mallet-Gelenksystem.

2002: Neu entwickelter Piezo-Motor für Anwendungen wie der Steuerung des Stromabnehmers einer E-Lok.
2003: Märklin stellt mit der Dampflokomotive der BR 01 in der Spur 1 eine der größten jemals von Märklin gebauten Lokomotiven vor. Sie misst 75 cm, wiegt 5,5 kg und steckt voll modernster Digitaltechnik.
2004: Mit „Märklin Systems" wird die dritte Generation der digitalen Steuerung von Märklin vorgestellt.
2005: Märklin hat den wartungsfreien Hochleistungsantrieb C-Sinus weiterentwickelt, er ist nun noch kompakter. Märklin Systems gibt es nun auch für TRIX und Minitrix.
2007: Mit der Akquisition des Nürnberger Gartenbahnherstellers LGB schafft sich Märklin ein Standbein bei den Gartenbahnern und erweitert durch die Übernahme der Firma Hübner Feinwerktechnik das Spur-1-Angebot zum europaweit umfangreichsten Programm in der Traditionsspur.
2009: 150-jähriges Firmenjubiläum und Eröffnung eines Insolvenzverfahrens.

Märklin Motorola

Es handelt sich dabei um ein von Märklin entwickeltes Digitalformat, das 1984 als erstes am Markt vertriebenes Digitalformat für Modellbahnen verfügbar war. Es ist sozusagen das klassische „Märklin-Hausprotokoll". Zu unterscheiden ist zwischen dem ursprünglichen MM-I-Format und dem weiterentwickelten Format MM II.

- Das MM-I-Format kann 80 Lokadressen und 14 Fahrstufen unterscheiden und bietet eine schaltbare Funktion, die in aller Regel für die Spitzenbeleuchtung genutzt wird. Im MM-I-Format wird nur die relative → *Fahrtrichtung* unterstützt, unabhängig von der Richtungsorientierung des Fahrzeugs (Vorwärtsfahrt/Rückwärtsfahrt). Daher ist das MM-I-Format nicht für eine Software-Steuerung der Modellbahn nutzbar.
- Ab etwa 1994 löste das MM-II-Format MM I ab. Das Format wurde dahingehend erweitert, dass es insgesamt 5 Funktionen schalten kann und über eine Übertragung der absoluten → *Fahrtrichtung* verfügt. MM II unterstützt im Verbund mit modernen → *Digitalzentralen* und → *Digitaldecodern* im erweiterten Modus 255 Lokadressen und 27 Fahrstufen.

Märklin Systems

Bei Märklin Systems handelt es sich um die Bezeichnung für ein Digitalsystem des Herstellers Märklin. Besonderheit des Systems ist die Rückmeldefähigkeit der → *Digitaldecoder* in den Triebfahrzeugen, sodass sich z. B. Loks ganz von alleine ohne die manuelle Eingabe einer Digitaladresse an der → *Digitalzentrale* anmelden. Märklin Systems benutzt eine strikt von analogen Komponenten oder anderen Digitalsystemen getrennte Spannungsversorgung. Für den Anschluss von Beleuchtungs- oder Magnetartikeln ist also zwingend eine zweite Spannungsversorgung notwendig, die auch keine über die Anlage gemeinsame Masseverbindung zur Systems-Zentrale haben darf. Der Markenname „Märklin Systems" für die Digitalprodukte ist 2009 zurückgewandelt worden in „Märklin digital", der ersten Modellbahn-Produktlinie mit digitalen Komponenten. Märklin Systems und Märklin digital sind daher grundlegend kompatibel zueinander.

Märklin-Museumswagen

Märklin bietet seit 1985 für Sammler jedes Jahr einen besonderen Wagen an, der ausschließlich über das Märklin-Museum in Göppingen verkauft wird. Den Wagen in H0 folgten 1987 die Museumswagen in mini-club und 1988 in Spur 1. Mit der Übernahme von TRIX im Jahr 1997 kamen H0-Gleichstrom- und N-Wagen ins Museumsangebot. Insbesondere die ersten Jahrgänge der Museumswagen sind bei Sammlern begehrt.

Märklin-System

Bei den Modellbahnern in der Spur H0 gibt es für die Steuerung und den Betrieb neben dem internationalen Zweileiter/DC-System noch das „Märklin-System". Der Begriff hat nichts mit dem Digitalsystem „Märklin Systems" zu tun, sondern bezeichnet allgemein die klassische H0-Modellbahn von Märklin, die mit Wechselstrom betrieben wird und deren Gleise über einen Mittelleiter verfügen. Allerdings werden auch moderne Märklin-H0-Fahrzeuge umgangssprachlich oder werblich oft als „für das Märklin-System" bezeichnet, da sie sich weitgehend kompatibel verhalten. Viel gemeinsam haben die modernen Fahrzeuge mit den klassischen Modellen allerdings nicht mehr. Das Kennzeichen des „Märklin-System“ ist heute im Kern nur noch die Verwendung eines Gleises mit einem Mittelleiter in Form von Punktkontakten.

Mars-Light

Bezeichnung für eine spezielle Beleuchtung, die US-Großdieselloks (Streckenloks) als zusätzliches Warnlicht neben dem dauerhaften Spitzensignal haben. Das Mars-Light beschreibt bei der Vorbildbahn eine Bahn in der Form einer 8, was ursprünglich mechanisch gesteuert wurde. Das Licht wird hingegen beim Modell per Elektronik pulsierend im Wechsel auf- und abgeblendet. Hochwertige Modellbahn-Digitaldecoder (Hersteller u. a. ESU, ZIMO) bieten heute einen speziellen Lichtausgang, der auch auf die Darstellung des Mars-Light-Effekts programmiert werden kann. Dazu wird in einer vorgegebenen Konfigurations-Variablen (je nach Decoder z. B. CV 125, CV 126) des betreffenden Lokdecoders der Wert für den gewünschten Lichteffekt gesetzt. Per Digitalbefehl kann das Mars-Light dann während der Fahrt an- und ausgeschaltet werden und je nach Fahrtrichtung umgeschaltet werden.

M

Masse

Als Masse wird bei analogen Modellbahn-Fahrzeugen vielfach der Fahrzeugrahmen benutzt, der mit dem Minuspol der Betriebsspannung verbunden ist. Manchmal leitet sogar ein Metallgewicht die Fahrzeugmasse anstelle von Kabeln durch das Fahrzeug. Bei digitalen Fahrzeugen darf die Masse keine Verbindung zum → *Digitaldecoder* haben, daher ist es bei manchen Fahrzeugen elektrisch aufwendig, sie von analog auf digital umzurüsten, da → *Massekontakte* ausgeschlossen werden müssen.

Massekontakt

Unerwünschter elektrischer Kontakt zum Fahrzeugrahmen oder dem elektrischen Minuspol der Stromversorgung wird bei analogen Modellbahnen als Massekontakt bezeichnet. Solchermaßen ausgelöste Kurzschlüsse entstehen z. B. durch schlecht isolierte Drehgestelle.
Im digitalen Mittelleiter-/Dreileiter-System ist der Massekontakt die elektrische Verbindung zur masseführenden Außenschiene. Den Massekontakt in allen Betriebssituationen sicherzustellen ist schwierig bei kleinen, zweiachsigen Loks, wenn eine Achse mit → *Haftreifen* ausgestattet ist (→ *Diodentrick*).

Masseleiter

Abk. GND → *gemeinsamer Rückleiter*

Maßstab

Allgemein bezeichnet man als Maßstab das Verhältnis zwischen der abgebildeten Größe und der entsprechenden Größe in der Realität. Dieses Größenverhältnis spielt bei der Modellbahn eine zentrale Rolle, denn alle Modellbahn-Systeme orientieren sich an einem bestimmten Maßstab, der von den Fahrzeugen und allem Zubehör möglichst eingehalten werden soll. Das ist allerdings auch gleichzeitig eines der Hauptprobleme der Modelleisenbahn, denn die Dimensionen des Echtbetriebs lassen sich in einem noch so kleinen Maßstab nicht nachbilden. Jede Modellbahn ist daher mehr oder weniger ein Kompromiss zwischen der größenrichtigen Darstellung bestimmter Einrichtungen und proportionalen, in sich stimmigen Verkleinerungen. Um den Sachverhalt zu verdeutlichen, zeigt Ihnen diese kleine Tabelle, wie lang eine Vorbildstrecke von 1 km (z. B. ein Nebenbahn-Rangiergleis) auf einer Modellbahn bei genauem Einhalten der Maßstäblichkeit bei den gängigen Nenngrößen sein müsste:

Z	(Maßstab 1:220)	4,5 m
N	(Maßstab 1:160)	6,3 m
TT	(Maßstab 1:120)	8,3 m
H0	(Maßstab 1:87)	11,5 m
0	(Maßstab ca. 1:45)	22,2 m
1	(Maßstab 1:32)	31,3 m
2	(II, G; Maßstab ca. 1:22,5)	44,4 m

Master Control

Name der → *Digitalzentrale* von Tams aus der Easy-Control-Serie. Aufgrund ihrer hohen Verarbeitungsgeschwindigkeit ist die „Tams-MC“ eine der für die PC-Steuerung sehr gut geeigneten Digitalzentralen und erlaubt es, bis zu 15 Züge zeitgleich zu steuern. Die Tams-MC ist multiprotokollfähig und unterstützt die Protokolle → *DCC*, → *MM I /MM II* und → *m3*. Es werden vierstellige Decoderadressen und maximal 128 Fahrstufen (DCC) unterstützt. Die MC enthält eine integrierte Datenbank, mit der Sie Loknamen zu Decoderadressen zuordnen. → *s88-Rückmeldemodule* werden unterstützt, als Bus für weitere Steuergeräte wird das hauseigene EasyNet eingesetzt. Die MC-Zentrale ist mit einer USB- und einer seriellen Schnittstelle ausgestattet (Infos: www.tams-online.de).

Die Tams-Digitalzentrale Master Control eignet sich insbesondere auch für die Steuerung der Anlage per PC-Software.

Mätrix und MäTrix

Märklin wird nach dem Aufkauf der Firma TRIX im Modellbahner-Jargon auch als (1.) Mätrix bezeichnet. Das erfolgt vor allem in Foren und ist teilweise wie bei → *„RoFleisch"* eher abwertend gemeint. Es wird aber überwiegend als (2.) Abk. verwendet, um in einem Forum nicht jedes Mal „die Firmen Märklin und TRIX" schreiben zu müssen.

Mäuseklavier

Mäuseklavier ist eine Jargonbezeichnung für mechanische DIP-Switches (→ *Dual Input Package*). Die Jargonbezeichnung für diese Codierschalter ist nicht modellbahntypisch, sondern aus dem Elektronikerjargon übernommen.

MB

Abk. für → *Megabyte*

MBC

Abk. für Modellbahnclub (→ *MEC*)

MEC

Abk. für Modelleisenbahnclub (→ *MBC*)

Media Access Control-Adresse

Die MAC-Adresse ist die Adresse eines Netzwerkgeräts wie einer Netzwerkkarte oder eines Switch und wird auch als „physikalische Adresse" bezeichnet. Bei der Modellbahn kann es sich auch um eine netzwerkfähige Modellbahn → *Digitalzentrale* wie die Märklin Central Station oder die ESU ECoS handeln. Es handelt sich um eine 6 Byte bzw. 48 Bit lange Hexadezimalzahl in der Form 00-50-8b-01-20-33. Die ersten 24 Bit können den Herstellercode enthalten. Die MAC-Adresse ist bei vielen Netzwerkgeräten aufgedruckt, ansonsten dem Handbuch zu entnehmen. Da die MAC-Adresse eindeutig ist, also nur einmal weltweit vergeben wird, lässt sich darüber bei Netzwerken ein wirksamer Zugriffsschutz aufbauen, indem die MAC-Adressen der zugelassenen Netzwerkgeräte in einer Zugriffsliste eingetragen werden. Dies ist vor allem bei Funknetzwerken (WLAN) gebräuchlich.

Megabyte

Einheit für die Kapazität eines digitalen Speichers. Bei der digitalen Modellbahn begegnen Sie dieser Speicherbeschreibung z. B. im Zusammenhang mit Sicherungsaufzeichnungen der Benutzereinstellungen von Digitalzentralen oder der Kapazität von Sounddecodern. Im Computerbereich wird 1 MB als 2^{20} = 1.048.576 Bytes aufgefasst, allerdings gibt es dafür keine verbindliche Norm. Daher wird oft auch mit 1 MB = 10^6 = 1.000.000 Bytes gerechnet, vor allem in der Werbung. Ein so beschriebener Speicher kann real aber dann anstelle von 1 GB nur 954 MB speichern.

Mehrfach-Register

Als ein Mehrfach-Register werden in einem Digitaldecoder spezielle → *Konfigurationsvariablen* bezeichnet, die mehrere Einstellungen und Betriebsgrößen des Fahrzeugs in einem Register einstellen. Das bekannteste Mehrfach-Register ist CV 29, das binär programmiert wird.

Mehrfachtraktion

Ziehen mehrere Lokomotiven einen Zug gemeinsam, wird das als Mehrfachtraktion bezeichnet. Mehrfachtraktionen werden in aller Regel aus gleichartigen Lokomotivtypen gebildet, also aus mehreren Dampf-, Diesel- oder Elektrolokomotiven. Mehrfachtraktionen werden insbesondere bei den sehr langen US-amerikanischen Güterzügen oft eingesetzt.

Mehrfachtraktionsadresse
Nur für den speziellen Betrieb in einer → *Mehrfachtraktion* kann digitalen Lokomotiven eine Mehrfachtraktionsadresse (Verbundadresse) einprogrammiert werden. Dazu bieten → *Lokdecoder*, die dieses Verfahren unterstützen, eine bestimmte → *Konfigurationsvariable* (CV 19). Die → *Digitalzentrale* sendet dann bei Benutzung der Traktionsadresse allen beteiligten Loks dieselben Fahrbefehle.

Mehr-Format-Decoder
Anderer Begriff für → *Multiprotokolldecoder*

Memory
Häufig benutzter Begriff für ein → *Fahrstraßenstellpult*

Messingbuchsen
Besonders hochwertige → *Achslager* von Modellbahn-Fahrzeugen

Messstrecke
Eine Messstrecke wird bei der Modellbahn in unterschiedlichen Zusammenhängen benötigt. Bei einer digitalen Modellbahn, die per Software gesteuert wird, ist eine Messstrecke für das Einmessen der Triebfahrzeuge erforderlich. Erst danach kann die Software die Fahrzeuge an den gewünschten Stellen präzise zum Halt bringen. Auch für die Ermittlung einer korrekten Geschwindigkeit wird in vielen Fällen ebenfalls eine Messstrecke eingesetzt, um abhängig von der Nenngröße die Fahrzeuge dann im Betrieb mit vorbildnaher Geschwindigkeit einzusetzen. Um Messungen durchzuführen, sind Messstrecken daher manchmal mit Lichtschranken oder Rückmeldern ausgestattet.

Metrische Maßstäbe
Als metrische Maßstäbe werden die Maßstäbe wie 1:200, 1:100 oder 1:50 bezeichnet, die sich einfach aus unserem metrischen Zahlensystem zur Basis 10 ableiten lassen. Diese Maßstäbe werden im professionellen Architektur-Modellbau verwendet, haben jedoch bei der Modellbahn bislang keine große Bedeutung. Preiser stellt allerdings Figuren in 1:100 her, teilweise gibt es auch Sammeleditionen von unmotorisierten Lok-Modellen, die in 1:100 produziert werden. Diese Modelle sind dann etwas kleiner als die marktführenden Modelle in 1:87. Allerdings werden auch auf Modellbahn-Anlagen in der Nenngröße H0 insbesondere Gebäude sehr oft im metrischen Maßstab 1:100 erzeugt, was eine sinnvolle Verkleinerung für den optischen Gesamteindruck der Anlage ergibt. Darüber hinaus finden Sie metrische Maßstäbe insbesondere bei Modellen sehr großer Vorbilder wie Flugzeugen oder Schiffen.

MFK
Abk. für → *Magnetfeldkupplung*

mfx
Abk. für multifunction extra. Das mfx-Protokoll ist eine Märklin-Entwicklung, die über 16.000 Digitaladressen bereitstellt und über einen Rückkanal eine Rückmeldung der Fahrzeuge an die → *Digitalzentale* unterstützt.

mfx-Decoder
Produktbezeichnung der modernen Digitaldecoder von Märklin und ESU. Besonderheit dieser Decoder ist die Rückmeldefähigkeit, d. h. die Triebfahrzeuge melden sich selbsttätig bei der → *Digitalzentrale* an und Sie brauchen sich keine Digitaladresse mehr zu merken. Die mit mfx-Decodern ausgestatteten Triebfahrzeuge sind kompatibel zum „alten“ Märklin-Digitalsystem Motorola I/II, beim Betrieb auf diesem System können allerdings die erweiterten Digitalfunktionen nicht angesprochen werden.

mfx-Steckschnittstelle
Als Steckschnittstelle für das mfx-Digitalsystem von Märklin wird eine 21-polige Schnittstelle verwendet. In manchen Fahrzeugen dient

Die mfx-Steckschnittstelle → MTC21 ist mit 21 Pins ausgestattet, zur Orientierung wird ein Pin weggelassen.

die Steckschnittstelle auch der mechanischen Fixierung des → *Digitaldecoders*.

WICHTIG
Die 21-polige mfx-Schnittstelle ist nicht signal- bzw. pinkompatibel mit der → PluX-Schnittstelle.

M-Gleis
Abk. für Metall-Gleis. Es handelt sich um das klassische Märklin-Gleis für die Spur H0. Das M-Gleis ist ein → Hohlprofilgleis mit Bettung. Seine Produktion wurde 2001 eingestellt, das Nachfolgegleis ist das → C-Gleis.

Micro-Glockenankermotor
Micro-Glockenankermotoren werden verwendet, um besonders kleine Fahrzeuge mit einem hochwertigen Antrieb zu versehen. Auf der Modellbahn-Anlage sind die Kfz-Modelle in 1:87 dafür ein besonders häufig anzutreffendes Beispiel. Während allerdings einfache Gleichstrom-Mini-Motoren weniger als 10 Euro kosten, liegt der Preis von Micro-Glockenankermotoren um die 50 Euro. Dafür bieten sie den Vorteil der Verschleißfreiheit und des geringeren Stromverbrauchs. Eine große Auswahl an Micro-Glockenankermotoren und Getrieben bietet die Firma Lehnert Modellbau (www.lemo-solar.de).

Mikado
Im amerikanischen System zur Beschreibung der → *Achsfolge* eine Dampflok vom Typ 1'D1', Bildschema oOOOOo.

Mikroglühlampen
Mikroglühlampen werden bei der Modellbahn da eingesetzt, wo das Licht von LEDs den erwünschten vorbildnahen Effekt nicht ermöglicht, z. B. häufiger bei Modellen aus Epoche I/II. Um ein Dreilicht-Spitzensignal zu erreichen, werden die 3 Lämpchen (z. B. Typ L3255 von Reichelt, www.reichelt.de) in Serie geschaltet und über einen Vorwiderstand von 560 Ω an den Decoderausgang angeschlossen. Bei der Nachrüstung einer bis dato unbeleuchteten Lok ist aber die im Gegensatz zu LEDs hohe Wärmeabgabe zu berücksichtigen. Bei ungünstiger Montage oder zu hoher Spannung ist es beispielsweise möglich, dass Kunststoff-Teile des Triebfahrzeug-Gehäuses durch die Hitze der Mikroglühlampe beschädigt werden.

Mindestradius
Der kleinste befahrbare Radius eines Schienenfahrzeugs ist der Mindestradius. Etliche Modellbahn-Hersteller bieten durchaus Lokomotiven an, die nicht im kleinsten Radius des eigenen Gleissystems fahren können. Oft können nur kleine Fahrzeuge wie Tenderloks oder kurze, zweiachsige Waggons auf dem kleinsten Radius eines Gleissystems verkehren, ohne anzulaufen oder zu zwängen. Ein üblicher Mindestradius für Fahrzeuge für ein H0-Gleissystem ist 360 mm. Das Befahren eines solchen engen Radius ist allerdings z. B. mit Reisezugwaggons optisch durch das starke Einlenken der Wagenkästen sehr unschön. Die engen Mindestradien kurzer Fahrzeuge stimmen oft mit dem Industriekreis überein (weitere Informationen hierzu finden Sie in der → *NEM 111* „Kleinste Bogenradien").

Minex
Märklin produzierte von 1970 bis 1972 Schmalspur-Modelle der Spur 0e im Maßstab 1:45, die unter dem Namen Minex in den Handel kamen. Minex ist bis heute die einzige maßstäbliche Märklin-Schmalspur-Modellbahn. Sie fuhr auf dem klassischem → *M-Gleis* in der → *Spurweite* 16,5 mm. Minex war am Markt zwar ein Misserfolg, ist heute jedoch unter Sammlern sehr begehrt. Aktuell bietet Fleischmanns → *MagicTrain* Ähnliches, allerdings deutlicher als Minex mit einer Orientierung in Richtung → *Spielbahn*.

Miniatur-Wunderland Hamburg
Die weltgrößte Modellbahn-Schauanlage ist das Miniatur-Wunderland Hamburg, Abk. „MiWuLa". Diese Abkürzung ist kein Modellbahner-Jargon, sondern wird von den Betreibern selbst verwendet. Die Anlage ist in der Nenngröße H0 realisiert und begeistert insbesondere mit dem Ideenreichtum der Darstellungen und einem riesigen → *Car System* → *DC-Car*). Ein Besuch lohnt speziell für Modellbahner, die sich Anregungen für die heutigen technischen Möglichkeiten holen möchten. Auf der Schauanlage befindet sich mit → *Knuffingen* auch die einzige Modellbahn-Stadt mit eigener Homepage (Info: www.miniatur-wunderland.de).

Mini-Club

Produktbezeichnung von Märklin für die Modelleisenbahn Spur Z im Maßstab 1:220

Minidecoder

Hierbei handelt es sich um → *Digitaldecoder* mit besonders kleinen Abmessungen, die für den Einbau in Triebfahrzeuge der „kleinen" Nenngrößen N und Z gedacht sind. Daher liegt die Ausgangsleistung des Motors auch nur bei ca. 500 mA. Ist für den Einbau eines Nachrüst-Decoders in einem Fahrzeug einer „größeren" Spur kein Platz, können Minidecoder aber in vielen Fällen auch bei Fahrzeugen für die Nenngrößen TT und H0 verwendet werden, wenn möglichst nur der Motorausgang belastet wird und zudem für gute Kühlung gesorgt ist.

Miningen

Miningen ist eine fiktive H0-Modellbahn-Stadt im Maßstab 1:87. Diese Modellbahn-Stadt befindet sich auf der Modellbahn-Anlage von Martin Fitzel (www.miningen.de).

MIST

M

MIST ist die Abk. für „Märklin Insider Stammtisch". Solche Stammtische werden seit dem Jahr 2000 gegründet. Die MISTe werden meist durch die erste und teils auch zweite Ziffer der Postleitzahl unterschieden. So ist zum Beispiel „MIST 1" der Märklin Insider Stammtisch Berlin/Brandenburg. Es gibt auch abweichende Bezeichnungen, so etwa HAMST für den Hamburger Insider-Stammtisch, MUCIS für den Münchener Insider-Stammtisch und ZIST für Märklinisten der Spur Z. Zu einem MIST-Treffen kann jeder Interessent kommen, es gibt keine Einschränkungen bezüglich der Spur oder der bevorzugten Marke des Modellbahn-Herstellers. Die meisten MISTe informieren in der Regel über eine eigene Webseite über die konkreten Regeln des MIST. Eine aktuelle Liste mit den Kontaktdaten der MISTe finden Sie in jeder Ausgabe des Märklin-Magazins.

Mittelleiter

Als Mittelleiter wird bei der Modellbahn unabhängig von der Nenngröße ein mittig zwischen den beiden Schienen auf dem Gleis angeordneter, elektrischer Leiter bezeichnet. Über einen Schleifer (Skischleifer, Punktschleifer, Pilzschleifer) wird dann Strom in aufgegleiste Fahrzeuge übertragen. Historisch ist der Mittelleiter zuerst bei der Spur 0 eingesetzt worden und hat über diesen Umweg auch Eingang in die Spur 00/H0 gefunden. Gleise mit einem Mittelleiter werden aktuell aus patentrechtlichen Gründen nur von der Firma Märklin für die Spur H0 angeboten. Eine Nachrüstung von H0-Zweileiter-Gleisen mit einem Mittelleiter-Band aus Messing ist möglich, um z. B. Zwei- und Mittelleiter-Fahrzeuge auf einem Gleis zu betreiben. Hersteller von Mittelleiter-Bändern sind die Firmen Erbert Modellbahntechnik (www.erbert-signale.de) sowie Peco (www.peco-uk.com).

Mittelpufferkupplung

Eine Mittelpufferkupplung überträgt bei Schienenfahrzeugen Zug- und Stoßkräfte. Eine typische Mittelpufferkupplung ist die Klauenkupplung nordamerikanischer Regelspurfahrzeuge. Bei der Modellbahn wird das Prinzip der Mittelpufferkupplung vorrangig eingesetzt, auch wenn die Fahrzeuge mit Puffern ausgestattet sind. Grund hierfür sind die geringen Radien der Gleisbögen, die keine vorbildgerechte Schraubenkupplung ermöglichen. Daher werden bei der Modellbahn die Stoßkräfte bei den allermeisten Systemen und Modellen über die Kupplung übertragen, nicht über Puffer.

Mittengeschwindigkeit

Die Mittengeschwindigkeit ist die mittlere Geschwindigkeit eines Triebfahrzeugs. Sie wird bei modernen Decodern über CV6 eingestellt. Nach NEM sollte die Mittengeschwindigkeit ein Drittel der Maximalgeschwindigkeit betragen, um im langsamen Bereich optimal regeln zu können.

MM/MM I/MM II

Abk. für → *Märklin* Motorola bzw. die → *Digitalprotokolle* → *Märklin* Motorola I/II, oft auch als MM1 und MM2 abgekürzt

MM14/MM27

Jargonübliche Abk. für Fahren mit dem Protokoll → *Märklin* Motorola mit 14 bzw. 27 → *Fahrstufen*

MOBA Deutschland

Kurzbezeichnung für den → *Modellbahnverband* in Deutschland e.V.

MoBaSbS

MoBaSbS ist die Abk. von ModellBahnSelbstbauSteuerung. Es handelt sich hierbei um eine Hardware-Steuerung für die digitale Modellbahn. MoBaSbS ist für den Selbstbau konzipiert, daher gibt es keine Fertiggeräte. Dafür bietet das System Ihnen erhebliche Preisvorteile. Es handelt sich um kein kommerzielles Projekt, trotzdem kann es sich von der Leistung her mit derzeitigen Fertigprodukten der bekannten Hersteller absolut messen. Besonders durch die hohe Flexibilität ist MoBaSbS ein hochinteressantes Steuerungssystem, das ganz unabhängig von der Nenngröße eingesetzt werden kann. MoBaSbS generiert am Gleis das DCC- und das Motorola-Format und kann z. B. mit der Software Railroad & Co. „TrainController" von Freiwald gesteuert werden, die das System direkt unterstützt (Info: www.mobasbs.de).

Die Selbstbau-Digitalzentrale MoBaSbS setzt ganz auf den Selbstbau und ermöglicht daher eine flexible Anpassung an Ihre Erfordernisse.

Mobile Station

Die Mobile Station ist ein Digital-Steuergerät von Märklin (Art.-Nr. 60651 oder 60652). Es ist durch die Verwendung auf mehreren Spuren (H0, Spur1) und in vielen Anfangspackungen ein sehr verbreitetes digitales Steuergerät. Die Mobile Station, die Sie in den H0-Startpackungen finden, hat eine maximale Belastbarkeit von 1,2 A, was etwa 24 VA entspricht. Erreicht wird diese Leistung jedoch nur, wenn ein Trafo mit mehr als 24 VA eingesetzt wird. Andernfalls kann die Mobile Station im besten Fall nur die vom Trafo zur Verfügung gestellte Leistung abgeben. In der Praxis ist das durch den Eigenverbrauch und die Verlustleistung aber deutlich weniger. Die Märklin Mobile Station ist die Einsteiger- → *Digitalzentrale* in das Märklin-Digitalsystem. Diese kleine Digitalzentrale unterstützt die Protokolle → *Motorola I und II* sowie → *mfx*. Entscheidender Nachteil der Mobile Station 1 im Vergleich zu vollwertigen Digitalzentralen ist, dass sie in Zusammenarbeit mit reinen Märklin-Komponenten keine Magnetartikel (Weichen, Signale) digital schalten kann. Bei der aktuellen Version Mobile Station 2 ist dieses Manko behoben, zudem ist die Digitalzentrale nun baugleich mit der TRIX Mobile Station 2.

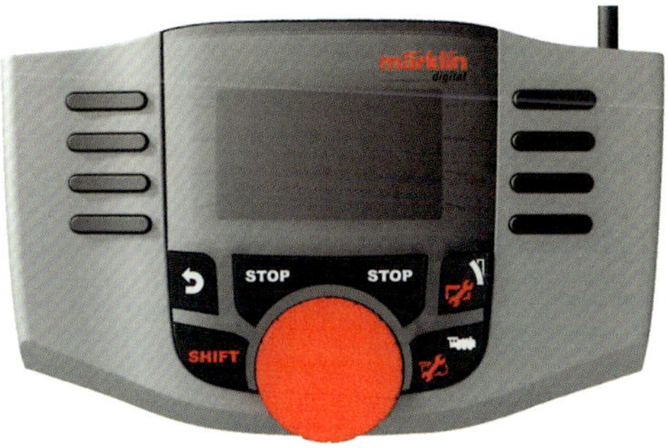

Die Märklin/TRIX-Mobile Station 2 steuert Lokomotiven und schaltet Magnetartikel.

Modellbahn-Epochen

Epochen bestimmen die zeitliche Einordnung der Modellbahn-Artikel, speziell des Rollmaterials, zu einem bestimmten Zeitabschnitt der Realbahn. Dazu wird derzeit die Eisenbahngeschichte in sechs zeitliche Abschnitte unterteilt. Diese Zuordnung zu Epochen erleichtert dem Modellbahner eine zeitgemäße und vorbildnahe Bahnnachbildung. Viele Modellbahner fahren allerdings nicht nur epochengetreu, sondern lassen als Ausweg auch mal „Museumszüge" der Epoche II über Landschaften fahren, die sichtbar nach 1980 anzusiedeln sind. Weitere Infos bietet Ihnen die → *NEM 806 D*.

Modellbahn-Forum

Modellbahn-Foren sind spezielle Plattformen im Internet, auf denen sich Modelleisenbahner austauschen. Die Mitgliedschaft ist normalerweise kostenlos. Um Beiträge zu lesen und zu schreiben, müssen Sie sich allerdings registrieren. Bekannte Foren sind:

– www.drehscheibe-online.de
– www.h0-modellbahnforum.de
– http://stummi.foren-city.de/

TIPP
Auch viele Hersteller bieten informative Foren zu den eigenen Produkten an.

Modellbahn-Motoren
Genau wie die verwendeten Antriebskonzepte unterscheiden sich die elektrischen Modellbahn-Motoren mechanisch und qualitativ sehr, sogar die Betriebsspannung ist unterschiedlich. In der Frühzeit der elektrischen Modellbahn kamen Wechselstrom- oder Allstrom-Motoren zum Einsatz, die Fahrtrichtung wurde durch elektromechanische Polwender umgeschaltet. Moderne Modellbahn-Loks sind meist mit wartungsfreien Gleichstrommotoren ausgerüstet. Unabhängig von der Spannung und Betriebsart am Gleis wird die Betriebs-Gleichspannung des Motors bei digitalen Lokomotiven von dem → *Digitaldecoder* geliefert. Ein sehr hochwertiger Motor ist der → *Glockenankermotor*.

Eine Auswahl an unterschiedlichen Modellbahn-Motoren.

Modellbahn-Öl
Jargonbezeichnung für → *Dampf- und Reinigungsöl*

Modellbahn-Steuerung analog
Die klassische, elektrische Modellbahn benutzt für jedes gesteuerte Fahrzeug einen eigenen Stromkreis. Ein unabhängiges Betreiben mehrerer Fahrzeuge ist nur möglich, wenn mehrere untereinander getrennte Stromkreise oder Blockabschnitte auf der Anlage voneinander getrennt sind. Typisch für diese Art der Modellbahn-Steuerung ist, dass die Geschwindigkeit der Fahrzeuge durch die Änderung der am Gleis angelegten Spannung vorgenommen wird.

Modellbahn-Steuerung digital
Die digitale Modellbahn-Steuerung benutzt keine getrennten Stromkreise mehr, sondern die gesamte Anlage ist ein einziger Stromkreis. Die Betriebsspannung liegt konstant in voller Höhe an. In jedem Fahrzeug, das Funktionen ausführen soll, befindet sich ein → *Digitaldecoder*, der von der Steuerzentrale (→ *Digitalzentrale*) die notwendigen Befehle in Form von digitalen Datenpaketen erhält.

TIPP
Es empfiehlt sich zur optimierten Steuerung und vereinfachten Fehlersuche, auch eine digital gesteuerte Modellbahn-Anlage in elektrische Abschnitte zu unterteilen, die von unterschiedlichen → *Boostern* versorgt werden.

Modellbahn-Uhrzeit
Die richtige Zeit spielt nicht nur bei der Vorbildbahn, sondern auch bei der Modellbahn eine große Rolle. Bei der Simulation eines Tagesablaufs auf einer Modellbahn-Anlage wird daher eine spezielle Modellbahn-Uhrzeit verwendet, die beispielsweise als Basis für das Schalten von Tag- und Nachteffekten verwendet wird. Die Modellbahn-Uhrzeit ist gegenüber der Realzeit erheblich beschleunigt, gängig sind Faktoren von 2 bis 8. Wird ein Stundenfahrplan simuliert, läuft der Fahrplan nach der Modellbahn-Uhr meist 3- bis 4-mal schneller als in der Realität, damit alle Teilnehmer gut beschäftigt sind und der Betrachter mehr von der Betriebssituation in seiner begrenzten Besuchszeit erlebt. Wer seine Modellbahn-Anlage per PC steuert, braucht meist keine separate Modellbahn-Uhr anschaffen, denn diese Funktion ist in den Programmen in aller Regel vorhanden, indem die PC-Systemzeit als Basis für diese Funktion herangezogen wird.

Modellbahnverband in Deutschland e.V.
Der MOBA Deutschland ist der größte deutschsprachige Verband, der sich auf die Interessen der Modelleisenbahner fokussiert. Er versteht sich in erster Linie als Dienstleister

für die ihm angeschlossenen Vereine, Interessengemeinschaften, Einzelmitglieder und Fördermitglieder. Auf allen großen und namhaften Ausstellungen werden die gezeigten Modellbahn-Anlagen im ideellen Teil von MOBA-Mitgliedern organisiert. Für Messen und Ausstellungen, bei denen der MOBA ideeller Träger oder Organisator des Bereiches Modellbahn ist, erhalten Vereine und Interessengemeinschaften, Einzel- und Familienmitglieder je zwei Freikarten sowie auf Anfrage Ermäßigungsgutscheine. Daneben unterstützt der MOBA-Verband den Wettbewerb „Modellbau und Schule" (www.modellbau-und-schule.de) mit Rat und Tat (Infos: www.moba-deutschland.de).

ModellStellwerk

Name eines Windows-Steuerungsprogramms für die digitale Modellbahn. ModellStw (vormals „PctWin") unterstützt die Datenformate Motorola und DCC. In ModellStellwerk wird die Modellbahn von einem Gleisbild auf dem Monitor aus gesteuert, das der deutschen Siemens-Stellwerktechnik → *SpDrS60* nachgebaut ist. Das Programm ist weiterhin vorbereitet für das Programm VideoLok, mit dem eine kamerabestückte Lokomotive von einem zweiten Computer aus über ein PC-Netzwerk gesteuert werden kann. VideoLok verfügt dafür über ein realistisches Fahrpult unter dem Video-Fenster. Voraussetzung für Video-Lok ist eine TV-Tunerkarte im PC. Eine kostenlose Lightversion des Programms für bis zu 16 Weichen und 4 Lokomotiven sowie das deutschsprachige Handbuch als PDF-Datei finden Sie zum Download unter http://home.planet.nl/~helde862/.

Modul

Module sind Teile einer Modellbahn-Anlage, komplett mit Oberbau, Gleisen, Landschaftsbau und aller erforderlichen Technik. Module sind quasi kleine, in sich abgeschlossene Modellbahn-Anlagen, die beliebig hintereinander angeordnet werden können. Die einzelnen Modulkästen werden dabei zu kompletten Anlagen zusammengestellt. Große Vorteile von Modulanlagen sind die Transportmöglichkeit, die flexible Anordnung und Weiterführung der Module. Besondere Aufmerksamkeit beim Modulbau ist den Schnittstellen und Anschlüssen zwischen den Modulen zu widmen, da Modulanlagen im Gegensatz zu einer → *Segmentanlage* eine freizügige Anordnung der Module erlauben. Damit sind Modulanlagen auch für Messen und Ausstellungen ideal, da sie eine flexible Anpassung an die räumlichen Gegebenheiten erlauben. Eine ausführliche Darstellung der Modulnormen aller Baugrößen finden Sie beim → *FREMO* (www.fremo-net.eu).

Modulkasten

Die klassische „Modellbahn-Platte" wird heute mehr und mehr von Modulanlagen verdrängt. Modulanlagen basieren auf einer flexiblen Anzahl von mechanisch und elektrisch kompatiblen Modulkästen. Eine wichtige Anforderung an → *Module* ist, dass sie stabil sein sollen und gleichzeitig nicht zu schwer sein dürfen. Es empfiehlt sich, Modulkästen nach bestehenden Normen zu bauen (→ *FREMO*, → *NORD-Modul*).

TIPP
Wenn Sie die Holzarbeiten an Modulen nicht selbst ausführen möchten, gibt es zwei Alternativen. Modulbau gehört inzwischen auch zum Leistungsangebot etlicher Zubehörlieferanten (z. B. www.joswood.de). Zudem kann sicher auch ein Schreiner an Ihrem Wohnort weiterhelfen.

Mogul

Im amerikanischen System zur Beschreibung der → *Achsfolge* eine Dampflok vom Typ 1'C, Bildschema oOOO

Möller-Antrieb

Der Möller-Antrieb ist eine spezielle Entwicklung, um Eisenbahn-Modelle mit realistischen Zugmassen-Fahreigenschaften auszustatten. Dazu wird das Prinzip der → *Fliehkraftkupplung* eingesetzt. Ein → *Glockenankermotor* treibt in einem Messinghohlzylinder zwei rotierende Schleifbacken an, die bei steigender Drehzahl an die Zylinderinnenwand gepresst werden und erst dann den Kraftschluss mit dem Motor herstellen. Ganz ohne Elektronik erhält ein Triebfahrzeug damit phantastische Fahreigenschaften und einen vorbildgerechten, langen Auslauf. Nachteil dieses Antriebs ist der hohe Preis, der meist den Preis des Ursprungsmodells weit übersteigt. Zudem sind sie inkompatibel mit modernen Modellbahn-

Steuerungen, da diese Modelle durch den extrem langen Auslauf im üblichen, blockorientierten Anlagenbetrieb unfahrbar sind. Durch den langen Auslauf und die fehlende Bremsmöglichkeit werden stromlose → *Blockabschnitte* einfach überfahren. Weiterer Nachteil des Möller-Antriebs ist die vergleichsweise geringe Zugkraft.

Monorail

Der Begriff bedeutet Einschienenbahn. Als Vorbildbahn ist aktuell der Transrapid bekannt. Die Wuppertaler Schwebebahn ist die älteste, noch heute fahrende Einschienenbahn, darüber hinaus sind Monorails insbesondere in Freizeitparks anzutreffen. Es hat mehrere Versuche gegeben, eine Monorail-Bahn als Modell am Markt erfolgreich zu positionieren, bislang sind das allerdings eher Nischenprodukte geblieben. Unter Sammlern sind die Schuco „Alweg Monorail Bahn" aus den 60er-Jahren und das Monorail-Modell von „E-R Models" im Maßstab 1:87 gesuchte Raritäten, die nicht mehr produziert werden. Revell (www.revell.de) hat ein unmotorisiertes Fertigmodell im Maßstab 1:87 gefertigt, das ebenfalls nicht mehr produziert wird, aber gelegentlich noch gebraucht am Markt erhältlich ist (Infos über Vorbild-Monorails und Modelle: www.monorails.org).

MOROP

Abk. für Verband der Modelleisenbahner und Eisenbahnfreunde Europas (www.morop.eu)

Motorola

Die US-Firma Motorola wurde 1928 von den Brüdern Galvin gegründet. Die Galvin Corp. baute 1930 das erste kommerziell erfolgreiche Autoradio der Welt. Dieses Gerät benannten sie mit einer Wortschöpfung aus Motor (motorcar, motion) und ola (Schall, Welle). 1947 wurde dann das Unternehmen auch so umbenannt. Heute ist Motorola ein Telekommunikationsausrüster und durch die Herstellung von Mobiltelefonen bekannt (Infos: www.motorola. com/de). Modellbahnern ist Motorola dadurch geläufig, dass Märklin beim ersten Digitalsystem → *Märklin* Motorola zum Ansteuern des Busses integrierte Schaltkreise (MC145026 bis MC145029) von Motorola verwendet hat. Man spricht deshalb auch vom „Motorola-Format".

Motorregelung

Die Motorregelung ist die Fähigkeit eines → *Digitaldecoders*, eigenständig auf Änderungen der Lastsituation zu reagieren. Bei Talfahrt z. B. drosselt die Motorregelung die Stromzufuhr, um die Fahrgeschwindigkeit konstant zu halten.

Motorschild

Bei einer Vielzahl der klassischen → *Modellbahn-Motoren* ist der → *Anker* des Motors auf einer Seite in einem Motorschild gelagert. Der Motorschild überträgt auch die Betriebsspannung über Motorkohlen (und ggfs. Bürsten) auf den Scheiben- oder Trommelkollektor des Motors (→ *Rundmotor*). Für Reparatur und Wartung kann dieser Motorschild abgenommen werden. Am Motorschild befinden sich oftmals auch → *Entstörelemente*.

Motortest

Bei der elektrischen Modelleisenbahn werden die Triebfahrzeuge von einem Elektromotor angetrieben. Fährt eine Lok nicht, ist also ein Motortest eine der Maßnahmen zur Fehlersuche. Bei den Nenngrößen Spur Z, N, TT und H0 reicht es, eine Blockbatterie mit beiden Polen an verschiedene Stellen der rechts und links gegenüberliegenden Räder zu halten. Aufgrund der 9-V-Spannung müsste der Motor bei Fahrzeugen anlaufen, die eine Gleichstrom-Betriebsart unterstützen.

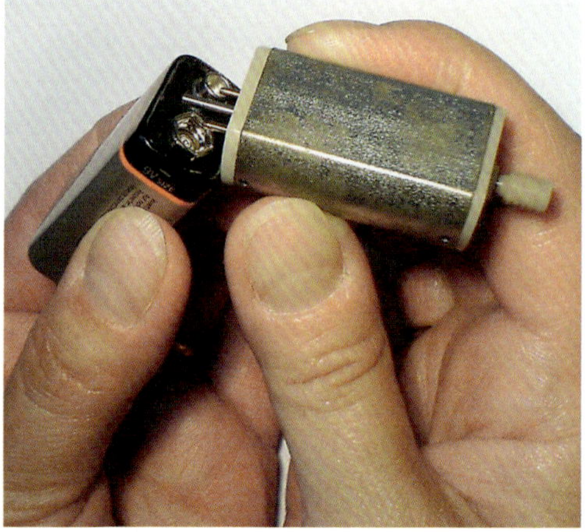

Auch einzelne Elektromotoren für Modellbahn-Fahrzeuge lassen sich mit einer 9-V-Blockbatterie einem Schnelltest unterziehen.

MpC-Classic

MpC ist die Abk. für „Modellbahn-Steuerung per Computer“, die von Gahler & Ringstmeier entwickelt wurde. Die MpC ist eine blockorientierte Modellbahn-Steuerung. Sie wurde 1985 für Gleichstromloks ohne Decoder entwickelt und heißt in dieser Version MpC-Classic. Für Anlagen ohne Lokdecoder gibt es nach Herstellerangaben keine leistungsfähigere Modellbahn-Steuerung als die MpC-Classic. Zugspitze und Zugschluss müssen lediglich eine Belegtmeldung (z. B. durch → *Widerstandslack*) erzeugen. Die Züge können wahlweise manuell gefahren oder mithilfe der diversen Automatikfunktionen vom Programm gesteuert werden. Die Bedienung der Steuerung kann gleichzeitig über die Computertastatur sowie bis zu 4 Stelltische mit zusammen 1.512 Tastern und 2.400 LEDs erfolgen (Infos: www.mpc-modellbahnsteuerung.de).

MpC-Digital

MpC-Digital ist die Abk. von „Modellbahn-Steuerung per Computer – Digital“. Das System der Firma Gahler & Ringstmeier aus Recklinghausen arbeit blockorientiert. Es ist ein modulares System zum vorbildgerechten Steuern digitaler Modellbahnen. Im Gegensatz zum MpC-Classic arbeitet MpC-Digital mit Lokomotiven, die mit einem → *Digitaldecoder* ausgestattet sind. Wie bei der Classic-Variante von MpC wird auch in der MpC-Digital die Anlage durch Schienentrennungen in einzelne → *Blockabschnitte* und anschließend bei Bedarf weiter in Fahr-, Brems- und Halteabschnitte aufgeteilt. Jeder einzelnen Abschnitt erhält einen speziell für Digitalsysteme entwickelten elektronischen MpC-Belegtmelder, der mit dem Computer verbunden wird. MpC-Digital unterstützt alle üblichen Betriebssituationen der Modellbahn. Mit MpC-Digital steht eine Modellbahn-Steuerung für die Digitalsysteme von Märklin, Lenz-Digital-Plus, Selectrix und ZIMO zur Verfügung, die keinen starren Fahrplanbetrieb (z. B. auf der Grundlage vorab zu erstellender Schrittketten) benötigt, sondern die volle Freizügigkeit digitalisierter Loks auf der Basis einer Blocksicherung ermöglicht.

Multimeter

Ein Multimeter ist ein elektrisches/elektronisches Messgerät, mit dem Sie unterschiedliche

Ein einfaches Multimeter zum Messen von Spannungen, Stromstärken und Widerständen.

Messarten und -bereiche mit einem einzigen Gerät erfassen. Im Wesentlichen messen Sie damit Widerstände (Ω), Spannungen (V) und Stromstärken (A). Hochwertige Multimeter bieten auch die Möglichkeit, Frequenzen, Kapazitäten, Induktivitäten und Eigenschaften elektronischer Bauteile (Transistoren, Dioden) zu messen. Während die klassischen Multimeter eine analoge Anzeige in Form eines Zeigerinstruments hatten, sind moderne Multimeter weit überwiegend mit einer digitalen Anzeige ausgestattet. Als Zubehör zur elektrischen Modelleisenbahn sind Multimeter unabdingbar. Insbesondere die Widerstandsmessung (Durchgangsmessung) und die → *Spannungsmessung* werden beim Aufbau und Betrieb einer Modellbahn sowie in der Modellbahn-Werkstatt praktisch permanent benötigt.

TIPP

Einfache Multimeter mit den Grundfunktionen erhalten Sie im Elektronikhandel bereits für unter 10 Euro; diese Geräte verfügen allerdings meist nicht über Überlast- oder Verpolungsschutz.

Multiprotokolldecoder

Als Multiprotokolldecoder werden Digitaldecoder bzw. → *Lokdecoder* oder → *Funktionsdecoder* bezeichnet, die zu mehreren Digitalsystemen kompatibel sind. Die aktuellen Multiprotokolldecoder können in den Digitalsystemen DCC und Motorola eingesetzt werden, und „verstehen“ oft zusätzlich auch das Selectrix-System.

Nachrüstdecoder
Ein Nachrüstdecoder ist ein → *Digitaldecoder* für Triebfahrzeuge (Fahrzeugdecoder). Nachrüstdecoder sind in aller Regel mit einer Steckschnittstelle ausgestattet, sodass sie durch einfaches Aufstecken bzw. Einstecken montiert werden können, und kein Lötvorgang notwendig ist. Modellbahn-Hersteller bieten für die eigenen Fahrzeuge häufig solche Nachrüstdecoder an, denn damit kann der Preis des Fahrzeugs niedrig gehalten werden und man kommt denjenigen Modellbahnern entgegen, die analog fahren und gar keinen Digitaldecoder wünschen. Manchmal sind Nachrüstdecoder auch kombiniert mit Motor- und Getriebeelementen als Set erhältlich, was dann z. B. als „Hochleistungsantrieb“ bezeichnet wird.

Nachschub
Als Nachschub wird bezeichnet, wenn eine Schublokomotive an Steigungen den Zug von hinten schiebt, um die vorne ziehende Lokomotive zu unterstützen. Der Nachschub ist auf analogen Modellbahnen eher schwierig nachzustellen, weil sich die Kräfte der Loks durch unterschiedliche Regeleigenschaften nur unzureichend koordinieren lassen. Bei einer digitalen Steuerung kann die Regelung meist recht einfach durch eine → *Mehrfachtraktionsadresse* organisiert werden.

Nasenlok
Nasenlok ist ein Jargonbegriff für Diesellokomotiven, die an der Front eine auffällige „Nase“ haben, meist bedingt durch die Anordnung eines Scheinwerfers des Spitzensignals. Als Nasenlok werden bei Modellbahnern die dieselelektrische, sechsachsige General-Motors (GM) FA-1 und die französischen Loks der Serie 15000 bzw. der niederländischen Serie 1800 bezeichnet.

National Model Railroad Association
Die NMRA (Nationale Modellbahn Vereinigung) ist die weltgrößte Modellbahn-Vereinigung, und wurde 1935 in den USA gegründet. Ein großer Verdienst der NMRA ist die Entwicklung der NMRA-Standards. Die NMRA brachte dazu Modellbahner, Modellbahn-Hersteller und Modellbahn-Verleger „an einen Tisch“, um Ordnung in das Chaos zu bringen. Die NMRA-Standards sind die Basis dafür, dass die Modellbahn-Modelle des einen Herstellers auf dem Gleissystem des anderen fahren und Modellbahn-Zubehör zusammenpasst. Die NMRA unterhält eine eigene Forschungsbibliothek mit einer umfassenden Sammlung an Modell- und Prototyp-Modellbahn-Büchern, Modellbahn-Zeitschriften, Bahn- und Modellbahn-Fotos und Videos sowie Referenzmaterialien, die der Öffentlichkeit zur Verfügung gestellt werden (Infos: www.nmra.org).

INFO
Scherzhaft wird NMRA mit „No Model Railroading Activities“ (keine Modellbahn-Aktivitäten) übersetzt.

Neigetechnik
Durch Neigungen in Kurven können Fahrzeuge mit Neigetechnik höhere Kurvenfahrten erreichen und so den Personenverkehr beschleunigen. Einen ICE-T Triebzug (BR 4011 der ÖBB) mit funktionierender Neigetechnik für die Nenngröße H0 hat → *Fleischmann* produziert (Art.-Nr. 4760).

NEM
Abk. für „Normen Europäischer Modellbahnen“. Die NEM werden von der technischen Kommission des → *MOROP* definiert. Die NEM sind nicht in allen Bereichen interoperabel mit den → *NMRA-Standards*. Inhaltlich sind die NEM in einem dreistelligen Ziffernsystem organisiert:
000 bis 099 Grundlagen
100 bis 199 Bauwesen
200 bis 299 Elektrische Betriebseinrichtungen
300 bis 399 Fahrzeuge
600 bis 699 Elektrische Bauteile
800 bis 899 Epochen
900 bis 999 Anlagen-Module

NEM-Kupplungsschacht
Dies ist eine Norm-Steckverbindung, die als Träger zur Aufnahme einer → *Kupplung* dient. Vorteil: Durch die einfache Möglichkeit des Tausches der Kupplung kann das Modellbahn-Fahrzeug schnell und einfach kompatibel mit unterschiedlichen Kupplungssystemen gemacht werden. Zudem können rein mechanische Kupplungen auf Wunsch gegen → *stromführende Kupplungen* getauscht werden. Besondere Bedeutung hat der NEM-Kup-

plungsschacht bei der Nenngröße → *H0*. Informationen zum NEM-Kupplungsschacht für Spur N finden Sie in der → *NEM 355*.

Nenngröße

Das Original eines Modells ist im Maßstab 1:1. Modelle im Maßstab 1:1 werden z. B. bei der Entwicklung von Automobilen gefertigt. Ist das Modell kleiner als das Original, benennt die Nenngröße dieses Verhältnis. Beispiel: Beim marktführenden Modellbahn-Maßstab ist das Modell 87-mal verkleinert, die Nenngröße ist daher 1:87. Diese Nenngröße wird vereinfacht auch H0 genannt, andere Nenngrößen sind N oder TT. Während also „Nenngröße H0" eine korrekte Bezeichnung ist, ist „Maßstab H0" keine korrekte Bezeichnung.

Neodym-Magnet

Neodym-Magnete aus Neodym-Eisen-Bor (NdFeB) sind die stärksten Dauermagnete (Permanentmagnete) der Welt. Bei der Modelleisenbahn werden sie einsetzt, um z. B. eine Metallkupplung nach oben zu trennen oder einen Zähl- oder Steuerungsvorgang mittels eines Reed-Elements auszulösen. Das Verwenden der extrem starken Neodym-Magnete beim Modellbau ist allerdings manchmal auch nicht ganz ungefährlich, weil z. B. der Magnet auch Metallelemente der Waggons sehr „anziehend" findet und möglicherweise ungewollte Effekte wie Entgleisungen auslöst. Neodym-Magnete sind in den unterschiedlichsten Formen und Leistungsstärken lieferbar.

TIPP
In einem Reinigungszug tut ein Wagen mit einem Neodym-Magneten beste Dienste. Es ist erstaunlich, was er auf der Anlage alles findet.

Netzteil

Ein Netzteil dient zur Stromversorgung eines elektrischen Endgeräts. Es stellt als eigenständiges Gerät oder Baugruppe den Geräten Betriebsspannung bereit, die eine vom Haushalts-Stromnetz abweichende Spannung oder Stromstärke benötigen. In Deutschland beträgt diese Primärspannung 230 V. Bei der klassischen Modelleisenbahn war das Netzteil zusammen mit dem Fahrregler in einem Gehäuse untergebracht. Der aktuelle Trend geht zur Nutzung externer Netzteile bzw. → *Steckernetzteile*.

Netzteil-Reset

Viele Modellbahn-Anlagen werden per PC, Digital-Interface und Software gesteuert. Wenn der PC allerdings „spinnt", kann das für den Betrieb der Modellbahn-Anlage fatale Folgen haben. In manchen Fällen liegt die Ursache in der Spannungsversorgung des Rechners. Denn das Netzteil eines modernen Desktop-PCs nach ATX-Norm schaltet niemals komplett aus, es bleibt immer die Standby-Spannung von 5 V anliegend. Bei diesem Dauerbetrieb kann es vorkommen, dass sich im Laufe der Zeit im PC-Netzteil und der Spannungsregelung auf dem Mainboard falsche Ladungszustände aufbauen. In dem Fall hilft in vielen Fällen ein „Netzteil-Reset". Auch wenn der Begriff ziemlich unpassend ist – für einen Netzteil-Reset gehen Sie in diesen drei Schritten vor:

1. Schließen Sie alle Dateien und fahren Sie Windows komplett herunter. Falls Sie eine USB-Tastatur einsetzen und die ebenfalls streikt, benutzen Sie den An-/Aus-Taster an der PC-Front, den Sie festhalten, bis Ihr PC sich abschaltet (6 bis 8 Sekunden).
2. Um den PC ganz sicher stromlos zu machen, ziehen Sie das Stromkabel der Spannungsversorgung ab. Nun drücken Sie an der Gehäusefront den Einschaltknopf und halten ihn ca. 30 Sekunden in dieser Position fest. Durch dieses „Einschalten ohne Strom" werden die Kondensatoren entladen und Restspannungen in Netzteil und Mainboard verflüchtigen sich.
3. Danach schließen Sie das Stromkabel wieder an, stellen, sofern vorhanden, den Kippschalter am Netzteil wieder auf I (Ein), schalten Ihren PC wie gewohnt ein und fahren Windows hoch.

TIPP
Einige USB-Geräte funktionieren nach dieser Rosskur automatisch wieder, andere wird Windows möglicherweise als „neue Geräte" erkennen und Treiber einbinden. Nötigenfalls führen Sie Treiberinstallationen nach Herstellerangaben durch.

Netzwerk-Einstellungen

Soll eine Digitalzentrale auf das Internet zugreifen können oder sind mehrere Digitalzen-

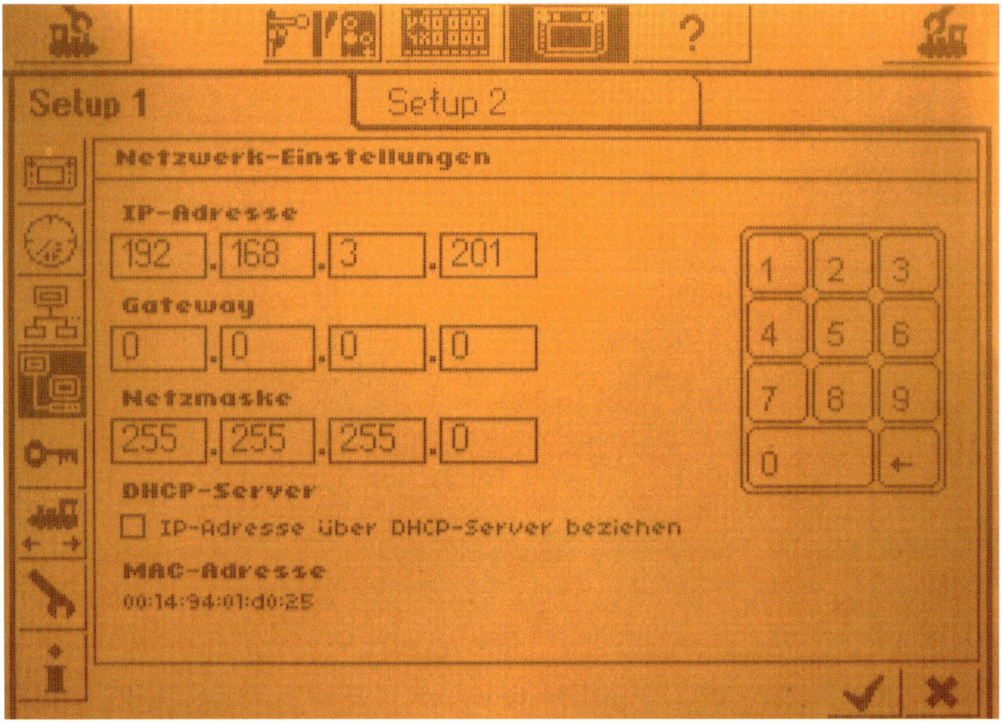

Wie hier bei der Digitalzentrale Central Station 1 müssen einmalig die Netzwerk-Einstellungen für einen Datentransfer wie z. B. ein automatisches Update vorgenommen werden.

N

tralen mit dem Internet-Protokoll TCP/IP vernetzt, müssen die korrekten Netzwerk-Einstellungen vorgenommen werden. Das sind im Wesentlichen die IP-Adresse (Internet Protocol-Adresse), die Netzmaske sowie die Adresse des → *Routers* bzw. Gateways, über den der Internet-Zugang organisiert ist.

Netzwerkkarte

Für den Anschluss einer Modellbahn → *Digitalzentrale* an einen PC wird heute vielfach eine Netzwerkverbindung eingesetzt. Zwar haben moderne PCs serienmäßig einen Netzwerkadapter, bei älteren PCs muss eine solche Netzwerkkarte (NIC = Network Interface Card) in vielen Fällen zugerüstet werden. Netzwerkkarten gibt es für unterschiedliche Bussysteme, bei älteren PCs ist meist eine NIC für den PCI-Bus zu verwenden. Die Vernetzung zweier oder mehrerer PCs und Notebooks ist bei der digitalen Steuerung einer Modellbahn insbesondere dann sinnvoll bzw. erforderlich, wenn die steuernde Software nach einem Client/Server-Prinzip arbeitet (→ *Railware*).

Nietenzähler

So werden im Modellbahn-Jargon diejenigen Modellbahner bezeichnet, die auf genaueste Detaillierung größten Wert legen und sogar die Anzahl der nachgebildeten Nieten stimmen muss. Die Bezeichnung ist unter Modellbahnern keineswegs böse gemeint, allerdings sind „Nz" oft das personifizierte Grauen für die Modellbahn-Hersteller und treiben mit dem hohen Anspruch die Kosten der Produktion der Modelle (z. B. beim Formenbau) in die Höhe. Zumeist sind Betriebs-Modellbahner eher weniger Nietenzähler, da man bei der Fahrt die Details sowieso kaum erkennt. Daher finden sich Nietenzähler insbesondere unter den Sammlern (→ *Vitrinenbahner*).

Niveaugleiche Kreuzung

Bahn-Fachbegriff für den umgangssprachlichen Bahnübergang

NMRA
Abk. für → *National Model Railroad Association*

NORD-MODUL
Eine Modellbahn-Anlage in Form einer Modulanlage zu bauen, findet immer mehr Freunde. Die besonderen Vorteile liegen in der „unbegrenzten Länge“, was dem Vorbildbetrieb näher kommt als eine Modellbahn-Platte. Zudem sind Module transportabel. Die bekannteste Modul-Norm ist die → *FREMO-Norm*, die allerdings für das Mittelleiter-H0-System ohne Anpassungen nicht verwendbar ist. Daher entwickelten Mitglieder des MEC Barsinghausen e.V. ab 1983 für dieses System eine Modulform mit einheitlicher Höhe, einheitlichem Kopfbrett und einer einheitlichen Stromversorgung. Diese Modulform bekam den Namen „NORD-MODUL“ und ist zu einer Quasi-Norm geworden, seit 1986 das NORD-MODUL an die → *NEM* angepasst wurde. Damit wurde sogar ein Übergang zum FREMO-Modul möglich. Als offenes System nimmt das NORD-MODUL bis heute Einfluss auf die Modul-Entwicklungen anderer Modellbahn-Vereine. Die Bauanleitung erhalten Sie beim MEC Barsinghausen e.V. (www.nord-modul.com).

Normalspur
Anderer Begriff für die → *Regelspur*

Notebook
Bezeichnung für einen tragbaren Computer, bei dem das Display im Gehäusedeckel klappbar angeordnet ist. Notebooks (veraltete Bezeichnung: Laptops) werden aufgrund ihrer kompakten Bauweise sehr häufig rund um die digitale Modellbahn eingesetzt, um eine Anlage zu steuern oder Decoder zu programmieren. Für den Einsatz an der Modellbahn ist wichtig, die Kompatibilität des Notebook-Betriebssystems (Windows, Linux, Mac OS) zu der gewählten Modellbahn-Anwendung zu beachten.

Nothalt
Die digitale Modellbahn-Steuerung enthält bei den meisten Digitalsystemen auch ein → *Nothaltsignal*. Das ist ein spezieller Befehl, mit dem der Zug ohne die eingestellte Bremsverzögerung schnellstmöglich zum Stehen kommt. Um den Nothalt (Nothalt-Fahrstufe) auszulösen, gibt es bei den modernen Digitaldecodern spezielle Befehle, die von der Digitalzentrale an den Decoder im Triebfahrzeug gesendet werden. Allerdings sind bislang weder die Signale noch die Verfahren zum Auslösen des Nothalts einheitlich umgesetzt. In vielen Fällen wird der Richtungswechsel-Befehl während der Fahrt vom Fahrzeugdecoder als Nothalt interpretiert.

Nothaltsignal
Das akustische Nothaltsignal (Sh 5) der Vorbildbahn besteht aus drei kurzen Tönen mehrmals hintereinander. Damit soll in einer Gefahrensituation eine Rangier- oder Zugfahrt sofort angehalten werden. Das Nothaltsignal konnte als Horn- oder Pfeifsignal abgegeben werden, im Notfall wurden in früheren Epochen auch 3 Knallkapseln in passendem Abstand auf eine Schiene gelegt. Da das bei der Modellbahn eher sinnfremd ist, gibt es dort spezielle Verfahren zum → *Nothalt*.

Nullmodemkabel
Ein Nullmodemkabel ist ein Kabel, das die direkte Verbindung von Endgeräten über eine serielle Schnittstelle ermöglicht. Die Leitungen Senden (TxD) und Empfangen (RxD) sind für die Direktverbindung gekreuzt. Nullmodemkabel sind standardmäßig mit Sub-D-9- oder Sub-D-25-poligen Buchsen (weiblich) ausgestattet, wie sie im PC-Bereich üblich sind. Bei der Modellbahn werden Nullmodemkabel auf älteren Digitalsystemen eingesetzt, um eine → *Digitalzentrale* mit einem PC zu verbinden. Startet man auf den verbundenen Geräten zumindest ein Terminalprogramm, können Sie bereits Daten übertragen.

Nur-Lese-Register
Unter den Registern eines → *Digitaldecoders* gibt es einige Nur-Lese-Register, in die der Anwender keine eigenen Werte programmieren kann. Dazu zählen CV 7 (Versionsnummer), CV 8 (Herstellerkennung) und CV 30 (Fehlermeldung).

Oberleitung
Eine elektrisch funktionsfähige Oberleitung war zu Beginn der elektrischen Modellbahn eine verbreitete Möglichkeit, mittels einer zusätzlichen, unabhängigen Spannungseinspeisung ein weiteres Fahrzeug unabhängig von anderen Fahrzeugen auf demselben Gleis zu steuern. Da das heute einfach und mit weniger Aufwand durch die digitalen Komponenten zu bewerkstelligen ist, werden auf neuen Anlagen praktisch keine funktionstüchtigen Oberleitungen mehr gebaut. Hier spielen dann nur noch die Aspekte des möglichst vorbildnahen Modellbaus eine Rolle. Die bekanntesten Anbieter von Oberleitungs-Komponenten sind die Firmen Sommerfeldt (www.sommerfeldt.de) und Viessmann (www.viessmann-modell.de).

Ochsenlok
Ochsenlok ist der Spitzname für die Dampfloks der Baureihe 41. Der Name rührt daher, dass die ersten Loks der BR41 als Zugloks für Viehtransporte (Viehzüge) eingesetzt wurden. Eingesetzt wurden diese Loks mit vier Kuppelachsen und der Achsfolge 1'D 1' bis 1977. Auf Modellbahn-Anlagen ist die Baureihe 41 recht verbreitet, da sie sowohl vor Güter- als auch vor Personenzügen zum Einsatz kam und heute noch als Museumslok im Einsatz ist.

Ölen
Wichtiger Wartungsvorgang bei Modellbahn-Fahrzeugen (→ *Einölen*)

OpenDCC
OpenDCC ist eine Digitalsteuerung für die Modellbahn. Wie bei den → *OpenSource-Programmen* für den PC sind auch bei OpenDCC der Schaltungsaufbau und der Programm-Quellcode der zugehörigen Prozessorprogrammierung offen zugänglich und lizenziert unter der GPL. OpenDCC wird zum größten Teil aus Standard-Elektronikkomponenten und -bauteilen erstellt. Trotzdem ist das OpenDCC-System nur für Modellbahner mit fortgeschrittenem Elektronikwissen zu empfehlen, denn es werden viele SMD-Bauteile verwendet. Die OpenDCC-Zentrale unterstützt den → *s88-Bus*, das → *XpressNet* sowie die COM- und USB-Schnittstelle, aber keine Protokolle von Märklin (Motorola, mfx Systems; Infos: www.opendcc.org).

OpenOffice.org
Für die Plattformen Windows und Linux ist OpenOffice.org die leistungsfähigste kostenlose Büro-Software. Für Modellbahner ist das Programm insbesondere durch das enthaltene Datenbankmodul „Base“ sehr nützlich, mit dem Sie z. B. auch Daten zu Ihrer Modellbahn (Digitaladressen, Lok-Datenbank, Sammlungen) verwalten können. Den Download des deutschsprachigen Office-Pakets erreichen Sie direkt unter http://de.openoffice.org/.

OpenSource
Mit OpenSource (quelloffene Software) werden Programme bezeichnet, die beliebig kopiert, verbreitet und genutzt werden dürfen. In der praktischen Nutzung ist OpenSource sinngleich mit freier Software. Es wird in aller Regel die anerkannte freie Lizenz GNU GPL (GNU General Public License) verwendet. Auch eine stetig wachsende Zahl von Modellbahn-Programmen ist OpenSource und damit kostenlos nutzbar.

Optokoppler
Wie eine → *LED* gehört auch der Optokoppler zu den optoelektronischen Bauteilen. Ein Optokoppler besteht aus einem optischen Sender, typischerweise eine LED, und einem optischen Empfänger, häufig ein Fototransistor, die meist in einem lichtundurchlässigen Gehäuse (DIL-Gehäuse) angeordnet sind. Die Funktion ist daher von außen nicht sichtbar. Optokoppler werden meist zur galvanischen Trennung (Potenzialtrennung) von Stromkreisen eingesetzt.

OPW
Abk. für Obstschi Park Wagonow (→ *Gemeinsamer Güterwagenpark*)

OS
Abk. für Operating System → *Betriebssystem*

Pacific
Im amerikanischen System zur Beschreibung der → *Achsfolge* eine Dampflok vom Typ 2'C1', Bildschema ooOOOo

Panto
Jargon-Abk. für → *Pantograph*, einen → *Dachstromabnehmer*

Pantograph
Bei einem Pantograph (auch: Pantograf, griech. Allesschreiber) handelt es sich bei der Bahn um einen Dachstromabnehmer. Mit Pantographen sind Elektrolokomotiven ausgestattet, selten auch Spezialfahrzeuge (→ *Turmtriebwagen*) oder Speisewagen. Zu unterscheiden sind die grundlegenden Bauformen als Scheren- oder Einholm-Stromabnehmer. Die Pantographen-Bauformen unterscheiden sich auch je nach → *Epoche*. Der Oberleitungsbetrieb und die Stromzufuhr über die Pantographen ist bei den kleineren Maßstäben der Modellbahn allerdings recht aufwendig, beispielsweise fahren Schauanlagen, meist auch E-Loks, abgebügelt. Zudem gibt es Hobby-Modelle mancher Hersteller, die mit Pantographen ausgestattet sind, die mechanisch funktionstüchtig sind, allerdings keinen elektrischen Anschluss besitzen. Für einen echten Oberleitungsbetrieb sind diese Pantographen also nicht brauchbar.
Auf manchen klassischen Modellbahn-Anlagen wurde mithilfe der Pantographen ein einfaches Zwei-Zug-System realisiert, indem ein Zug seine Betriebsspannung aus dem Gleis entnahm und der zweite Zug mit einer E-Lok bespannt wurde, die die Spannung über den Pantographen aus der Oberleitung bezog. Pantographen für Reparatur oder Nachrüstung bietet u. a. die Firma Sommerfeldt (www.sommerfeldt.de).

Parallelgleisabstand
Der Parallelgleisabstand beschreibt von Gleismitte zu Gleismitte gemessen den vom Hersteller empfohlenen Mindestabstand zwischen zwei geraden Gleisen eines Systems. Ein vorbildnaher, geringer Parallelgleisabstand auf der geraden Strecke kann bei vielen Gleissystemen nicht in den Gleisbögen beibehalten werden. Gründe hierfür sind z. B. Bettungsgleise mit unpassenden Radien oder enge Gleisbögen, bei denen Waggons mit Drehgestellen zu stark einlenken.

Parallelschaltung
Bei einer Parallelschaltung werden mehrere elektrische Elemente bzw. Verbraucher gemeinsam an eine Spannungsquelle angeschlossen. Damit liegt für alle dieselbe Spannung an. Für Berechnungen der Spannungs- und Widerstandswerte gelten die Kirchhoffschen Gesetze. Das Gegenteil der Parallelschaltung ist die → *Reihenschaltung*.

Patch-Kabel
Bei der Verkabelung einer Modellbahn-Anlage können Komponenten wie Rückmelder nach der Norm s88-N mit Patch-Kabeln verbunden werden. Patch-Kabel sind Standard-Netzwerkkabel in der IT-Technik und in den Qualitäten → *FTP* und → *S-FTP* erhältlich. Die Steckernorm ist RJ-45.

Paternoster
Gängige Kurzform von Paternosteraufzug. Ein Paternoster ist ein kettenbetriebener Umlaufaufzug, mit dem Modellbahn-Triebfahrzeuge oder ganze Züge zwischen den Ebenen einer Modellbahn-Anlage verschoben werden können. Der Paternoster dient dabei gleichzeitig als Magazin, um Züge schnell und ohne Auf- und Abgleisen in den Fahrbetrieb integrieren zu können. Ein Paternoster ist somit insbesondere eine platzsparende Alternative zum Bau eines → *Schattenbahnhofs*.

Ein Paternoster zum Aufbewahren von kompletten Zügen in der Spur 1.

Patinierung
Unter der Patinierung versteht der Modellbahner die farbliche Aufbringungen von Schmutz-, Witterungs- und Abnutzungsspuren, insbesondere auf den Modellen des Rollmaterials. Für

die Patinierung wird bevorzugt das Dry-Brush-Verfahren wie auch Airbrush eingesetzt. Die Patinierung wird auch als Altern bezeichnet und findet zusammen mit anderen Maßnahmen oft beim Supern eines Modells Anwendung. Eine professionelle Patinierung wird bei Modellen in großen Maßstäben oft am demontierten Modell bzw. seinen äußeren Bauteilen durchgeführt. Gelegentlich bieten auch Großserienhersteller farblich gealterte Modelle an, diese Modelle sind aufgrund der zusätzlichen Handarbeit in aller Regel teurer als Modelle ohne Patinierung.

PC

Abk. für → *Personal Computer*

PCB

Abk. für → *Printed Circuit Board*

PC-Steuerung

Im Jargon wird darunter die Steuerung einer digitalen Modellbahn-Anlage per PC oder Notebook unter Verwendung eines Steuerungsprogramms verstanden. Eine solche PC-Steuerung ermöglicht es, Teile oder den gesamten Betrieb zu automatisieren. Grundvoraussetzung dazu sind u. a. entsprechende Rückmeldeeinrichtungen. Die PC-Steuerung der Modellbahn entspricht adäquat dem heutigen Standard bei der Vorbildbahn. Fälschlich wird die PC-Steuerung häufig als Alternative zur manuellen Steuerung per Fahrgerät bzw. → *Digitalzentrale* gesehen; das ist jedoch eigentlich nicht der Sinn dieses hohen technischen (und meist auch finanziellen) Aufwands.

PctWin/PcTreinControl

Frühere Namen des Steuerungsprogramms → *Modell Stellwerk*

PDA

PDA ist die Abk. für Personal Digital Assistent. Es handelt sich hierbei um mobile Kleinstrechner zum Speichern von Adressen, zur Verwaltung von Terminen und organisatorischen Aufgaben. Teils werden die Geräte daher auch als „Organizer" bezeichnet. Es hat mehrere Versuche gegeben, auf PDAs auch Programme zur Modellbahn-Steuerung zu

Ein Leitstand einer großen Modellbahn-Schauanlage wie hier der → Miniaturwelt Oberhausen gleicht mehr oder weniger einem modernen, elektronischen Stellwerk der Deutschen Bahn.

P

etablieren. Da jedoch die PDAs am Markt durch die Smartphones zunehmend abgelöst werden, sind solche Entwicklungen inzwischen selten. Der Trend geht zu Smartphones, die sich per kabellosem, lokalem Netzwerk (WLAN) mit einem PC verbinden, auf dem eine Modellbahn-Steuerung läuft.

PDF
Abk. für Portable Document Format. Es handelt sich um einen von der Firma Adobe entwickelten wichtigen Standard für den Austausch elektronischer Dokumente, die Texte, Bilder und Animationen enthalten. Der Vorteil dieses Formats ist die Plattformunabhängigkeit, sodass Sie die Darstellung mit verschiedenen Geräten vom Handy bis zum Großrechner und unterschiedlichen Betriebssystemen (Linux/Solaris, Windows, MacOS X, Smartphones, PDAs etc.) vornehmen können. Die meisten elektronischen Dokumente zur Modellbahn wie Handbücher und Explosionszeichnungen sind in diesem Format erstellt. Die jeweils neueste Version des Darstellungsprogramms („Reader") für Ihr Betriebssystem finden Sie im Internet unter www.adobe.com/de/products/acrobat/readstep2.html.

Pendelzugstrecke
Eine Pendelzugstrecke ist eine Figur des → *Gleisplans*. Insbesondere wenn kein Platz für Kreisbögen ist, stellt die Pendelzugstrecke eine Alternative dar, z. B. für schmale Regalanlagen, für die nur wenig Tiefe zur Verfügung steht. Eine Pendelzugstrecke verbindet zumeist ein- oder zweigleisig zwei Orte auf einer Anlage. Zur automatischen Steuerung einer Pendelzugstrecke gibt es für den analogen Betrieb Steuerungsmodule. Beim digitalen Betrieb sind entsprechende Rückmelder erforderlich, die Steuerung des Pendelzugs beherrschen die gängigen → *Digitalzentralen* meist über eine integrierte Pendelzugsteuerung. Die → *Rückmeldung* an die → *Digitalzentrale* über den Aufenthaltsort des Zuges wird mittels → *Reedkontakt*, Schalt- oder → *Kontaktgleis* ausgelöst. Zudem unterstützten alle PC-Steuerprogramme den Betrieb einer Pendelzugstrecke.

Permanentmagnet
Ein Permanentmagnet (Feldmagnet) ist ein Dauermagnet, der in den Triebfahrzeugen für den Antrieb mittels Gleichstrommotor benötigt wird. Passende Permanentmagneten für die Nachrüstung alter → *Allstrommotoren* in Märklin-Fahrzeugen zum Ersatz der Feldwicklung bietet u. a. ESU (www.esu.eu).

Perron
Eine schweizerische Bezeichnung für → *Bahnsteig*, früher auch in Österreich und Deutschland gebräuchlich

Personal Computer
Ursprünglich ein Arbeitsplatz-Rechner, 1980 entwickelt vom Hersteller IBM. PCs werden heute in einer Vielzahl von Gehäusen und Platinen (Formfaktoren) gebaut. Prägendes Merkmal der PC-Technik ist seitens der Hardware die → *Kompatibilität* wesentlicher Baugruppen und Teile zwischen unterschiedlichen Herstellern. Daher läuft auf Standard-PCs eine Vielzahl von Programmen, auch zur Modellbahn-Steuerung sind PCs die wichtigste Plattform. Als Betriebssysteme kommen im Wesentlichen → *Windows* sowie → *Linux* zum Einsatz.

Personenzug mit Güterbeförderung
Bei der Reichsbahn der DDR gab es diese Variante eines → *gemischten Zugs* bis Anfang der 90er-Jahre noch. Dabei werden an einen Personenzug ein oder mehrere Güterwaggons angehängt (→ *Zugbildung*).

Pertinax
Es handelt sich bei Pertinax um einen Faserverbundwerkstoff aus Papier und Phenol-Formaldehyd-Kunstharz. Auch in der Modellbahntechnik wird dieser nicht leitende Werkstoff als Trägermaterial der elektronischen Bauteile z. B. für Decoder und andere Leiterplatten (Platinen) verwendet.

Pfannkuchenmotor
Jargonbegriff für alte → *Rundmotoren*, speziell der Hersteller Fleischmann und LIMA

Phasenlage
Werden Wechselstrom-Transformatoren an den Haushaltsstrom angeschlossen, kann die Primärspule des Trafos von zwei Seiten am potenzialführenden Leiter angeschlossen werden, je nachdem, wie herum der Stecker in die

Steckdose eingeführt wird. Wenn Sie beim Betrieb einer analogen Modellbahn mit Wechselstrom beim Überfahren einer Trennstelle deutliche Funken am Mittelschleifer bemerken, haben die beiden beteiligten Transformatoren wahrscheinlich eine entgegengesetzte Phasenlage, die zu einer Differenzspannung führt. Sie beheben diesen Fehler, indem Sie die → *Transformatoren* synchronisieren.

PhoneControl
Es handelt sich bei PhoneControl um einen Adapter, der den Anschluss eines handelsüblichen, schnurlosen Telefons an die digitale Modellbahn-Steuerung ermöglicht. Sie können damit das Mobilteil jedes schnurlosen DECT-Telefons als externes Steuergerät am Digitalsystem „EasyControl" verwenden. Durch die große Reichweite von DECT-Telefonen ist eine sichere Funktion auch über eine große Entfernung gegeben. Sie können damit folgende Funktionen steuern: Adressen von Lok- und Funktionsdecodern aufrufen, Steuerbefehle für die Lok- oder Funktionsdecoder eingeben, Schaltbefehle für die Schalt- und Weichendecoder eingeben. Das PhoneControl ist mit oder ohne Display lieferbar. Das Display zeigt die zuletzt aufgerufene Decoderadresse, den Loknamen, das zugeordnete Datenformat, die eingestellte Fahrstufe, die Fahrtrichtung und die eingeschalteten Funktionen an. Da an dem Telefon selbst nichts verändert wird, eignet es sich nach dem Anschluss an die Telefondose auch weiterhin zum Telefonieren (Info: www.tams-online.de).

Pickerl
Österreichische Jargonbezeichnung für → *Punktkontakt*

Piezo-Motor
Ein Piezo-Motor (auch: piezoelektrischer Motor, Ultraschallmotor) ist ein Subminiaturantrieb, mit dem sich auch kleinste Bewegungen in Modellen der Modelleisenbahn realisieren lassen. Ein Piezo-Motor besteht aus einem feststehenden Teil (Stator) und einem beweglichen Teil (Rotor). Durch den piezoelektrischen Effekt wird das piezokeramische Element im Stator verformt, was sich z. B. durch ein Getriebe oder einen Übertragungsarm auch in eine Drehbewegung umsetzen lässt. Das Arbeitsprinzip des Piezo-Motors ist mit einem Schrittmotor vergleichbar, läuft aber bis zu hunderttausendmal pro Sekunde ab. Der erste Einsatz von Piezo-Motoren bei der elektrischen Modelleisenbahn wurde von Märklin vorgenommen. Die Piezo-Technologie kam 2003 erstmals bei einem Märklin-Modell zum Einsatz (E-Lok BR 103.1 Art.-Nr. 39579). Auch beim Märklin-H0-Modell des → *Turmtriebwagens* bewegen sich Pantograph und Arbeitsbühne mittels Piezo-Motorentechnologie.

INFO
Piezo-Motoren kommen zunehmend auch in Digitalkameras zum Einsatz, z. B. um den Autofokus des Objektivs einzustellen.

PIKO
Name eines der großen deutschen Hersteller von Modellbahn-Rollmaterial und -Zubehör. Der Name wurde zusammengesetzt aus Pionier-Kombinat. PIKO wurde 1949 in Chemnitz gegründet, Mitte der 50er-Jahre zog PIKO nach Sonneberg (Thüringen), wo der Firmenhauptsitz auch heute noch ist (Infos: www.piko.de).

Piktogramm
Ein Piktogramm ist ein Symbol, das als Sinnbild für eine bestimmte Aktion steht. Piktogramme kennen Sie z. B. in Form der Verkehrsschilder. Bei der Modellbahn sind es nicht nur bahntypische und elektrische Piktogramme, die anzutreffen sind. Insbesondere benutzen → *Digitalzentralen* mannigfaltig Piktogramme als Sinnbilder für Steuerungsfunktionen bzw. deren Status.

Pilzschleifer
Elektrischer Schleifer in Pilzform, der unter einem Triebfahrzeug angebracht ist. Pilzschleifer dienen dem Schalten von Funktionen über ein spezielles → *Schaltgleis*. Insbesondere die H0-Triebfahrzeuge von Fleischmann für das Zweileiter-System sind mit einem Pilzschleifer ausgestattet.

Pizzaschneider
Jargonausdruck für Radsätze mit unmaßstäblich hohen Radkränzen (→ *RP-25*)

PK
PK ist die Abk. für Pufferküsser. Damit werden im Jargon allgemein Männer bezeichnet,

deren Hobby die intensive Beschäftigung mit Eisenbahn und/oder Modellbahn ist. Zwar klingt Pufferküsser eher freundlich-provokativ als böse, trotzdem kann sich jemand mit dieser Titulierung auch beleidigt fühlen.

Plandampf
Als Plandampf wird der Einsatz von Museums-Fahrzeugen, speziell Dampflokomotiven, im Regelbetrieb bezeichnet. Da diese Fahrzeuge sich dann nach dem Fahrplan richten müssen, hat sich die Bezeichnung Plandampf für diesen besonderen Vorbildbetrieb in den Eisenbahn-Jargon eingebürgert. Interessant an dieser deutschen Sprachschöpfung: Auch französisch- und englischsprachige Museumseisenbahner haben den Begriff übernommen, sodass es keine Übersetzungen gibt. Für Modelleisenbahner ist Plandampf (ähnlich wie der Einsatz von Museumszügen) gelegentlich eine gute Ausrede, wenn z. B. eine 50er-Jahre-Zuggarnitur auf einer Modellbahn-Anlage mit sichtbar jüngerer Epochendarstellung fährt.

PluX-Schnittstelle
Der Standard PluX ist als → *NEM 658* im Jahr 2008 zum sicheren Austausch von → *Digitaldecodern* und anderen Elektronikbaugruppen normiert worden. Der PluX-Steckverbinder kann aus 8-, 12-, 16- oder 22-poligen Steckverbindern bestehen. Die PluX-Schnittstelle kann bei allen Fahrzeugen mit Gleichstrommotoren bzw. → *Funktionsdecodern* eingesetzt werden.

POM
Abk. für → *Programming on Main*

Potenziometer
Ein veränderlicher Spannungsteiler, der die einfache manuelle Einstellung eines Widerstandswertes erlaubt. Digitale Modellbahn-Loks der ersten Generation enthalten oft Drehpotenziometer für das Einstellen von Höchstgeschwindigkeit, Anfahr- und Bremsverhalten, die per Schraubendreher eingestellt werden.

Power-LED
Power-LED ist die Bezeichnung für eine Leuchtdiode, die den aktiven Betriebszustand eines Geräts anzeigt. Die leuchtende Power-LED zeigt Ihnen, dass das Gerät, z. B. eine Modellbahn-Digitalzentrale, mit Strom versorgt wird und eingeschaltet ist. Da sich bei andauernden Kurzschlüssen die Modellbahn-Digitalzentralen in aller Regel selbsttätig abschalten, zeigt Ihnen die Power-LED indirekt auch einen möglicherweise vorliegenden Kurzschluss an.

WICHTIG
Beheben Sie eine Kurzschlusssituation in jedem Fall, bevor Sie das System wieder einschalten. Andernfalls können z. B. Leitungen schmoren und sogar ein Brand ausgelöst werden.

Präambel
Als Präambel werden in einem Modellbahn-Digitalformat die Synchronisations-Bits bezeichnet, die vor den eigentlichen Datenbytes gesendet werden. Im DCC-Basis-Datenpaket besteht die Präambel aus der Sendung von mindestens 10 x einer digitalen 1.

Preiserlein
Eine liebevolle Bezeichnung von Modellbahnern für die kleinen Figuren, die eine Modellbahn-Anlage bevölkern, oft auch als „Preiserlinge" bezeichnet. Der Name wurde ursprünglich abgeleitet vom Hersteller Preiser, der solche Figuren seit 1949 in hoher Qualität bemalt und unbemalt herstellt. Die Figuren wurden in den ersten Jahren aus Holz geschnitzt, seit den Sechzigerjahren im Kunststoffspritzguss-Verfahren hergestellt. Die Bezeichnung Preiserlein wird im Modellbahner-Jargon inzwischen für Figuren sämtlicher Hersteller verwendet, also zum Beispiel auch solchen von FALLER, NOCH, Saxonia und Vollmer (Infos: www.preiserfiguren.de).

Prellbock
Ein Prellbock ist das Endstück einer Gleisverbindung. Damit Züge nicht über diesen Gleisabschluss hinausrollen und entgleisen, sind Prellböcke so beschaffen, dass sie beim Aufprall eines Zuges möglichst viel Energie aufnehmen, damit der Zug möglichst unbeschädigt bleibt. Bei der Vorbildbahn gibt es eine sehr große Vielfalt von Prellböcken, bei den Gleissystemen der Modellbahn-Großserienhersteller meist nur 1 oder höchstens 2 unterschiedliche

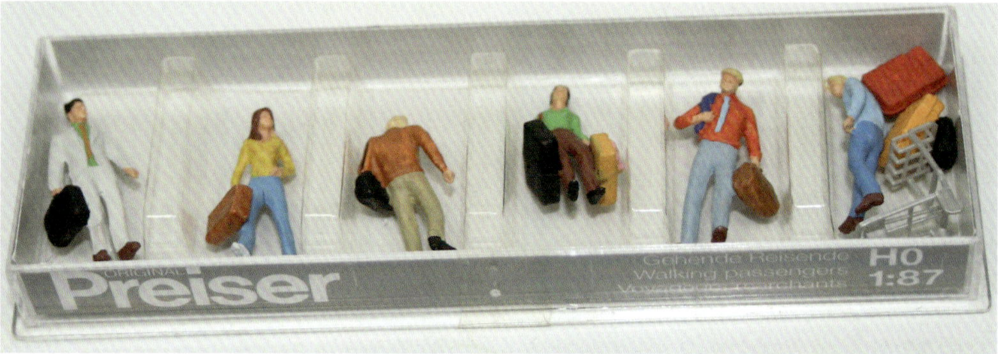

So kommt Leben auf Ihre Anlage: ein Preiser-Figurenset „Reisende".

Ausführungen. Es ist also für einen vorbildnahen Prellbock für eine bestimmte Epoche meist ein Prellbock eines Zubehörlieferanten oder ein Selbstbau die schönere Lösung. In Deutschland steht vor Prellböcken am Ende von Hauptgleisen das Schutzhaltsignal Sh 2, vor dem Ende eines Nebengleises Sh 0.

Gleisabschlusselement mit Prellbock für die Spur H0 (Märklin → K-Gleis).

Printed Circuit Board

Allgemeine Bezeichnung für eine Platine, die Träger einer elektronischen Schaltung ist. Auf dem PCB sind die elektronischen Bauteile aufgelötet bzw. werden in einem Lötbad mit der Platine verbunden. Ein besonders bekanntes PCB ist die Hauptplatine (Mainboard, Motherboard) eines PCs oder einer → *Digitalzentrale*.

Die Hauptplatine der Märklin Central Station 2: Der blaue Pfeil markiert den Zentralprozessor, der rote Pfeil zeigt auf den Grafikprozessor.

Bei der Modellbahn basieren auch alle Digitalzentralen auf einer solchen spezifischen Hauptplatine. PCBs können einseitig, zweiseitig oder in mehreren Lagen aufgebaut sein, die als Layer bezeichnet werden.

Privatbahnen

Private Unternehmen, die auf dem Logistiksektor arbeiten, werden in Abgrenzung zu den Staatsunternehmen als Privatbahnen bezeichnet. Die ab Epoche V stetig zunehmende Zahl der Privatbahnen erzeugt auch auf Modellbahn-Anlagen ein besonders buntes Bild, denn gleiche Loks werden in völlig unterschiedlichen Lackierungen ausgeführt.

Profilhöhe

Mit der Profilhöhe ist die Höhe einer Schiene vom Schienenfuß bis zur Schienenoberkante gemeint. Die Profilhöhe unterscheidet sich nicht nur je nach Nenngröße und Spurweite. Auch für dieselben Fahrzeuge einer Nenngröße gibt es meist mehrere Gleissysteme, die unterschiedliche Profilhöhen verwenden. Die gewünschte Profilhöhe darf dabei nicht zu klein sein, dann schlagen die Spurkränze der → *Radsätze* auf das Schwellenband oder die Nachbildungen der Kleineisenteile auf; oft ist dann auch die Laufsicherheit auf Weichen mangelhaft. Ist die Profilhöhe zu groß, stellt hingegen der optische Eindruck fortgeschrittene Modellbahner oft nicht zufrieden (→ *Fine-Scale-Radsätze*).

TIPP

Bevor Sie sich endgültig für ein Gleissystem mit einer bestimmten Profilhöhe entscheiden, sollten Sie die unterschiedlichsten Fahrzeuge Ihres Rollmaterials auf einer Teststrecke prüfen. Spätere Umrüstungen der Radsätze sind teuer, bei Triebfahrzeugen sogar vielfach unmöglich.

Programmiergleis

Ein Programmiergleis ist in aller Regel kein Teil der Anlage, sondern zumindest elektrisch getrennt. Auf einem Programmiergleis werden die Konfigurationsvariablen des Digitaldecoders eines Triebfahrzeugs programmiert. Damit nicht auch andere Fahrzeuge versehentlich umprogrammiert werden, ist das Programmiergleis nicht mit dem Gleisbild der Anlage verbunden. Der Programmiergleis-Anschluss an einer → *Digitalzentrale* unterscheidet sich von den anderen Gleisanschlüssen durch eine reduzierte elektrische Leistung, oft 0,25 oder 0,5 A. In Werkstätten werden oft Rollenprüfstände auch als Programmiergleis verwendet.

Programmierkabel

Ein Programmierkabel wird im Digitalsystem von Roco verwendet, um den digital gesteuerten Weichen die Digitaladresse einzuprogrammieren. Mit dem Anschluss des Programmierkabels wird manuell festgelegt, welche der Weichen programmiert werden soll. Nach dem Herstellen der Kabelverbindung findet die eigentliche Programmierung dann mit den Steuergeräten Roco Lokmaus bzw. Roco Multimaus statt.

Programmiertaste

Eine Programmiertaste finden Sie z. B. auf Magnetartikeldecodern. Wenn Sie die Programmiertaste betätigen, versetzen Sie den Decoder in den Programmiermodus. In den meisten Fällen bestätigt der Decoder diese Betriebsart durch ein bestimmtes Signal, z. B. eine LED leuchtet auf oder die Weichenzunge einer angeschlossenen Weiche bewegt sich. Danach wird dann z. B. die folgende von der Zentrale gesendete Adresse als neue Betriebsadresse programmiert oder ein bestimmtes Betriebsverhalten eingestellt.

Programming on Main

Dt. „Programmieren auf dem Hauptgleis". Es handelt sich hierbei um eine beim Verwenden des Protokolls → *DCC* anzutreffende Möglichkeit, anstelle der Programmierung auf einem → *Programmiergleis* die Programmierung von → *Lokdecodern* direkt auf dem Hauptgleis durchzuführen. Dieses praktische Verfahren setzt allerdings voraus, dass die Lokadresse bekannt ist. Andernfalls muss doch ein Programmiergleis benutzt werden.

WICHTIG
Bei dieser Programmierart darf sich immer nur eine Lok mit der zu programmierenden Decoderadresse auf dem Gleis befinden, da sonst alle Lokdecoder programmiert werden.

PROM

Ein PROM ist ein Nur-Lese-Programmspeicher (Programmable Read Only Memory). Dieser Speichertyp wird z. B. für das Steuerprogramm in → *Digitalzentralen* eingesetzt.

Prozessortakt

Unter Prozessortakt (CPU-Takt) wird die interne Taktung (Core-Takt) der CPU verstanden. Der Prozessortakt ist entscheidend für die Arbeitsgeschwindigkeit eines Rechners. Modellbahn-Steuerungsprogramme nennen in den Hardware-Anforderungen auch immer den mindestens notwendigen Prozessortakt (CPU-Geschwindigkeit), um ein Programm auf einem PC oder Notebook betreiben zu können. In der Ur-Zeit des PCs war das ganze System mit einem Takt versorgt, also CPU, Bus, Speicher waren gleichgetaktet. Heute sind diese Komponenten getrennt, um einzeln auf mehr Leistung zu kommen. D. h. es gibt im System einen Taktgeber (Quarz), der aber über den Chipsatz ganz unterschiedliche Funktionstakte für die Baugruppen erzeugt. Das ist bei manchen Rechnern in gewissem Rahmen im BIOS des Systems einstellbar.

Puffer

Puffer dienen bei der Vorbildbahn der Übertragung von Stoßkräften, beispielsweise, wenn ein Zugverband von einer Lok geschoben wird. Eine wichtige Funktion haben die Puffer auch bei der Zusammenstellung von Güterzügen, denn die gefederten Puffer reduzieren den Aufprallstoß, wenn Wagen von einem → *Ablaufberg* aus auf einen stehenden Waggon prallen. Allerdings werden die Stoßkräfte nicht bei allen Kupplungssystemen per Puffer übertragen. Beispielsweise werden die Waggons der nordamerikanischen Regelspur-Eisenbahnen mit einer Klauenkupplung anstelle einer Hakenkupplung verbunden. Die Klauenkupplung macht Puffer überflüssig. Um eine gute Vorbildnähe zu erreichen, ist zudem die Form der Pufferteller wichtig. Während bei Modellen von älteren Vorbildern weitgehend runde Pufferteller korrekt sind, finden Sie bei modernen Fahrzeugen sehr häufig rechteckige Pufferteller vor. Im Gegensatz zur Vorbildbahn sind bei der Modelleisenbahn gefederte Puffer eher selten anzutreffen, in den Spuren „kleiner" als H0 gar nicht. Bekannt für Federpuffer in Großserienmodellen sind bei den H0-Modellen insbesondere die Modelle von Liliput. Als Ersatzteil zum Nachrüsten werden Puffer von etlichen Herstellern angeboten, z. B. Luck Feinmechanik (Messingpuffer), Weimann (Federpuffer), Weinert (Federpuffer), HAG (Federpuffer), PIKO (Puffer flach und gewölbt).

Pufferwehr
Anderer Begriff für → *Prellbock*

PuKo
Jargon-Abk. für → *Punktkontakt*

Pulsweitenmodulation
Ein modernes Verfahren, die Umdrehungszahl eines Gleichstrom-Motors und damit die Geschwindigkeit eines Modellbahn-Triebfahrzeugs zu steuern, ist die Pulsweitenmodulation (PWM). Dazu wird eine gepulste Rechteckspannung erzeugt, der Gleichstrom wird sozusagen im Millisekunden-Bereich ein- oder ausgeschaltet. Das Verhältnis der Impulsdauer zur Impulspause bestimmt die Umdrehungszahl des Motors. Wichtiger Vorteil der Impulsbreitensteuerung ist, dass beliebig viele Geschwindigkeitsstufen erzeugt werden können. Aufgrund dieser Vorteile arbeiten hochwertige, moderne Fahrgeräte mit der Impulsbreitensteuerung, beispielsweise das → *Tillig TFi2*.

WICHTIG
Je nach benutzter Steuermethode und Frequenz können manche PWM-Fahrgeräte für → *Glockenankermotoren* ungeeignet sein. Manchmal erhitzen sich insbesondere Motoren der kleinen Nenngrößen N und Z beim Benutzen eines inkompatiblen PWM-Verfahrens stark, es kann zu Motordefekten oder Schäden an Kunststoffgehäusen kommen. Prüfen Sie vor Benutzung daher immer, für welche Fahrzeuge ein PWM-Steuergerät geeignet ist.

Punktförmige Zugbeeinflussung
Die PZB meint eine Zugbeeinflussung an einem bestimmten, unveränderlichen Punkt des Fahrwegs. Dabei dient die PZB oft der → *Zugsicherung*, z. B. für einen Nothalt. Beim Modellbahn-Betrieb wird eine solche ortsfeste PZB oft für das Auslösen von Schaltvorgängen z. B. durch einen → *Reed-Schalter* eingesetzt.

Punktkontakt
Beim Mittelleiter-System von Märklin ist in jede Schwelle des Modellgleises ein Punktkontakt eingelassen, über den der Mittelschleifer des Fahrzeugs den Fahrstrom aufnimmt. Im Jargon werden die Punktkontakte oft als „PuKos" oder „Pickerl" bezeichnet. Die ersten Mittelleiter-Systeme verwendeten als Kontakt in der Gleismitte keinen punktförmigen Leiter, sondern einen durchgehenden Leiter. Das war allerdings für den Modellbau mit dem Ziel einer optischen Annäherung an die Vorbildbahn unschön, weshalb die Entwicklung vom durchgehenden Leiter zum heutigen Punktkontakt stattfand. Neben den klassischen Anlagen in Spur 0 sind es insbesondere noch alte H0-Anlagen im System TRIX Express, die einen durchgehenden Mittelleiter anstelle von Punktkontakten verwenden.

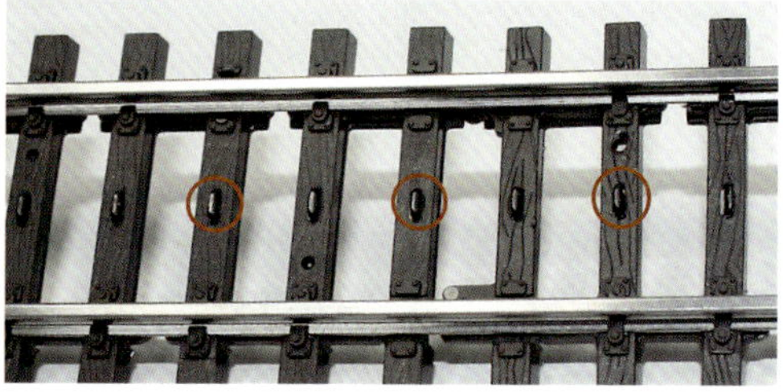

Ein Gleisstück des Märklin → K-Gleises. Die Kreismarkierungen heben die Punktkontakte hervor, die mittig in die Schwellenimitation eingelassen sind.

PZB
Abk. für → *punktförmige Zugbeeinflussung*

R
Abk. für Resistor (Widerstand) in elektrischen Formeln und Schaltplänen (→ *Vorwiderstand* berechnen)

R1 ... R5
Mit diesen Abkürzungen werden von den meisten Herstellern von Gleissystemen die Kurvenradien der Gleisbögen beschrieben. Dabei ist R1 der kleinste Radius (→ *Standardradius*, → *Industriekreis*), je größer dann die Zahl wird, umso größer wird auch der Radius.

Radsatz
Jedes Eisenbahnfahrzeug, ob Vorbildbahn oder Modell, rollt auf mehreren Radsätzen, die die Führung des Fahrzeuges auf den beiden Schienen herstellen. Ein einzelner Radsatz besteht aus zwei Rädern, die durch die Radsatzwelle starr miteinander verbunden sind, sowie den beiden Radsatzlagern.

Metall-Radsatz mit Spitzenlagerung für die Spur H0. An der Achse ist rechts die elektrische Isolation für den Zweileiterbetrieb zu erkennen.

Radschleifer
Als Radschleifer werden bei der Modellbahn in den elektrischen Systemen die Metallbleche bezeichnet, mit denen von den Rädern der Strom abgenommen wird, der über die Schienen dem Fahrzeug zugeleitet wird. Die Modellbahn-Radschleifer sind vielfach aus Kupferblech oder Stahldraht gefertigt. Oft haben Radschleifer noch eine gestanzte Spitze für besseren elektrischen Kontakt. Radschleifer verschleißen und verschmutzen relativ schnell, sodass an dieser Stelle bei vielen Fahrzeugen ein gewisser Wartungsaufwand entsteht. Zum Verbessern der Stromaufnahme lassen sich Radschleifer in manchen Fahrzeugen nachrüsten, z. B. bei Reisezugwaggons, wenn die Stromaufnahme zu schlecht ist und die Innenbeleuchtung flackert. Eine größere Zahl von Radschleifern verbessert zwar die Stromaufnahme, aber gleichzeitig werden die Rolleigenschaften der Fahrzeuge verschlechtert.

RailCom
RailCom ist die Erweiterung des DCC-Standards für die digitale Modellbahn-Steuerung um die bidirektionale Kommunikation. RailCom ist ein Warenzeichen der Fa. Lenz Elektronik und bedeutet effizienten Informationstransfer von den → *Decodern* zur Zentrale. Um RailCom herstellerübergreifend zu entwickeln, haben sich die Firmen Lenz, Kühn, Tams und ZIMO zusammengetan, um die „bi-directional communication" zu marktreifen Produkten zu entwickeln. Nicht nur sollen alle RailCom-Produkte untereinander kompatibel sein. RailCom-Produkte sollen auch kompatibel sein zu Produkten aus den 80er- und 90er-Jahren, also Produkten, die rein uni-direktional konzipiert wurden.

railjet
railjet ist die Bezeichnung des ersten Hochgeschwindigkeitszugs der ÖBB, der ab Dezember 2008 im regulären Streckenbetrieb eingesetzt wird. Die railjet-Flotte umfasst insgesamt 67 Züge. Eingesetzt wird der railjet u. a. auf der Strecke München–Wien–Budapest. Derzeit gibt es für Modellbahner Angebote zum railjet in H0 vom Kleinserienhersteller Jägerndorfer, der das Modell in Zusammenarbeit mit Hobbytrade produziert, sowie von Roco. Für N-Bahner bietet Hobbytrain ein Lokset „E-Lok Taurus", das auch eine Lok in der railjet-Lackierung enthält.

Railroad & Co. TrainController
Railroad & Co. ist eine Produktfamilie von Modellbahn-Steuerungsprogrammen. Railroad & Co. TrainController ist ein Programm zum Steuern von digitalen Modellbahnen mittels einer einfach zu bedienenden, grafischen Oberfläche. TrainController unterstützt alle am Markt vertretenen Digital- und Steuerungssysteme, die eine öffentlich zugängliche Schnitt-

stellendokumentation mitbringen (Infos: www.freiwald.com).

Railware

Es handelt sich bei Railware (Abk: RW) um einey der am Markt erfolgreichsten und komplexesten → *Windows* PC-Programme für die Modellbahn-Steuerung. RW ist unter den Steuerungsprogrammen für die digitale Modellbahn das einzige objektorientiert arbeitende Programm. Es verwendet zur Steuerung also nicht die üblichen Schrittketten. Die Objekte einer Anlage wie Loks, Züge, Weichen und Signale, Bahnhöfe, Abstellgleise, Blockstrecken, Bahnübergang kommunizieren direkt miteinander, Railware bringt sozusagen „Intelligenz“ in die Anlagensteuerung. Dadurch brauchen keine Fahrstraßen oder Fahrpläne vordefiniert zu werden, Railware sucht sich die Fahrstraße über die Eigenschaften in den Zuganzeigern und den anderen Objekten selbst, sei es für Zugfahrten, Pendelzüge oder Rangierfahrten. RW benötigt pro Bremsstrecke nur einen Rückmelder. Beschleunigt oder abgebremst wird mithilfe der Massesimulation, was genaues, völlig kontinuierliches Anhalten vor dem Signal über lange Strecken ermöglicht. Zügen mit Funktionsdecoder kann eine eigene Adresse zugeordnet werden. Das ermöglicht einen einfachen Lokwechsel unter Beibehaltung der Wagenfunktionen. Gesteuert wird nach Zuggattungen und/oder Zuglängen. RW enthält einen eigenen Signaldesigner, mit dem praktisch jede Signalform, auch international, darstellbar und auf der Anlage schaltbar ist. Railware ist mit → *Light@Night* kombinierbar. RW ist voll netzwerkfähig und wird z. B. auf der weltgrößten Modellbahn-Schauanlage in H0, dem → *Miniatur-Wunderland* in Hamburg, eingesetzt (Infos: www.railware.de).

railX

railX ist ein kommerzielles Modellbahn-Steuerungsprogramm. Das Windows-Programm, ursprünglich unter dem Namen „Wintrain“ vertrieben, ist von Willi Schwickardi entwickelt worden. Bei der Entwicklung der Software standen Betriebssicherheit und Anwendungsfreundlichkeit im Mittelpunkt. Bis zu vier Digitalsteuerungen (auch verschiedene Hersteller gemischt) lassen sich gleichzeitig ansteuern (Infos: www.railx.de).

RAL

Kurzform von RAL Deutsches Institut für Gütesicherung und Kennzeichnung e.V. (→ *RAL-Farben)*

RAL-Farben

Als RAL-Farben werden die normierten Farbtöne des RAL-Instituts (www.ral-farben.de) bezeichnet. Jedem Farbton der Farbreihe ist

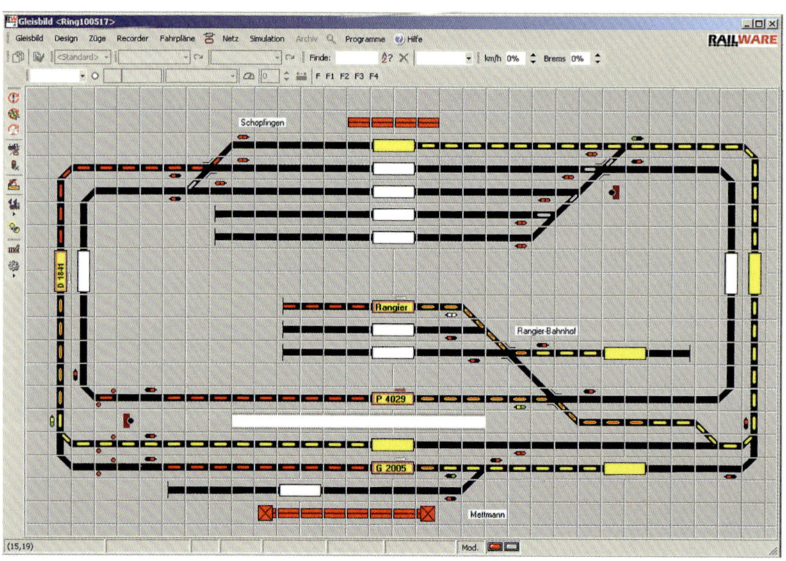

Anlagensteuerung mit „Intelligenz“: die Darstellung eines Gleisbildes mit Railware.

Mit einem RAL-Farbfächer wählen Sie die Farben für Ihre vorbildgerechten Lackierungen.

eine vierstellige Farbnummer zugeordnet. Reine RAL-Farben werden auf Vorbildbahnen und Modellbahnen verwendet. Das geschieht jedoch nicht einheitlich. Z. B. hatte die bekannte Diesellok V200 im Original RAL 3004 (Purpurrot = DB Altrot), etliche Versionen der Lok als Märklin-H0-Modell waren aber sichtbar heller ausgeführt, eher RAL 3000.

RAM

RAM ist die Abk. für Random Access Memory (dt. Speicher mit wahlfreiem Zugriff, auch Arbeitsspeicher oder Hauptspeicher). Als Arbeitsspeicher wird in den heutigen → *PCs* und → *Notebooks* nicht-permanenter Speicher benutzt, der beim Abschalten des Stroms seine Daten verliert. Für Modellbahn-Programme spielt die Ausstattung des Rechners mit RAM insofern eine Rolle, als die Anforderungen des entsprechenden Programms erfüllt sein müssen. Die entsprechende Angabe finden Sie in den Betriebsvoraussetzungen der jeweiligen Modellbahn-Software. Bei einem auf Windows XP basierenden System ist 1 GB RAM empfehlenswert, bei Windows Vista ist eine Ausstattung ab 2 GB, bei Windows-7-Systemen von 4 GB anzuraten. Linux-basierte Rechner kommen auch gut mit weniger als 1 GB RAM zurecht. Allgemein gilt: Je mehr RAM ein PC-System bietet, umso besser ist das Laufverhalten. Die maximal mögliche RAM-Ausbaustufe eines Systems wird durch die spezifischen Eigenschaften des Mainboards limitiert.

Rangiergang

Der Rangiergang ist bei der Modellbahn eine schaltbare Digitalfunktion, die eine Reduzierung der Geschwindigkeit des betreffenden Fahrzeugs um rund die Hälfte bewirkt. Dabei bleibt der volle Regelbereich des Fahrreglers nutzbar, sodass eine sehr feinfühlige Steuerung der Rangierlok möglich ist. Der Rangiergang ist aber nicht nur bei Rangier-, sondern manchmal auch bei Modellen von Streckenloks anzutreffen. Der Rangiergang wird von der → *Digitalzentrale* mit einer Funktionstaste ein- und ausgeschaltet. Bei Märklin- und bei Multiprotokoll-Decodern ist das standardmäßig meist [F3], ESU Loksound-Decoder benutzen [F6]. Je nach Decodertyp bzw. Programmierung bleibt die Anfahr- und Bremsverzögerung im Rangiergang erhalten oder wird automatisch abgeschaltet. Bei modernen Digitaldecodern ist es auch anzutreffen, dass ein Modus „Direktsteuerung" zusätzlich geschaltet werden kann, sodass das Fahrzeug ohne die Anfahr- und Bremsverzögerung direkt ohne eigene Regelung auf die Befehle vom Fahrregler reagiert.

Rangierlok

Rangierloks stellen im Bahnhof bzw. Rangierbereich die Züge zusammen.

Raucherzeuger

Mit einem elektrisch betriebenen Raucherzeuger wird bei Modellbahn-Dampfloks oder Industriemodellen der Echtdampf-Betrieb simuliert. Viele Modellbahn-Dampfloks sind schon ab Werk für die Einrichtung eines Dampfgenerators ausgelegt, sodass die Nachrüstung einfach ist. Ein neuer Trend ist, sogar den Dieselruß von Dieseltriebfahrzeugen per Rauchgenerator im Modell nachzubilden. Zum Erzeugen des Dampfs ist spezielles Dampföl (→ *Modellbahn-Öl*) zu verwenden, das rückstandsfrei verdampft. Dieses Spezialöl wird gleichermaßen auch als Modellbahn-Reinigungsöl verwendet. Rauchgeneratoren finden sich nicht nur in Triebfahrzeugen des Rollmaterials, sondern zum Beispiel auch in Industriemodellen, Schornsteinen etc. Der bekannteste Hersteller von Rauchgeneratoren für die unterschiedlichen Maßstäbe ist die Firma Seuthe (www.seuthe-dampf.de).

Rauchgenerator

Anderer Begriff für → *Raucherzeuger*

Raw, RAW

Abk. für Reichsbahnausbesserungswerk

Rbf

Abk. für Rangierbahnhof

RC

RC ist die Abk. von „Radio Controlled" (funkferngesteuert). Auf der Modellbahn-Anlage kommen Funkfernsteuerungen bislang eher selten vor, es gibt aber einen Trend zu zusätzlichen, individuell ferngesteuerten Funktionen, die den vorhandenen analogen oder digitalen Betrieb ergänzen. Da sind zuerst funkferngesteuerte Autos zu nennen, wie sie Wiking (www.wiking.de) unter der Produktbezeichnung „Wiking Control" bietet. Zudem bietet der Hersteller Athearn (www.athearn.com) Loks an, die für den Gleichstrom-Analog-Betrieb mit einer Funkfernsteuerung geliefert

Der Raucherzeuger in der Diesellok BR 215 von ESU.

R

werden, um die Zusatzfunktionen im Betrieb zu schalten.

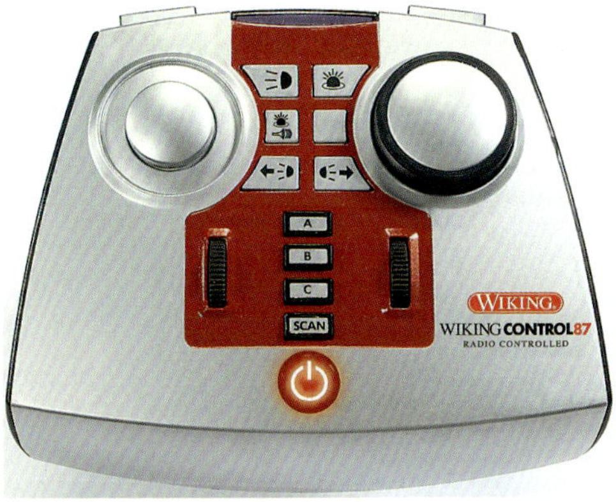

Die „Wiking Control" ist eine Funkfernsteuerung, die auch für Modellautos im Maßstab 1:87 eingesetzt wird.

Reedkontakt

Ein Reedkontakt wird zum Schalten eines Stromkreises verwendet. Es handelt sich dabei um ein mit Gas gefülltes Glasrohr, in dem sich eine Kontaktzunge befindet. Der Kontakt wird dann durch ein von außen einwirkendes Magnetfeld geschlossen und wieder geöffnet. Besonderer Vorteil eines Reedkontaktes ist der bauartbedingte Schutz vor Korrosion und Sauerstoff. Daher sind diese Schalter äußerst zuverlässig und für kleine Schaltleistungen ideal geeignet. Bei der Modellbahn werden Reedkontakte als Rückmelder und für das Auslösen von Steuerungsaufgaben eingesetzt. Dabei wird der Reedkontakt z. B. am Gleis befestigt und der Kontakt durch einen Permanentmagneten ausgelöst, der unter einem Fahrzeug angebracht ist.

Einen Reedkontakt erkennen Sie an dem Glaskörper und den beiden Anschlussdrähten.

Reed-Switch

Anderer Begriff für → *Reedkontakt*

Regelspur

Die Regelspurweite ist das lichte Innenmaß zwischen den zwei Schienenköpfen. Die Regelspurweite beträgt in Deutschland und den meisten europäischen Ländern 1.435 mm (auch: Normalspur), gemessen zwischen den beiden Innenflanken der Schienenköpfe bei einer geraden Strecke. In Gleisbögen ist dieses Maß geringfügig erhöht, um einen reibungsfreien Durchgang der → *Spurkränze* der Räder sicherzustellen. Historisch nahm die große Verbreitung dieser Spurweite ihren Anfang bei den Schienenwegen englischer Kohlenminen. Die meisten Modellbahn-Systeme bilden die Regelspur in einem bestimmten Maßstab ab, z. B. bei H0 (1.435:87 = 16,5 mm) oder N (1.435:160 = 9 mm). Die bekannteste Ausnahme ist die Großbahn LGB im Maßstab 1:22,5, die im Wesentlichen Schmalspur-Fahrzeuge als Vorbild hat.

Regelspurweite

Andere Bezeichnung für → *Regelspur*

Register

Anderer Begriff für → *Konfigurationsvariable*

Reihenschaltung

Bei einer Reihenschaltung (Serienschaltung) werden elektrische Elemente bzw. Verbraucher hintereinander geschaltet. Der Ausgang des ersten Elements wird als Eingang des zweiten benutzt usw. Der Vorteil: Die Summe der Teilspannungen ist gleich der Gesamtspannung, die die Reihenschaltung verträgt (Kirchhoffsches Gesetz). Besonders oft werden bei der Modellbahn Glühlämpchen, Widerstände oder Leuchtdioden in einer Reihenschaltung zusammengeschaltet. Das Gegenteil ist die → *Parallelschaltung*.

Reinigungsöl

Andere Bezeichnung für → *Modellbahn-Öl*

Relex-Kupplung

Märklin-spezifische Bezeichnung für eine → *Bügelkupplung* für Fahrzeuge der Baugröße

H0. Besonderheit der Relex-Kupplung ist die Möglichkeit der → *Vorentkupplung*.

Remotorisierung

Als Remotorisierung wird unter Modellbahnern bezeichnet, wenn ein Triebfahrzeug mit einem anderen Motor bzw. anderen Motoren ausgestattet wird. Um die Fahrleistungen zu verbessern, wird z. B. in eine Lok mit einem einfachen Gleichstrommotor ein hochwertiger → *Glockenankermotor* eingebaut. Diese Maßnahmen sind in den meisten Fällen allerdings mit erheblichen baulichen Veränderungen verbunden (Fräsarbeiten, Änderungen an der Motorplatine). Zudem ist der Preis eines hochwertigen, neuen Antriebssets oft genauso hoch wie eine neue Lok in einfacher Ausfertigung, sodass sich eine Remotorisierung von Modellbahn-Fahrzeugen nur lohnt, wenn das Fahrzeug wirklich häufig in Betrieb ist. Bekannte Anbieter von Glockenankermotoren sind Lemo Solar (www.lemo-solar.de) und sb Modellbau (www.sb-modellbau.com).

WICHTIG
Bei einer Remotorisierung erlöschen die Garantieleistungen des Triebfahrzeug-Herstellers.

REPA Entkuppler

Der REPA Entkuppler ist der am häufigsten eingesetzte Modellbahn-Entkuppler. Er wird unterflur unter dem Gleis montiert. Der REPA Entkuppler liegt recht unauffällig als Holzüberweg getarnt im Gleisbett. Durch ein Loch im Schwellenband drückt bei Betätigung eine Stange die Entkupplerbohle nach oben, was bei kompatiblen Kupplungssystemen die Kupplung öffnet. Den REPA Entkuppler gibt es im Zubehörhandel für die Nenngröße H0 (Mittelleiter- und Zweileiter-Systeme) sowie für die Nenngrößen TT, H0e, H0m und N.

TIPP
Im Gegensatz zu speziellen Entkupplungsgleisen kann ein REPA Entkuppler nachgerüstet werden, ohne Gleise auszutauschen.

Reset

Mit einem Reset (wörtlich „zurücksetzen") wird ein → *Digitaldecoder* wieder auf die Werkseinstellungen zurückgesetzt, die im Lieferzustand eingestellt waren. Bei Digitaldecodern wird ein Reset durch die Programmierung einer CV auf einen bestimmten Wert ausgelöst.

Reset-Taster

Das ist eine Einrichtung zum Zurücksetzen z. B. einer Modellbahn-Digitalzentrale, wenn das Betriebsprogramm nicht mehr lauffähig ist, es sich „aufgehängt" hat. Da beim → *Reset* ungesicherte Benutzerdaten verloren gehen, ist der Reset-Taster gegen versehentliches Betätigen meist durch einen versenkten Einbau auf der Geräterück- oder -unterseite gesichert. Das Betätigen eines Reset-Tasters ist dann mit einem Kugelschreiber oder einem kleinen Schraubenzieher möglich.

Resin

Es handelt sich bei Resin (Resine) um ein Zweikomponenten-Kunstharz, das aus Polyurethan besteht und als Gießmasse eingesetzt wird. Der Werkstoff wird im Zusammenhang mit der Modellbahn in Form von Standmodellen, Gebäuden, Schiffen und Flugzeugen eingesetzt. Er ist aufgrund des relativ hohen Gewichts auch besonders gut für das Nachbilden von Ladegütern geeignet, beispielsweise Autos unter einer Plane oder abgedeckte Industriegüter. Im Vergleich zu Metall lassen sich mit Resin bedeutend billigere und trotzdem komplexere Formen herstellen, die einen erstaunlich hohen Detailreichtum aufweisen. Resin härtet innerhalb von wenigen Minuten aus, wenn die beiden Komponenten in einer Form zusammengegossen werden. Dabei wird eine Form aus Gummi verwendet, die sich allerdings nach einigen Abgüssen deutlich abnutzt. Daher wird Resin häufig für Kleinserienmodelle benutzt. Bekannter Hersteller ist Artmaster/Artitec (www.artitec.de).

TIPP
Für das Zusammenbauen von Resin-Bausätzen eignet sich Sekundenkleber-Gel sehr gut.

Resorb

Es handelt sich bei Resorb um ein hochwertiges Dämmmaterial, mit dem die Fahr- und Abrollgeräusche der Züge auf dem Gleiskörper gedämmt werden. Resorb ist sowohl in Form von Platten als auch Streifen lieferbar und dämmt auch hohe Frequenzen gut (Info: www.imt-lenzen.de).

Rillenkugellager

Rillenkugellager sind ein hochwertiger Ersatz für die einfachen Gleitlager, wie sie bei Modellbahn-Motoren häufig verwendet werden. Ein führender Hersteller von Miniatur-Gleitlagern ist die Firma SKF (www.skf.de). Vorteil dieser Lager ist eine beidseitige Abdeckung gegen eindringende Verschmutzung. Bei Loks mit Trommelkollektor-Motor (Märklin) ist der Austausch getriebeseitig teilweise sogar ohne Bohr- und Fräsarbeiten möglich. Die folgenden Größen erfüllen die Anforderungen (Innendurchmesser/Außendurchmesser/Breite):
1,5 x 4 x 2 mm z. B. für Märklin
2 x 5 x 2,5 mm z. B. für HAG, Märklin

WICHTIG
Nach der Umrüstung dürfen die Getriebe nicht mehr komplett in Reinigungsbäder eingetaucht werden, denn dabei würde die Dauerschmierung der Rillenkugellager ausgespült (Infos: www.bahndoktor.de).

Rillenschiene

Spezielles Schienenmaterial zum Bau von → *Straßenbahn-Gleisen*

Ringkerntransformator

Ringkerntransformatoren sind eine besondere Bauform der Transformatoren. Sie sind etwas teurer als → *Standardtransformatoren*, haben aber einen besseren Wirkungsgrad, weniger Verlustleistung, weniger Abwärme, sind streuarm und haben bei kleinen Abmessungen einen hohen Wirkungsgrad. Daher empfehlen sie sich nicht nur für den Modellbau, sondern werden auch bevorzugt in der Audio- und Medizintechnik eingesetzt.

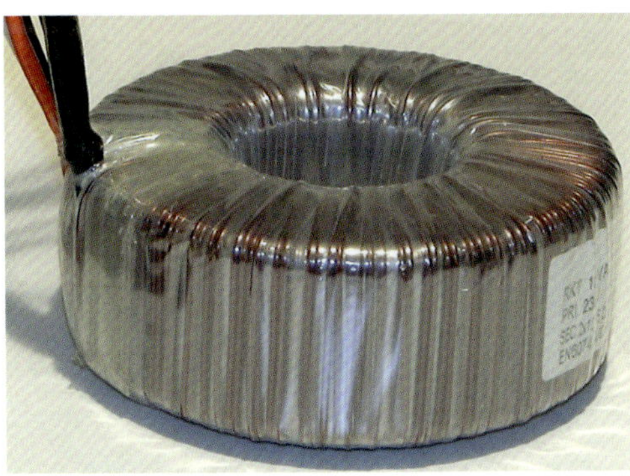

Für den Modellbau sind Ringkerntrafos insbesondere wegen ihrer kompakten Abmessungen von Vorteil.

Ringleitung

Eine Ringleitung ist eine spezielle Form der Spannungsversorgung. Der Name rührt daher, dass sie ringförmig um die gesamte Modellbahn-Anlage läuft. Eine Ringleitung ist bei kleinen Anlagen meist nicht erforderlich, da die Spannungsversorgung des Rollmaterials zuverlässig über die Gleise stattfinden kann. Bei mittleren und großen Modellbahn-Anlagen hingegen sind zwischen den Gleiselementen Spannungsabfälle, Kontaktstörungen und Übergangswiderstände so groß, dass erst eine Ringleitung eine solide Spannungsversorgung sicherstellt. Mit der Ringleitung werden Fahrstrom, → *Digitalstrom* oder spezielle Betriebsspannungen, z. B. für Magnetartikel oder Beleuchtungen, rund um die Anlage zur Verfügung gestellt. Auf digital gesteuerten Modellbahn-Anlagen wird eine Ringleitung häufig verwendet, um eine Betriebsspannung für Weichenantriebe, Beleuchtungen und Funktionsmodelle zu liefern. Dann brauchen diese Verbraucher nicht mit dem Digitalstrom betrieben zu werden, der dann störungsfrei dem → *Rollmaterial* und den digitalen Kommandos vorbehalten bleibt. Dazu benötigt die Ringleitung je nach Stromaufnahme der Verbraucher einen passenden → *Kabelquerschnitt*.

Ringlokschuppen

Ein Ringlokschuppen (seltener auch: Ringschuppen) ist die bevorzugte Bauform eines Lokomotivunterstands. Zu Zeiten der Dampfloks dienten Ringlokschuppen auch für kleinere Wartungsarbeiten und als Anheizraum. Der Ringlokschuppen ist kreissegmentartig um eine zentrale → *Drehscheibe* herum aufgebaut. Die meisten Ringlokschuppen sind vier- bis sechsständig gebaut, nur bei großen Bahnhöfen, Ausbesserungswerken oder Betriebshöfen waren sie bis zu einer Halbkreisform ausgebaut. Ringlokschuppen mit Drehscheibe gehören für den Modellbahner zu den Highlights jeder Anlage, speziell der Epochen II und III. Die Bewegung der Tore des Ringlokschuppens sowie der Drehscheibe kann heute über Servomotoren sowohl digital als auch analog gesteuert werden.

Ringzug

Der Ringzug ist ein Schienen-Nahverkehrssystem des Schwarzwald-Baar-Kreises im Süden Baden-Württembergs. Die Bezeichnung „Ringzug“ wurde gewählt, weil die Streckenführung des Ringzugs von Immendingen über Tuttlingen, Rottweil und Villingen-Schwenningen nach Donaueschingen fast einem Ring entspricht. Für Modellbahner ist der Ringzug zum einen wegen der Streckenführung interessant, da sich das (beinahe) geschlossene Bild des „Zugs im Kreis“ auch in der extremen Verkleinerung eines Modells sinnhaft nachbauen lässt. Als Fahrzeuge kommen auf dem Ringzug Dieseltriebwagen vom Typ Regio-Shuttle zum Einsatz, teils in → *Mehrfachtraktion*.

Ritzel

Ein Ritzel ist allgemein ein Zahnrad mit einer geringen Zahl an Zähnen. Ritzel dienen meist dem Antrieb eines größeren Zahnrades und sind direkt am Motor zu finden, z. B. auf die Motorwelle aufgeflanscht. Daher werden sie oft auch als Motorritzel bezeichnet. Bei Modellbahn-Triebfahrzeugen übertragen Ritzel oft das Drehmoment des Motors über ein Schneckengewinde an das Getriebe des Fahrzeugs. Wichtig bei allen Umbauvorhaben an Fahrzeugen ist immer, das Ritzel genau passend zum Getriebe zu wählen, ansonsten sind Zerstörungen an den Zahnrädern die Folge. Beispielsweise sind die bekannten, klassischen drei- oder fünfpoligen Märklin-Anker für die Reihenschlussmotoren mit Ritzeln mit 7 bis 10 Zähnen ausgestattet.

Ein Ritzel mit 8 Zähnen auf der Motorwelle eines Gleichstrommotors.

RJ-11

RJ-11 ist eine genormte 6-polige Schnittstelle. Sie wird im Wesentlichen bei der Netzwerkverkabelung und bei Telekommunikationsgeräten eingesetzt. Durch die Zugentlastung der Steckverbindung lassen sich mit RJ-11 sichere

Der Ringlokschuppen ist der zentrale Ort in jedem Modellbahn-Betriebswerk bis einschließlich der Epoche III.

R

mechanische und elektrische Verbindungen einrichten. Bei der Modellbahn wird eine Verkabelung mit RJ-11-Buchsen und -Steckern von Geräten zum Lenz XpressNet oder dem → *RocoNet* verwendet.

RMK

Abk. für → *Rückmeldekontakt*

Roco

Zu den wichtigsten Modellbahn-Herstellern auf dem deutschen Markt zählt Roco. Das 1960 gegründete Unternehmen produziert seit 1967 Modelleisenbahnen für das internationale Zweileiter-System, anfangs der Nenngrößen H0 und 0. Neben DB-Vorbildern bilden Modelle der ÖBB und SBB einen Schwerpunkt. Roco produziert Modelle für die Nenngrößen H0, H0e und TT, die Produktion von Modellen der Nenngröße N wurde 2010 eingestellt. Nach einer Insolvenz 2005 gehört Roco (www.roco.cc) heute zusammen mit → *Fleischmann* zur deutsch-österreichischen Modelleisenbahn Holding GmbH (www.modelleisenbahn-holding.com).

RocoNet

Das RocoNet ist ein Modellbahn-Bussystem des Herstellers Modelleisenbahn GmbH (Roco), das auf der Entwicklung des XpressNet von Lenz basiert und dazu kompatibel ist. Alle XpressNet-Geräte von Lenz lassen sich daher zum Ausbau eines RocoNet-Systems verwenden, teilweise ist ein Kabeladapter notwendig. Das RocoNet bzw. XpressNet wird auch von vielen modernen Modellbahn-Digitalzentralen wie dem Viessmann Commander unterstützt. Das 6-polige Kabel dieses Busses führt die folgenden drei Signalpaare:

– DCC Gleissignal (Control Bus)
– XBUS (RS-485)
– Versorgungsspannung 12 VDC + GND

Rocrail

Rocrail ist eine Software zur Steuerung von Modelleisenbahnen für Linux, MAC OS und Windows Betriebssysteme. Rocrail ist ein OpenSource-Projekt, programmiert in C/C++ basierend auf der Klassenbibliothek wxWidgets. Mit Rocrail können Züge von einem Rechner aus direkt kontrolliert oder im Automatikbetrieb durch die Software gesteuert werden. Auch ein Mischbetrieb, d. h. einige Züge manuell gesteuert und andere im vollautomatischen Modus, ist möglich. Die Software besteht aus den zwei Programmen Rocrail und Rocview. Diese beiden Programme kommunizieren über Internetprotokolle miteinander und müssen daher nicht auf einem Rechner laufen. Man kann Rocrail auf einem einzigen Rechner, der mit der Anlage verbunden ist, zur Steuerung der Modellbahn verwenden oder aber die Anlage von einem beliebigen anderen Rechner im Heimnetzwerk (oder sogar über das Internet) steuern. Neben der normalen Benutzeroberfläche bietet Rocrail auch ein Web-Interface, das die Kontrolle der Anlage über einen normalen Web-Browser wie z. B. Firefox erlaubt. Rocrail läuft auf einem Rechner, der über die Standardschnittstellen mit der Modellbahn verbunden ist, und unterstützt viele der gängigen Zentralen auf dem Markt. Rocview ist die grafische Oberfläche und verbindet sich mit Rocrail auf dem lokalen Rechner oder über das Netzwerk. Zum Erstellen oder Ändern eines Anlagenlayouts kann Rocview auch als unabhängiges Programm betrieben werden.

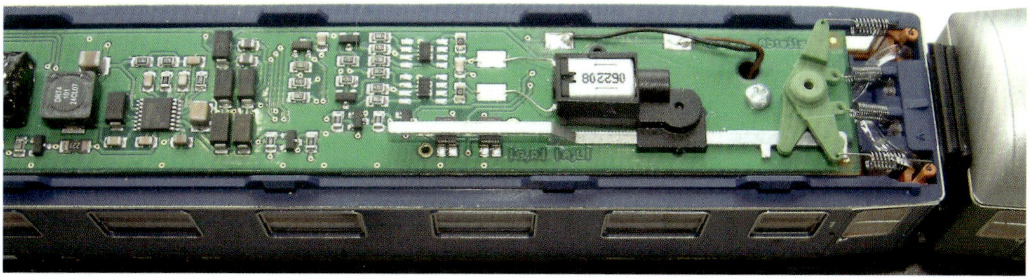

Roco hat sich jüngst insbesondere Innovationen auf die Fahne geschrieben und lieferte 2009 die ersten H0-Schnellzugwagen mit Türen, die per Digitalbefehl geöffnet und geschlossen werden.

RoFleisch

Es handelt sich bei „RoFleisch“ um einen Jargon-Begriff. Gemeint ist in Analogie zu „MäTrix“ der Zusammenschluss der ehemals selbstständigen Firmen Fleischmann und Roco unter dem Dach des Mehrheitsanteileigners Modelleisenbahn Holding GmbH.

RoHS

RoHS ist die Abk. von „Restriction of the use of certain hazardous substances in electrical and electronic equipment“ (dt. „Beschränkung der Verwendung bestimmter gefährlicher Stoffe in Elektro- und Elektronikgeräten“). Ziel dieser Richtlinie ist, problematische Bestandteile aus elektrischen und elektronischen Artikeln zu verbannen. Dazu gehört unter anderem, die bleifreie Verlötung elektronischer Bauteile durchzusetzen und giftige Flammhemmer bei der Herstellung von Kabeln zu verbieten. Des Weiteren müssen auch die verwendeten Bauteile und Komponenten frei von giftigen Stoffen sein. Sie finden daher diese Abk. immer häufiger auf elektrischen und elektronischen Geräten, die gemäß der EG-Richtlinie 2002/95/EG zum Verbot bestimmter Substanzen bei der Herstellung und Verarbeitung von elektrischen und elektronischen Geräten und Bauteilen produziert werden. Die EG-Richtlinie ist mit dem deutschen Elektro- und Elektronikgerätegesetz (ElektroG) vom 16. März 2005 auch Deutsches Recht geworden, und somit sind maximal zulässige Konzentrationsgrenzwerte für die verbotenen Stoffe festgelegt. Der Grenzwert für Cadmium liegt bei 0,01 Gewichtsprozenten und für die anderen in der RoHS regulierten Stoffe bei 0,1 Gewichtsprozenten.

Rollberg

Rollberg ist die österreichische Bezeichnung für einen → *Ablaufberg*. Andere Bezeichnungen sind Ablaufrücken oder Eselsrücken.

Rollbock

Ein schmalspuriges, 2-achsiges Laufwerk, das mit einem Drehschemel und Tragklauen zur Aufnahme eines normalspurigen Radsatzes geeignet ist. Mittels Rollböcken können normalspurige Güterwagen auf Schmalspurstrecken befördert werden, ein gelegentlich anzutreffendes Thema auf Anlagen in H0e oder H0m.

Rollenbock

Ein Triebfahrzeug läuft auf einem → *Rollenprüfstand* in einem Rollenbock. Es sind also so viele Rollenböcke nötig, wie das Fahrzeug angetriebene → *Radsätze* hat. Viele Hersteller von Rollenprüfständen bieten die Rollenböcke einzeln und zum Nachrüsten an.

Rollenprüfstand

Auf einem Rollenprüfstand können der Motor, das Getriebe und alle Funktionen eines Triebfahrzeugs geprüft werden, ohne umständlich auf einer Modellbahn-Anlage umherzulaufen. Ein Rollenprüfstand ist ideal für das Einfahren von Loks, die Programmierung von Funktionen und alle Wartungsarbeiten.

Rollmaterial

Als Rollmaterial bezeichnet der Modellbahner alle Teile seiner Anlage, die sich auf den Gleisen fortbewegen. Das sind die Triebfahrzeuge (Lokomotiven, Triebzüge etc.) und auch die Fahrzeuge ohne Antrieb wie Güter- und Personenwagen. Auch eine Draisine auf der Anlage zählt zum Rollmaterial. Nicht selten sammeln Modellbahner ausschließlich Rollmaterial und nehmen gar keinen Fahrbetrieb vor. Insbesondere bevorzugen Sammler häufig die Lokomotiven als Sammelgegenstand. Es gibt allerdings zwischen den Sammlern, die besonderen Wert auf die Authentizität eines Modells legen, und den Betriebsbahnern, die die Fahreigenschaften und die Handhabbarkeit eines Modells in den Mittelpunkt stellen, zuweilen sehr unterschiedliche Ansichten darüber, wie gelungen ein Modell ist.

Roll-Modell

Andere Bezeichnung für → *Schiebe-Modell*

Rollwiderstand

Als Rollwiderstand (auch Rollreibung) wird der Verformungswiderstand eines Körpers bei einer abrollenden Bewegung verstanden. Der geringe Rollwiderstand des Rad-Schiene-Systems erst macht es möglich, mit relativ geringem Energieeinsatz sehr große Gewichte von bis zu mehreren Tausend Tonnen per Eisenbahn zu transportieren. Für die Modellbahn spielt ein geringer Rollwiderstand für den Betrieb ebenfalls eine sehr große Rolle. Vielfach sind Zuggarnituren in vorbildnaher Länge nur einsatzfähig, wenn die Waggons sehr gut gepflegt sind und somit einen möglichst niedrigen Rollwiderstand haben. Wie hoch der tatsächliche Rollwiderstand eines Zuges ist, hängt auch stark vom Gleisplan bzw. Gleisbau auf der Anlage ab. Speziell enge Kurvenradien erhöhen den Rollwiderstand erheblich, sodass manche Lokomotiven ins Schleudern kommen oder der Zug sogar stecken bleibt, z. B. in einer Gleiswendel. Grund hierfür ist die Reibung der Radkränze an den Schieneninnenflanken. Um den Rollwiderstand zu verringern, bieten die Zubehörhersteller für manche Waggon-Modelle, die ab Werk mit Kunststoffradsätzen ausgestattet sind (z. B. vielfach bei LGB), hochwertigere Metallradsätze an.

Router
Eine Router ist ein Gerät zur Verwaltung des Datentransfers zwischen mehreren Computernetzen. Die meisten Router im Bereich der Heimvernetzung verbinden das Internet (WAN = Wide Area Network) mit einem lokalen Netzwerk (LAN = Local Area Network). Ein Router analysiert die Datenpakete nach ihrer Zieladresse und leitet sie entsprechend weiter oder blockt sie, die Datenpakete werden geroutet. Ein Router besitzt hierfür mehrere Schnittstellen, wichtig ist die Ethernet-Netzwerkschnittstelle sowie die kabellose Netzwerkschnittstelle WLAN (Wireless-LAN). Um eine → *Digitalzentrale* wie die Märklin → *Central Station* mit Updates zu versorgen, muss sie mit einem Router verbunden werden, der die Digitalzentrale dann mit dem Update-Server verbindet. Die WLAN-Schnittstelle wird zukünftig an Wichtigkeit zunehmen, speziell durch die Möglichkeit der Modellbahn-Steuerung über → *Smartphones* (→ TouchCab, → *Digital Plus Interface USB* und *Ethernet*).

RP-25
Bezeichnung für ein vorbildähnliches Fine-Scale-Radprofil mit niedrigen Radkränzen und dünnen Radscheiben. Der Vorteil der RP-25-Radsätze ist die ausgezeichnete Optik. Ihr Einsatz ist allerdings nur auf speziellen Gleissystemen möglich, insbesondere die Weichen der Standard-Gleissysteme erweisen sich im Betrieb mit RP-25 meist als nicht sicher. Eine große Auswahl an RP-25-Radsätzen zum Umrüsten bietet www.luck-feinmechanik.de.

RS-232
Hierbei handelt es sich um eine klassische, serielle Standardschnittstelle. Die RS-232 wurde ursprünglich als Schnittstelle für Datenübertragung zu Akustikkopplern und Modems entwickelt, die Signale auf Telefonleitungen umsetzen. Die Schnittstelle kann mit unterschiedlichen, genormten Geschwindigkeiten arbeiten. Während der Ursprung bei 300 Bit/s lag, werden heute bis zu 155.000 Bit/s realisiert. Die PC-Interfaces der Modellbahn-Digitalsysteme wie z. B. das alte Märklin Interface 6051 unterstützen teilweise nur 2.400 Bit/s. Diese geringe Geschwindigkeit ist für die Befehlsfülle und den Befehlstakt größerer Anlagen nicht ausreichend. Moderne → *Digitalzentralen* werden daher mit → *USB* oder der Ethernet-Netzwerkschnittstelle mit einem PC oder anderen Netzwerkkomponenten verbunden.

RTFM
RTFM ist im Internet-Jargon die Abk. von „Read the fucking manual", frei übersetzt: „Lies das verdammte Handbuch". Unter Modellbahnern ist dabei meistens das Handbuch zu einer Software zur Steuerung einer digitalen Modellbahn oder das Handbuch zu einer → *Digitalzentrale* gemeint.

Rü
Abk. für Reisendenübergang (siehe → *Bahnübergang*), ein Übergang für Reisende zum Erreichen eines Bahnsteigs ohne Sicherungseinrichtungen wie Schranken

Rückmeldekontakt
Allgemein wird bei der Modellbahn darunter ein klassischer, elektromechanisch geschalteter Kontakt verstanden. Allerdings kann es sich bei dem RMK auch um einen Reed-Schalter oder einen elektronischen Schalter handeln. Rückmeldekontakte werden benötigt, damit eine Steuerzentrale bzw. → *Digitalzentrale* oder die Steuerungssoftware die Position der Züge kennt.

Rückmelder
Als Rückmelder werden Vorrichtungen bezeichnet, die Zugbewegungen, einen Betriebszustand oder eine Position an ein Schaltpult oder eine → *Digitalzentrale* melden. Aufgrund der Informationen der Rückmelder kann der

Bediener bzw. die Digitalzentrale dann steuernd eingreifen. Rückmelder sind für eine per PC-Programm automatisierte oder teilautomatisierte Anlage unabdingbar, sie sind sozusagen die „Augen des Steuerprogramms“. Es gibt eine Vielzahl von Rückmeldesystemen, die weitenteils zueinander inkompatibel, manchmal aber kombinierbar sind. Dazu gehört z. B. das System → *LISSY*. Um Rückmeldungen auszulösen, werden Momentkontakte oder Dauerkontakte verwendet. Der ideale Rückmelder meldet bei einem Zug nicht nur, dass ein Zug an einer Position ist, sondern auch, um welchen Zug es sich handelt. Der bekannteste digitale Rückmeldebus bei der Modellbahn ist der → *s88*, eine Vielzahl von Rückmeldeeinrichtungen unterschiedlicher Hersteller sind mit dem s88 kompatibel.

Rücktransformation

Werden an einer Modellbahn-Anlage herstellerunabhängig mehr als zwei Wechselstrom-Transformatoren angeschlossen, liegt durch die Rücktransformation bei alten Trafos möglicherweise am gezogenen Netzstecker eines Trafos lebensgefährliche Netzspannung an, wenn ein verbundener, zweiter Trafo ans Stromnetz angeschlossen ist. Neue Modellbahn-Trafos sind gegen die Rücktransformation durch eine Rücktransformationssperre gesichert.

Ruhrpott-Sprinter

Bezeichnung der Diesel-Streckenlok Vossloh/MaK G1206 durch die RAG Bahn und Hafen GmbH (heute RBH)

Rundmotor

Verbreitete Motorbauform bei Antrieben in Modellen von Fleischmann und LIMA. Diese alten, dreipoligen Gleichstrommotoren haben nach modernen Maßstäben ein eher schlechtes Laufverhalten. Modellbahn-Fahrzeuge mit diesen Motoren lassen sich oft nur relativ aufwendig digitalisieren, da vielfach eine elektrische Verbindung zwischen Teilen des → *Motorschildes* und dem Fahrzeugchassis bzw. -rahmen besteht. Für das Tuning dieser Maschinen existiert eine Komplettlösung, die auf einem Ersatz-Motor der Firma Model Torque aus Blackburn/Australien (www.modeltorque.com.au) basiert (Vertrieb Deutschland: www.bahndoktor.de).

Typischer Rundmotor als Antrieb in einem einfachen Dampflok-Modell.

Der Ruhrpott-Sprinter ist in vielen Farbvarianten auf Modellbahn-Anlagen der Epochen V und VI unterwegs und in verschiedenen Nenngrößen erhältlich.

s88-Bus
Der s88-Bus ist von Märklin Mitte der 80er-Jahre im Zusammenhang mit dem ersten Digitalsystem für Modellbahnen eingeführt worden. Es handelt sich um ein Bussystem, das der Rückmeldung von Ereignissen auf der Modellbahnanlage dient. Der s88-Bus ist in der Lage, 31 Module mit je 16 Eingängen zu verwalten. Die maximale Rückmeldekapazität des Busses beträgt 496 auswertbare Rückmeldeeingänge. Durch Koppelung mehrerer s88-Bussysteme auf einer Anlage kann die Rückmeldekapazität nötigenfalls weiter gesteigert werden. Der s88-Bus wird von den allermeisten Digitalzentralen unterstützt.

s88-N
Es handelt sich um die Erweiterung der s88-Standardschnittstelle um die Verwendung mit Netzwerkkomponenten aus der IT-Technik. Das bezieht sich insbesondere auf genormte Kabel und Buchsen. Zur Kennzeichnung kompatibler Komponenten verwenden die Hersteller ein einheitliches Logo.

Sägen
Wenn Modellbahner eine Modellbahn-Anlage bauen, haben sie viel mit dem Sägen von Holz und anderen Materialien zu tun. Wenig bekannt ist, dass „sägen" auch ein spezieller Eisenbahner-Betriebsbegriff ist. Darunter versteht man das mehrfache Umsetzen einer Lok, um von einem Gleis (z. B. beim Verlassen des → *Bw*) zu einem anderen Gleis zu gelangen, wo ein Zug bereitsteht. Das Sägen ist dann nötig, wo man das Zielgleis nicht direkt anfahren kann, weil z. B. durch Defekte oder den Rückbau von Weichen die ideale Fahrstraße nicht nutzbar ist.

Sandwich
Eine Form der Mehrfachtraktion ist das Sandwich (auch: Lokomotivsandwich, Tandem) genannte Verfahren, bei dem an beide Zugenden eine Lok gekuppelt ist. Dieses in der Schweiz als Doppelpendelzug bezeichnete Fahren mit zwei Triebfahrzeugen an den entgegengesetzten Enden des Zuges unterscheidet sich von der Doppeltraktion durch geringere Kupplungsbelastung und Wendezugfähigkeit ohne die Notwendigkeit eines Steuerwagens. Daher kommt es unter anderem zum Einsatz, wenn Trieb- oder Steuerwagen ausgefallen sind.

Schalldämmung
Die Schalldämmung ist bei den fahrbetrieborientierten Modellbahnern eine wichtige Maßnahme beim Anlagenbau. Es ist wirklich erstaunlich, was für einen Heidenlärm schon der Betrieb einer kleinen Modellbahn-Anlage machen kann, wenn die Gleise ungedämmt fest mit einer guten Resonanzfläche wie einer „Modellbahn-Platte" verschraubt werden. Als Material zur Schalldämmung wird vielfach Kork genommen, das in Streifen und Platten sowohl vom Zubehörhandel angeboten wird als auch preiswert in Baumärkten erhältlich ist. Allerdings ist Kork eher für eine thermische Isolation als für eine akustische Trennung verwendbar. Es hat aber den Vorteil, dass sich die Gleisbettung mit einem entsprechenden Böschungswinkel gut für das Einschottern vorbereiten lässt. Ideal ist Resorb, ein spezielles Schalldämmmaterial, das von IMT Lenzen (www.imt-lenzen.de) angeboten wird.

Schaltgleis
Spezielles Gleisstück eines Gleissystems, mit dem bei der analogen Modellbahn eine elektrische Funktion beim Überfahren ein- oder ausgeschaltet wird. Im Unterschied zum → *Kontaktgleis* wird der Kontakt beim Schaltgleis (Mittelleiter-System) über eine Schaltwippe in der Mitte des Gleises betätigt, wenn ein Fahrzeug mit Schleifer über das Schaltgleis fährt. Der Kontakt des Schaltgleises hat zwei Ausgänge, somit können Funktionen richtungsabhängig zugeordnet werden. Zu beachten ist, dass Schaltgleise nicht mehrere Verbraucher gleichzeitig schalten können, das führt zum schnellen Verschleiß und zur Beschädigung der Kontakte.

Schaltnetzteil
Spezielles Netzteil, das eine unstabilisierte Eingangsspannung (Gleich- oder Wechselspannung) in eine Gleichspannung anderen Niveaus umwandelt. Der Wirkungsgrad von Schaltnetzteilen (auch: Schaltnetzgeräten) ist sehr hoch und liegt bei 70 bis 90 %. Dazu enthält ein Schaltnetzteil eine elektronische Baugruppe, die im Gegensatz zum klassischen Spannungsregler die Netzspannung zunächst gleichrichtet, in eine Wechselspannung wesentlich höherer Frequenz umwandelt und nach der Transformation schließlich wieder

gleichrichtet. Schaltnetzteile ermöglichen durch eine hohe Leistungsdichte den Bau von Netzteilen mit kompakten Abmessungen. Zudem bieten sie einen großen Toleranzbereich für Eingangsspannung und Netzfrequenz. Daher sind heute auch → *Steckernetzteile* rund um die elektrische Modellbahn meist als Schaltnetzteile ausgeführt.

Schattenbahnhof

Im Schattenbahnhof werden auf einer Modellbahn-Anlage die Züge abgestellt, die gerade nicht im Streckenbetrieb unterwegs sind. Ein klassischer Schattenbahnhof ist im nicht sichtbaren Teil einer Anlage installiert. Da sich Schattenbahnhöfe meist unter dem sichtbaren Teil einer Anlage befinden, wird die Ein- bzw. Ausfahrt in den Schattenbahnhof vielfach mit einer → *Gleiswendel* realisiert, um den Höhenunterschied zu überwinden. Alternative zum Einsatz eines Schattenbahnhofs ist die Benutzung eines → *Paternoster*.

Schauanlage

Im Gegensatz zu einer → *Vorführanlage* ist eine Modellbahn-Schauanlage eine ortsfeste Installation. Der Besuch von Schauanlagen lohnt für jeden Anlagenplaner und -bauer ungemein. Die weltgrößte Schauanlage ist das → *Miniatur-Wunderland Hamburg*.

Schiebebühne

Eine Schiebebühne ist ein querverschiebbares Gleisstück, mit dem z. B. Triebfahrzeuge von zwei Eingangsgleisen in 6 Ausgangsgleise verschoben werden können. Eine Schiebebühne spart sehr viel Platz ein und findet sich oft vor einem Lokschuppen oder in einem Betriebswerk. Die rechteckigen Schiebebühnen sind quasi die Nachfolger der alten Drehscheiben, können aber im Gegensatz zu diesen das Fahrzeug nicht mehr umdrehen (→ *Ringlokschuppen*). Die Schiebebühnen der Modellbahn-Hersteller orientieren sich am Vorbild und ermöglichen von der Länge her nur das Verschieben eines Triebfahrzeugs. Auf Club- und Schauanlagen wird das Prinzip der Schiebebühne oft verwendet, um ganze Zuggarnituren für die Fahrt auf der Anlage auszuwählen.

Schiebe-Modell

Schiebe-Modell ist eine in der Spielzeugbranche übliche Bezeichnung für Fahrzeugmodelle, die mit rollfähigen Rädern, aber ohne einen

Ein Schattenbahnhof auf zwei Ebenen im → Miniatur-Wunderland Hamburg.

Antrieb geliefert werden. Andere Bezeichnungen sind Roll-Modell oder Bodenläufer. Interessanterweise sind Schiebe-Modelle von Eisenbahnfahrzeugen häufig mit Rädern ausgestattet, die auch einen Radkranz haben, sogar dann, wenn der Hersteller gar kein Gleissystem anbietet. Besonders häufig sind Straßenbahn-Modelle als Schiebe-Modelle ausgeführt. Ein Sonderfall der Schiebe-Modelle sind Dummys, also Lok-Modelle ohne einen eigenen Antrieb. Zum Nachbilden einer Traktion oder eines Vorspanns wird ein angetriebenes Lok-Modell dazu mit einem Schiebe-Modell gekoppelt.

Schiebetrix

Schiebetrix war die Bezeichnung der ersten Modellbahn-Modelle der Firma Minitrix, die 1959 zum ersten Mal auf der Spielwarenmesse in Nürnberg vorgestellt wurden. Es handelte sich um Modellbahnen ohne Antrieb, die kein Gleis benötigten, also Schiebe-Modelle. Die Schiebetrix-Modelle wurden nach 1964, als die ersten Modelle der motorisierten Minitrix im Maßstab 1:160 erschienen, eingestellt. 1999 wurde zum 40-jährigen Minitrix-Jubiläum eine V 36 als Schiebetrix mit 5 Kesselwagen in einer Geschenkpackung wieder aufgelegt.

Schiene

Eigentlich ein ganz einfaches Wort. Leider wird es im Modellbahnjargon häufig sinngleich mit „Gleis" benutzt, was unkorrekt ist. Das Gleis ist der Fahrweg von Schienenfahrzeugen, das aus dem Unterbau und dem Oberbau gebildet wird. Darauf sind die beiden Schienen, die die Räder der Schienenfahrzeuge führen (→ *Spurkranz*). Modellbahn-Hersteller verkauft daher keine Schienen, es werden Gleisstücke verkauft. Ausnahme hiervon sind die seltenen Gleis-Selbstbau-Produkte, bei denen tatsächlich auch die Schienen einzeln verkauft werden.

Schienenreinigungswagen

Schienenreinigungswagen, die der Säuberung der Schienen dienen, gibt es für die Modelleisenbahn in jeder Nenngröße. In den meisten Fällen sind Schienenreinigungswagen z. B. Güterwaggons, unter denen Reinigungsfilze befestigt sind, die die Schienen-Oberflächen von Ablagerungen befreien. Insbesondere bei der digitalen Modellbahn sind Schienenreinigungswagen wichtig, da die Fahrzeuge ansonsten beim Ausbleiben der digitalen Befehle aufgrund von Verschmutzungen z. B. ruckeln oder sogar stehen bleiben können. Es gibt auch aktive Reinigungs-Systeme mit Staubsauger, führend ist hier Lux (www.lux-modellbau.de).

Schienenzeppelin

Der Schienenzeppelin (Flugbahnwagen) war ein von Franz Kruckenberg 1929 konstruierter Eisenbahntriebwagen, der von einem am Heck befindlichen Flugzeugpropeller mit Vierblattluftschraube angetrieben wurde. Der Schienenzeppelin wurde nur in einem einzigen Exemplar gebaut und stellte 1931 mit 230,2 km/h einen Geschwindigkeitsweltrekord auf, der 24 Jahre Bestand hatte. Der Schienenzeppelin war und ist für viele Modellbahn-Hersteller eines der häufig gebauten Modelle und wurde schon in der klassischen Nenngröße 0 produziert. Sehr bekannt ist das Märklin-H0-Modell des Schienenzeppelins, das allerdings auf zwei 2-achsigen Drehgestellen fährt, während das Original auf zwei 1-achsigen Drehgestellen fuhr. Weitere Modelle des Schienenzeppelins wurden in den Nenngrößen 1, N und Z produziert.

Schleifer

Im Jargon Sammelbegriff für die flexibel unter den Fahrzeugen angebrachten Kontakte zur Stromaufnahme. Heute werden unter „Schleifer" meist die Mittelschleifer für Fahrzeuge des Märklin-Mittelleiter-Systems verstanden, aber auch alte Bahnen u. a. der Spur 0 sowie TRIX Express benutzen Schleifer zusätzlich zur Stromübertragung durch den Rad-Schiene-Kontakt (→ *Radschleifer*).

Schleiferumschaltung

Wenn Sie einen Modellbahn-Triebwagen im → *Mittelleiter-System* digitalisieren, der an beiden Enden mit einem Schleifer ausgestattet ist, gibt es im Betrieb ein Problem: Für das Anhalten vor roten Signalen und die gewünschten Funktionen in Blockstellen und auf → *Schaltgleisen* darf in Abhängigkeit von der → *Fahrtrichtung* immer nur einer der beiden Schleifer zur Stromaufnahme benutzt werden. Daher ist in manche → *Digitaldecoder* eine Schleiferumschaltung integriert, die per → Konfigurationsvariable ein- und ausgeschaltet werden kann.

TIPP
Die Schleiferumschaltung ist nur notwendig, wenn über abschaltbare Gleisbereiche gesteuert wird. Bei Verwendung eines guten PC-Steuerprogramms (→ *Railware*) spielt es keine Rolle, an welcher Stelle des Zugs sich die Schleifer befinden.

Schleiferumschaltungsplatine
Ist ein langes Triebfahrzeug mit zwei Schleifern zur Stromaufnahme ausgestattet, kommt es vor, dass es über Kontaktabschnitte einer Modellbahn-Anlage hinausreicht. Damit dann die Steuerung nur mittels eines Schleifers reagiert, liefert ESU mit der Schleiferumschaltung eine Nachrüstlösung. Die Schleiferumschaltungsplatine wird zwischen den beiden Schleifern und dem → *Digitaldecoder* angeschlossen und aktiviert den jeweils richtigen Schleifer für die Stromaufnahme. Die Schleiferumschaltung (Art.-Nr. 51966) funktioniert im Analog- und Digitalbetrieb (Infos unter www.esu.eu).

Schleiferwippe
Hierbei handelt es sich beim Mittelleiter-System um eine einfache mechanische Vorrichtung im Gleis, mit der Fahrzeugschleifer über eine Trennstelle unterschiedlicher Stromkreise geführt werden. Mit der Schleiferwippe wird ein Kurzschluss zwischen unterschiedlichen Stromkreisen (→ *Booster*) vermieden. Die Schleiferwippen sind sowohl bei analogem wie auch digitalem Betrieb einzusetzen.

TIPP
Vorsicht beim Einsatz von Zügen mit mehreren Schleifern, denn die können trotz Schleiferwippen einen Kurzschluss zwischen zwei Stromversorgungsbereichen herstellen (→ *Schleiferumschaltung*).

Schlepptender
Ein Schlepptender ist ein spezieller Vorratswaggon für → *Schlepptenderloks* (Dampflokomotiven), der direkt hinter der Lok gekuppelt ist. Bei Modellbahn-Dampflokomotiven ist der komplette Antrieb des Modells in vielen Fällen im Schlepptender untergebracht, z. B. bei H0-Modellen von Fleischmann, PIKO und Roco. Vorteil dieser Methode ist die gute Zugänglichkeit bei der Wartung sowie die Möglichkeit, das Dampflok-Modell besser zu detaillieren, z. B. mit einem freien Kesseldurchblick.

Schlepptenderlok
Schlepptenderloks sind Dampfloks, die die wichtigsten Betriebsstoffe in einem von der eigentlichen Lokomotive abgetrennten Tender mit sich führen. In diesem Vorratswagen werden bei den Vorbildmaschinen die für den Betrieb notwendigen Brennstoffe (Kohle oder Öl) und Wasser für die Dampferzeugung mitgeführt.

Schlitzaugenlok
Im Jargon ist Schlitzaugenlok eine meist eher abwertend gemeinte Bezeichnung für eine Modellbahn-Lok aus China. Da China der weltweit größte Spielzeugproduzent ist und auch große Modellbahn-Hersteller wie Hornby komplett in China fertigen lassen, entwickelt sich der Begriff hin zur Beschreibung des Produktions-Normalfalls.

Schmalspur
Als Schmalspur werden Modellbahnen bezeichnet, die unabhängig von der Nenngröße (Maßstab) keine Modelle einer Vorbildbahn mit Regelspur (1.435 mm), sondern einer Vorbildbahn mit einer kleineren Spur nachbauen. Z. B. bildet der Maßstab H0e eine Vorbildbahn mit 750 mm nach, bei H0m ist es eine 1.000-mm-Vorbildbahn.

Schneckengetriebe
Um die Drehbewegung der Motorwelle auf die Zahnräder des Lokomotiv-Getriebes zu übertragen, verwenden viele Hersteller Schneckengetriebe. Eine eingängige Schnecke dreht bei einer Umdrehung um einen Zahn, eine zweigängige Schnecke um zwei Zähne weiter. Durch dieses unterschiedliche Kraft- und Untersetzungsverhältnis sind eingängige Schneckenantriebe selbsthemmend, zweigängige meist kaum noch. Loks mit einem eingängigen Schneckenantrieb haben daher schlechte dynamische Fahreigenschaften und bei einer Stromunterbrechung praktisch keinen Auslauf. Um dem entgegenzuwirken, setzen die meisten Hersteller eine → *Schwungmasse* auf der Motorachse ein. Ein Hersteller von Schneckengetrieben für Modellbahn-Zwecke ist Höhn Feinmechanik (www.hoehn-feinmechanik.de).

Schnittstelle

Eine Schnittstelle stellt die Anschlussmöglichkeit für die Verbindung zu einem anderen technischen Gerät bereit. Die bei der Modellbahn anzutreffenden Schnittstellen entstammen sehr unterschiedlichen Quellen: Der CAN-Bus ist eine normierte Industrieschnittstelle, die → *USB-Schnittstelle* wurde von der Computertechnik übernommen und die s88-Schnittstelle ist eine Märklin-Entwicklung. Die passende Schnittstelle ist in aller Regel Teil einer → *Digitalzentrale* oder eines Boosters, teilweise kann sie für Selbstbauprojekte auch als einzelner Elektronik-Baustein lieferbar sein. Speziell bei der Auswahl von Digitalkomponenten und Peripheriegeräten ist daher unbedingt auf die passende Ausstattung mit Schnittstellen zu achten. Zwar können die Schnittstellensignale in vielen Fällen mit einem zusätzlichen Gerät gewandelt (konvertiert) werden, technisch sind solche Lösungen aber nicht immer optimal, es können z. B. Timingfehler oder Inkompatibilitäten auftreten. In neueren Modellbahn-Lokomotiven finden Sie zudem Schnittstellen, um Digitaldecoder anzuschließen. Weitere Infos enthalten → *NEM 651* bis *654*.

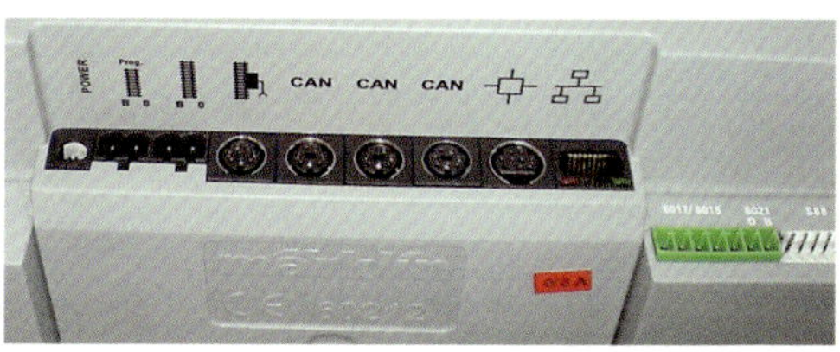

Die Rückansicht zeigt die Schnittstellen an der → Digitalzentrale Märklin Central Station.

Schnittstelle NEM 651

Genormter Anschluss für Digitaldecoder in Modellbahn-Fahrzeugen, Ausführung klein (S) mit sechs Kontakten. Die kleine Decoder-Schnittstelle wird insbesondere beim Anschluss von Minidecodern in Loks der Baugrößen N und Z verwendet. Aber auch zum Anschluss von Decodern in H0-Fahrzeugen setzen manche Hersteller (z. B. Fleischmann) diese Schnittstelle ein.

Das Schema der Anordnung der Kontakte bei der Schnittstelle NEM 651.

Schnittstelle NEM 652

Die mittlere Decoder-Schnittstelle kommt besonders häufig in der zweireihigen Version zum Einsatz und wird dann als „M/a“ bezeichnet. Sie ist in besonders vielen Lokomotiven der Nenngröße H0 zu finden.

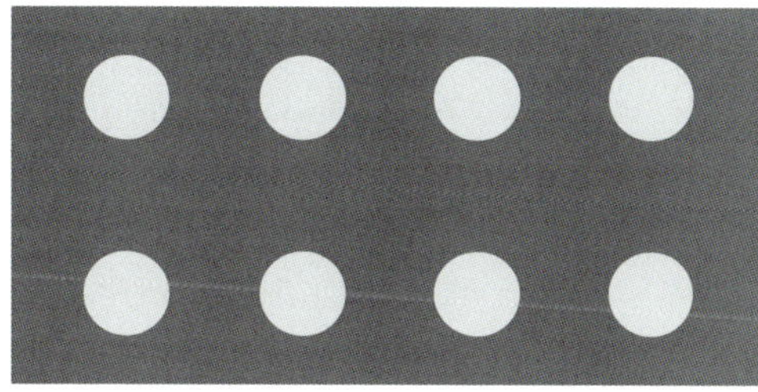

Die Anordnung der Kontakte bei der Schnittstelle NEM 652 M/a.

Schnittstelle NEM 653

Von dieser mittleren, achtpoligen Decoder-Schnittstelle gibt es weiterhin eine einreihige Ausführung, die als NEM 653 M/b bezeichnet wird.

Das Schema der Anordnung der Kontakte bei der Schnittstelle NEM 653 M/b.

Schnittstelle NEM 654

Die größte Ausführung dieser Decoderschnittstellen ist nur vierpolig und wird als „L“ bezeichnet.

Die Anordnung der Kontakte bei der Schnittstelle NEM 654.

Schotter
Bei Schotter handelt es sich um Gesteinssorten, mit denen das Gleis auf dem Oberbau eingeschottert wird. Um dem Vorbildeindruck zu entsprechen, ist scharfkantiger Modellbauschotter ideal, der von vielen Firmen angeboten wird.

TIPP
Als Billiglösung anstelle von Modellbauschotter eignet sich für die mittleren Nenngrößen Bremssand, wenn er entsprechend eingefärbt wird.

Schutzklasse II
In der Elektrotechnik wird die Einteilung und Kennzeichnung von elektrischen Betriebsmitteln in Schutzklassen vorgenommen. Zugelassene, technische Hobbyartikel wie Netzgeräte werden in der Schutzklasse II gebaut, die auch für Modellbahnartikel gilt. Sie erkennen diese Geräte am folgenden Zeichen.

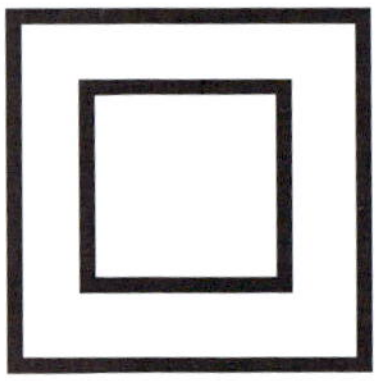

Das Symbol für Hobbyartikel nach Schutzklasse II.

Schutzwagen
Schutzwagen sind Eisenbahnwaggons mit einer speziellen Aufgabe. Sie sollen Personen, andere Waggons oder Güter vor Beschädigungen schützen. Daher werden Schutzwagen auch als Sicherheitswagen bezeichnet. Der Ursprung der Schutzwagen liegt in der Dampflokzeit, in der zwischen der Dampflok (bzw. deren Kohletender) und den angehängten Personenwagen ein Schutzwagen eingestellt wurde. Häufig wurden Schutzwagen als Gepäckwagen benutzt, die Postbeförderung in Schutzwagen war gemäß behördlicher Vorschrift in aller Regel verboten. Auf der Modellbahn-Anlage sind Schutzwagen häufig als Kranschutzwagen anzutreffen. Dabei wird der Kranausleger während der Fahrt auf den Schutzwagen abgesenkt. Um das Gewicht bei Schwertransporten besser auf die Schienen zu verteilen und mehr gefederte Puffer zum Abbremsen der Anhängelast zu ermöglichen, werden ebenfalls Schutzwagen in Güterzüge eingestellt. Weitere Funktionen haben Schutzwagen bei Militärzügen, wo sie oft vor der Lok eingestellt waren und geschoben wurden. Der Schutzwagen sollte dann die Lok vor der Explosion von Minen auf den Gleisen schützen oder wurde sogar mit aktiver Bewaffnung ausgestattet.

Schwungmasse
Eine Schwungmasse ist ein runder Metallkörper, meist aus Messing, der in Modellbahn-Triebfahrzeugen das Fahrverhalten verbessert. Vorteile sind die Überwindung kurzer Stromunterbrechungen und ein verlängerter Nachlauf/Auslauf. Auch die Entgleisungsgefahr der Züge sinkt, wenn z. B. nach einem Nothalt die Lok nicht abrupt stehen bleibt. Besonders, wenn der Motor ein starkes Rastmoment und damit wenig Nachlauf besitzt, verbessert eine Schwungmasse die Fahreigenschaften. Anstelle einer großen Schwungmasse setzen die Modellbahn-Hersteller bei kleineren Modellen häufig auch zwei kleinere Schwungmassen

S

Das Prinzip der Schwungmasse ist es, den Nachlauf des Motors zu verbessern. Dazu befindet sich die Schwungmasse meist unmittelbar an der Motorwelle.

ein, die dann an beiden Seiten des Motors auf der Kardanwelle angebracht sind. Dabei sollte der Auslauf allerdings nicht übertrieben werden, denn dadurch kann das Betriebsverhalten erschwert werden, weil so eine Lok z. B. beim Rangieren nur schwer auf den Punkt anzuhalten ist.

Segmentanlage

Modellbahn-Anlagen benötigen generell relativ viel Platz. Um eine Modellbahn-Anlage transportabel zu halten, ist vielfach eine Segmentanlage eine Lösung. Während bei einer Modulanlage die mechanisch und elektrisch genormten Module in beliebiger Reihenfolge funktionstüchtig montiert werden können, ist die Reihenfolge bei einer Segmentanlage festgelegt. Zwar halten sich Segmentanlagen von der Trennung und der Elektrik her in aller Regel nicht an bekannte Normen, es ist aber wichtig, dass alle elektrischen Verbindungen so ausgeführt werden, dass eine sichere Trennung und ein problemloser Wiederanschluss möglich sind. Eine große Modulanlage kann durchaus auch teilweise aus Segmenten bestehen, die eine bestimmte Montagefolge erfordern, wobei die kompletten Segmente dann wieder beliebig in die Module integriert werden können. Nachteil einer Segmentanlage gegenüber einer reinen Modulanlage ist, dass eine Modulanlage auch betriebsbereit ist, wenn nicht alle Module aufgebaut sind. Bei einer Segmentanlage hingegen besteht nur dann Betriebsbereitschaft, wenn auch alle Segmente montiert sind. Besonders häufig werden Segmentanlagen bei den „großen" Modellbahnspuren eingesetzt und aus Platzgründen manchmal nur auf Ausstellungen zusammengebaut.

Selbstfahrtage, Selbstfahr-Wochenende

An einem Selbstfahrtag oder Selbstfahr-Wochenende dürfen die Besucher einer öffentlichen Schauanlage oder der Modellbahn-Anlage eines Vereins die Züge auf der Anlage selbst fahren. Die automatische Steuerung ist dann meist ausgeschaltet, und Mitarbeiter bzw. Vereinsmitglieder weisen die Besucher in den Betrieb ein. Bei Selbstfahrtagen dürfen je nach verwendetem System auch eigene Loks oder Züge gefahren werden. Eine Besonderheit stellt die Miniaturwelt Oberhausen dar, denn dort ist Selbstfahren jederzeit mittels einer Funk-Handsteuerung auf einer speziellen Besucherstrecke möglich.

Selbsthemmung

Das Getriebe einer Modellbahn-Lok ist selbsthemmend, wenn es sich nur über die Antriebswelle des Motors und nicht über die Abtriebswelle des Getriebes bewegen lässt. Vor allem bei Motorwellen mit → *Schneckengetriebe* ist diese Eigenschaft ausgeprägt. Ist die Selbsthemmung zu groß, bleiben Loks bei Stromunterbrechung sofort stehen, teils sogar ruckartig. Das sieht nicht nur unschön aus, das kann auch Entgleisungen von angehängten Waggons zur Folge haben. Wird die Selbsthemmung durch übertriebenen Einsatz von → *Schwungmassen* auf der Motorachse unterdrückt, sind diese Maschinen speziell beim Rangieren schlecht steuerbar (→ *Möller-Antrieb*).

Selectrix

Von der Firma TRIX wurde das Selectrix-Protokoll für die digitale Modellbahnsteuerung entwickelt. Der Name leitet sich von Selec-TRIX ab, diese Schreibweise ist allerdings unüblich. Selectrix kam 1983/1984 nahezu zeitgleich mit dem ersten Digitalsystem von Märklin (→ *MM*) in den Handel, wurde aber durch Märklins erheblich größere Marktpräsenz nur wenig wahrgenommen. Das Selectrix-System (Sx = Selectrix, Sx2 = Selectrix 2) ist auf hohe Geschwindigkeit optimiert. Weiterer Vorteil des Selectrix-Systems ist das einfache Erkennen von Halteabschnitten. Das Selectrix-System verwendet hierzu spezielle Dioden, über die der Halteabschnitt versorgt wird, Bremsgeneratoren sind nicht erforderlich. Das Selectrix-Protokoll wird häufig bei den kleinen Nenngrößen N und Z eingesetzt. Die Sx-Bit-Darstellung ist in der → *NEM 680* beschrieben, NEM 681 behandelt das digitale Steuersignal Sx.

Selectrix Datenbus

Alle Systemkomponenten am → *Selectrix* Datenbus sind miteinander vernetzt. Standard für diese Verbindung ist ein 5-poliges Kabel, die Komponenten werden mit DIN-Steckern und -Buchsen verbunden. Die Fahrregler für den Selectrix Datenbus ermöglichen bei entsprechender Positionierung am Anlagenrand einen walk-around-Einsatz, man kann also mit seinem Zug „mitgehen“ und ihn aus der Nähe bedienen. Da das Sx-Bussystem Lok- und Funktionsadressen nicht unterscheidet, ist dabei eine einfache Kontrolle und Beeinflussung von Signalen und Weichen möglich. Der sogenannte Sx0-Bus dient zum Fahren im gesamten Adressbereich, der Sx1-Bus zum Schalten und Melden.

TIPP
Mit passender Steuerungs-Software (z. B. → *Railroad & Co. TrainController*) und entsprechender Hardware lassen sich parallel mehrere Sx-Bussysteme verwalten (Info: www.freiwald.com).

Serielle Schnittstelle

Bei der Datenübertragung rund um die Modellbahn spielen serielle Schnittstellen eine große Rolle (siehe → *RS-232*, → *USB*, → *CAN-Bus)*.

Servoantrieb

Um vorbildgerechte Animationen zu realisieren, werden immer häufiger Servoantriebe eingesetzt. Servoantriebe (lat. servus = Sklave) können als mechatronische Einheit betrachtet werden, die für die Automatisierung von mechanischen Stellvorgängen vorgesehen ist. Servoantriebe finden sich bei der Modelleisenbahn insbesondere beim Antrieb von Weichen, Signalen, Schranken, Kränen, Drehscheiben und weiteren Funktionsmodellen aller Art. Insbesondere als zuverlässiger und kraftvoller Antrieb für die Weichenzungen setzen sich Servoantriebe immer mehr durch. Ein Servoantrieb besteht aus einer Steuerelektronik (Servoregler), dem Servomotor und einem Getriebe. Als Motor dienen in aller Regel geregelte, bürstenlose Gleichstrommotoren oder seltener vektorgeregelte Asynchron-/Synchronmotoren. Bei der digitalen Modellbahn kommt noch ein Digitaldecoder hinzu, der es ermöglicht, die Steuerelektronik digital anzusteuern. Besondere Aufmerksamkeit beim Einsatz von Servoantrieben muss auf das Getriebe gelegt werden. Es dient meist speziell dazu, die Drehbewegung des Servomotors in eine Linearbewegung umzuwandeln, mit der z. B. das Tor eines Lokschuppens geöffnet und geschlossen wird. Speziell auf die Bedürfnisse von Modellbahnern abgestimmt bietet u. a. ESU Servoantriebe an und liefert abgestimmtes Zubehör gleich mit: diverse Ruderhörner, ein speziell gefertigtes Servohorn, Stelldraht, Befestigungsschrau-

Die Tore dieses Lokschuppens werden durch den Servoantrieb unter dem Dach gesteuert.

S

ben sowie eine eigens entwickelte Servohalterung für horizontalen oder vertikalen Einbau (Info: www.esu.eu).

Servodecoder

Als Servodecoder werden bei der Modellbahn Digitaldecoder bezeichnet, die die Ansteuerung von Servomotoren ermöglichen. Während praktisch alle Magnetartikel-Decoder Weichen mit Magnetantrieb ansteuern können, ist die Ansteuerung von Servomotoren ein relativ neues Feature. Vorteil des Servomotors ist beim Einsatz an einer Modellbahn-Weiche die langsame und damit vorbildgerechtere Umschaltung der Weichenzunge; zudem arbeiten hochwertige Modellbau-Servomotoren zuverlässiger als die standardmäßigen Magnetantriebe. Die Fähigkeit, unter anderem als Servodecoder zu fungieren, bietet z. B. die RaiLux Steuereinheit von Waldmeyer Modellbautechnik (www.walmo.com).

TIPP
Bei Servodecodern kann man nicht nur die Geschwindigkeit, sondern auch den Anschlag des Servos individuell programmieren. Damit erhalten Sie eine hohe Flexibilität und Genauigkeit für den Steuerungsvorgang.

S-FTP

Abk. für Shielded-Foiled Twisted Pair, hochwertiges → *Patch-Kabel* zur Netzwerkverkabelung mit doppelter Abschirmung. Dank der doppelten Abschirmung der S-FTP-Patch-Kabel stellen längere Busleitungen auch in Nachbarschaft von Daten- oder Schaltleitungen kein Problem dar.

Sh

Abk. für Schutzhaltsignal

Sicherheitskopie

Eine Sicherheitskopie (Backup) ist eine Zweitausfertigung digitaler elektronischer Daten. Der Sinn eines Backups ist, beim Verlust der Arbeitsversion der Daten einen möglichst aktuellen Arbeitszustand zu restaurieren. Moderne PC-Betriebssysteme bieten meist eine integrierte Möglichkeit an, Backups zu erzeugen und zu verwalten. Da Anpassung und Konfiguration einer Modellbahn → *Digitalzentrale* an die Anlage aufwendig sind, können vollwertige Digitalzentralen in aller Regel ebenfalls ein Backup erzeugen. Als Sicherungsmedium werden dabei meist Netzwerkspeicher oder USB-Sticks unterstützt. Das Wiederherstellen von Daten aus einem Backup wird als Restore bezeichnet.

Siderodromophobie

Es handelt sich dabei um eine Angststörung, die sich auf Eisenbahnen bezieht. Im Kern ist damit eine krankhafte Angst vor dem Fahren mit Zügen gemeint. Die Siderodromophobie kann im Extremfall aber alles betreffen, was mit Zügen und dem Eisenbahnbetrieb zu tun hat. Zum Glück tritt die Eisenbahnangst aber nur beim Echtbetrieb auf. Fälle von Siderodromophobie im Zusammenhang mit der Modellbahn sind wissenschaftlich bislang nicht belegt.

Signalbild

Bei → *Lichtsignalen* werden die im Zusammenhang für eine bestimmte Signalisierung gemeinsam aufleuchtenden Lichter als Signalbild bezeichnet, beispielsweise für die Signalisierungen von Hp0 (rot), Hp1 (grün), Hp2 (grün/gelb). Die gewünschten Signalbilder werden bei der digitalen Modellbahn an der → *Digitalzentrale* ausgewählt oder in der Steuersoftware per PC/Notebook programmiert. Dabei kann über eine Eingabemaske das Signalbild frei festgelegt werden, also welche LEDs beim Ansprechen der Adresse des Signals aufleuchten sollen. Nachteil dieser Methode ist, dass die → *Lichtsignale* nicht nur die korrekten Signalbilder anzeigen können, sondern sich auch mehr oder weniger unsinnige Signalbilder programmieren lassen.

Silberleitlack

Silberleitlack (oder nur Leitlack) wird verwendet, um eine elektrische Verbindung herzustellen. Der Vorteil ist, dass nicht gelötet werden muss und kein Draht erforderlich ist. Daher wird Silberleitlack auch als „flüssiger Draht" bezeichnet. Silberleitlack eignet sich sehr gut zum Beheben von Kontaktproblemen und hat zudem meist Eigenschaften eines Klebstoffes, wie das Produkt von Busch (www.busch-model.com). Silberleitlack wird häufig mit → *Widerstandslack* verwechselt.

WICHTIG
→ Widerstandslack wird gelegentlich mit Leitlack verwechselt, was in Kurzschlüssen endet.

Simple Railroad Command Protocol

Es handelt sich hierbei um ein Protokoll, das speziell für die Modellbahn zur Kommunikation zwischen den Software-Komponenten des Digitalprojekts DER_MOBA entwickelt wurde. Alle Modellbahn-Programme, die die SRCP-Sprachdefinition nutzen, sind grundsätzlich netzwerkfähig. Das Protokoll organisiert den Datenfluss zwischen der Modellbahn-Anlage, einem SRCP-Server und den verschiedenen SRCP-Clients. Minimal besteht daher jedes Modellbahn-Steuerungssystem, das mit dem SRCP-Protokoll arbeitet, aus einem SRCP-Server und mindestens einem SRCP-Client. Durch dieses Client-Server-Prinzip unterscheidet sich diese Modellbahn-Digitalsteuerung grundlegend von den meisten Systemen, die von den bekannten Modellbahn-Herstellern angeboten werden (Infos: www.der-moba.de).

Simulation

Die Simulation des Modellbahn-Betriebs ist eine wichtige Eigenschaft praktisch aller Steuerungsprogramme der digitalen Modellbahn. Damit ist es möglich, in der Software die Betriebsabläufe auszutesten, bevor damit die echten Modelle auf die Reise geschickt werden. Sie sollten diese Simulationsmöglichkeit grundsätzlich ausführlich nutzen, um Unfälle und Beschädigungen im Betrieb schon von vornherein zu minimieren.

S

Sinuslauf

Als Sinuslauf wird das Laufverhalten von Radsätzen mit konischem Radprofil (Radlauffläche) beschrieben, wie sie bei der Vorbildbahn und Eisenbahn-Modellen verwendet werden. Durch die Selbstzentrierung während der Fahrt laufen die beiden Radkränze des Radsatzes ständig wechselseitig an den inneren Schienenköpfen an. Daraus ergibt sich eine ganz spezielle Bewegung, die Sinuslauf genannt wird. Durch den Sinuslauf wird in der Geraden und in Kurven mit großen Radien eine Selbstzentrierung des Radsatzes zwischen den beiden Schienen erzeugt. Damit kommt es weniger zum Anlaufen der Spurkränze an die Schienenköpfe, was ein besseres Laufverhalten und geringeren Verschleiß zur Folge hat. Der Sinuslauf stabilisiert letztlich während der Fahrt den Radsatz und damit das gesamte Fahrzeug. Auf Bahnstrecken mit vielen Gleisbögen und engen Radien kommen die Vorteile des Sinuslaufs wegen anderer Effekte kaum zur Geltung. Im Gegensatz zu Eisenbahnfahrzeugen haben daher Straßenbahnen und U-Bahnen vielfach Radsätze mit zylindrischem Radprofil.

Slz

Abk. für Schlusslokomotive

Smartphone

Als Smartphones werden moderne Minicomputer bezeichnet, die den Leistungsumfang eines Mobiltelefons und eines Personal Digital Assistent (PDA) vereinen. Moderne Smartphones sind mit einem → *Touchscreen* ausgestattet und erlauben die grafische Darstellung von Programmen, dazu zählen auch Steuerprogramme zur Modellbahn. Derzeit sind solche Steuerprogramme für die Smartphones mit den Betriebssystemen Apple iPhone OS (→ *TouchCab*) und Microsoft Windows Mobile/Windows Phone (PPC SRCP Client) verfügbar.

SMD

Abk. für „Surface Mounted Device“ (Oberflächen-montierbare Bauteile), SMD-Bauteile sind extrem klein und werden ohne Bohrungen direkt auf die Platine gelötet. Die SMD-Technik hat auch bei der Modellbahn-Elektronik große Bedeutung gewonnen. Ohne SMD-Bausteine wären die Digitaldecoder in den kleinen Nenngrößen der Modellbahn unmöglich. Das Löten von SMD-Bausteinen von Hand erfordert allerdings etwas Geschick und Erfahrung.

SMD-LED

Eine SMD-LED ist eine besonders kleine Leuchtdiode, die in SMD-Technik gefertigt ist. Vorteile sind der geringe Platzbedarf und das Entfallen einer Verkabelung. Das manuelle Löten einer SMD-LED erfordert allerdings einiges Geschick. In neueren Modellbahn-Triebfahrzeugen ist z. B. die Frontbeleuchtung oft in Form von → *Flexprints* realisiert, auf die SMD-LEDs aufgelötet sind.

SMD-LEDs für die Spitzenbeleuchtung in einem Triebzug.

SoftdriveSinus-Motor

Als Nachfolger des C-Sinus-Motors stattete Märklin ab 2007 neue Modelle mit dem Hochleistungsantrieb SoftdriveSinus (Jargon-Abk. SDS) aus. Das Funktionsprinzip dieses Motors beruht auf einem 12-poligen, rotierenden Magnetfeld. Highlights des Antriebs sind die Wartungsfreiheit, das Reduzieren des Rastmoments auf ein sinnvolles Minimum (→ *Selbsthemmung*), das gesteigerte Drehmoment im unteren Drehzahlbereich und der hohe Wirkungsgrad bei reduziertem Stromverbrauch.

Bei abgenommenem Gehäuse des H0-Modells der Ae 8/14 ist der SoftdriveSinus-Motor gut zu erkennen.

WICHTIG

Die dreiphasige Ansteuerung des SDS-Motors benötigt eine spezielle Vorschalt-Elektronik, ein Betrieb mit Standard-Digitaldecodern ist daher nicht möglich.

Software-Fahrpult

Ein Software-Fahrpult ist die Simulation eines eigenständigen Fahrpultes (Fahrgerätes) in einer Modellbahn-Steuersoftware. Ein Software-Fahrpult ermöglicht die Änderung der Geschwindigkeit, der Fahrtrichtung und das Schalten von Funktionen. Charakteristisch für ein Software-Fahrpult ist die rein manuelle Steuerung aller Funktionen. Für den vollwertigen Digitalbetrieb lassen sich Software-Fahrpulte daher nur eingeschränkt verwenden, da die rein manuelle Kontrolle schon bei einer relativ geringen Zahl von aktiven Triebfahrzeugen auf der Anlage kaum noch störungsfrei möglich ist. Aber z. B. bei der Steuerung eines einzelnen Modells oder eines Modells auf einem Rollenprüfstand ist ein Software-Fahrpult ideal.

Sounddecoder

Ein → *Digitaldecoder*, der zusätzlich mit einem internen Geräuschmodul ausgestattet ist, wird als Sounddecoder bezeichnet. Mit Sounddecodern ist es möglich, auch Lokomotiven ohne Sound mit den typischen Betriebsgeräuschen auszurüsten. Sounddecoder sind nur wenig größer als Standard-Fahrzeugdecoder, die Unterbringung des Lautsprechers ist allerdings bei vielen Modellen problematisch.

TIPP

Bei Dampfloks lässt sich ein Lautsprecher häufig im Schlepptender oder dem Führerstand platzieren.

Im Lieferumfang von Sounddecodern befindet sich in aller Regel auch ein passender Lautsprecher.

Soundmodul

Soundmodule sind spezielle Digitaldecoder, die der akustischen Wiedergabe von Betriebsgeräuschen dienen. Soundmodule gibt es sowohl als einzelne Bausteine als auch integriert zusammen mit einem Digitaldecoder. Der Vorteil der Zusammenfassung als „Sounddecoder" ist die Platzersparnis sowie die einfachere Verkabelung. Wichtig ist, an die Sounddecoder nur spezielle Lautsprecher mit der vom Hersteller empfohlenen Impedanz anzuschließen. Typischerweise haben Modellbahn-Lautsprecher eine Impedanz von 100 Ω. Wird die Impedanz durch den Anschluss eines sehr niederohmigen Lautsprechers, wie sie in der HiFi-Technik mit 4 oder 8 Ω üblich sind, weit unterschritten, kommt es zur Zerstörung des Sounddecoders.

Spannungsabfall

Mit Spannungsabfall wird bei der Modellbahn die Potenzialdifferenz gemeint, die zwischen dem Einspeisungsgleis (Anschlussgleis, Anschlussgarnitur) und einem entfernten Punkt auf der Anlage auftritt. Ist der Spannungsabfall zu groß, flackern die Beleuchtungen bei Schaltvorgängen, und Triebfahrzeuge erreichen nicht mehr die Maximalgeschwindigkeit. Manchmal funktioniert auch das Umschalten von Magnetartikeln nicht mehr. Die Verkabelung sollte so angepasst sein, dass der Spannungsabfall auf einer Anlage am Ziel der Einspeisung nicht mehr als 10 % der Quellenspannung beträgt. Generell ist der Spannungsabfall am Gleis beim Verwenden von → *Flexgleisen* und Einspeisungen alle 1 bis 2 m gering, beim Verwenden von vielen kurzen Gleisstücken ohne zusätzliche Einspeisung (→ *Ringleitung*) relativ hoch. Weitere Informationen hierzu hält die → *NEM 604_d* bereit.

TIPP
Sie können den Spannungsabfall leicht mit einem Voltmeter bzw. Multimeter selbst nachmessen. Ein Spannungsabfall von weniger als 1 V ist tolerierbar, bei mehr als 2 V treten bei vielen elektrischen Verbrauchern und Triebfahrzeugen Verschlechterungen in den Betriebseigenschaften auf. Beachten Sie dazu die Besonderheiten beim Messen von Digitalspannungen (→ *Digitalspannung* messen).

Spannungsmessung

Die Messung von Gleich- oder Wechselspannungen gehört zu den häufigen Tätigkeiten beim Anlagenbau und Service. Die Spannungsmessung z. B. an einem Transformator ist gemäß nachfolgender Zeichnung vorzunehmen:

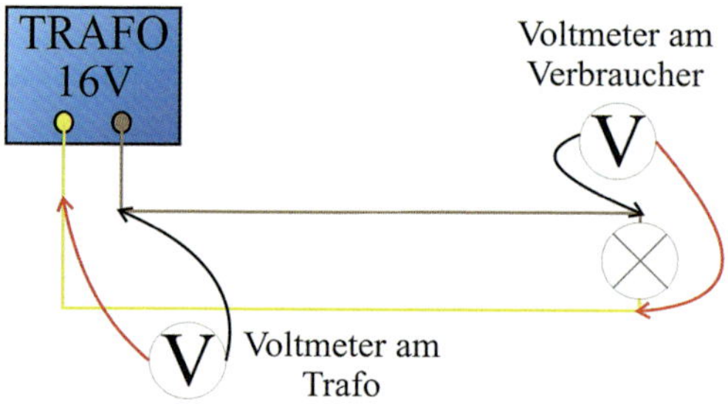

Bei der Spannungsmessung wird das Voltmeter bzw. Multimeter parallel zum Stromverbraucher angeschlossen (→ Digitalspannung).

SpDrS60

SpDrS60 ist die Abk. für ein Spurplan-Drucktastenstellwerk (→ *SpDr*) der Bauform Siemens 60, wie es häufig bei Stellwerken der Deutschen Bahn AG anzutreffen ist. Das SpDrS60 hat auch auf die Steuerung der Modellbahn großen Einfluss, z. B. simulieren Programme wie → *ModellStw* (bzw. PctWin) und → *SpDrS60* für Linux die Steuerung über dieses Vorbildsystem.

SpDrS60 für Linux

Dieses Modellbahn-Steuerungsprogramm simuliert das Siemens Spurplan-Drucktastenstellwerk. Es handelt sich um eine → *Open-Source-Software* für das Betriebssystem → *Linux* (Infos: http://spdrs60.sourceforge.net/).

SpeedCat

Die SpeedCat ist eine Erweiterung des H0-Rollenprüfstands von KPF-Zeller um eine Laufkatze, mit der die Geschwindigkeit sowie die zurückgelegte Fahrstrecke des Modells gemessen werden können. Zur Anzeige der Messwerte benutzt die SpeedCat kein eigenes Display, sondern über eine Verbindung per USB werden die Messdaten zu PC/Notebook übertragen und dort mittels eines mitgelieferten Windows-Programms dargestellt. Nützlich ist die SpeedCat insbesonders, wenn im Mo-

S

dell mit vorbildnahen Geschwindigkeiten gefahren werden soll (Info: www.kpf-zeller.de).

Speichenradsatz

Speichenradsätze sind bei vorbildgetreuen Modellen von Eisenbahn-Waggons insbesondere der Epochen I und II anzutreffen bzw. bei Modellen von Museumsfahrzeugen. Da die Herstellung aufwendiger als mit geschlossener Radscheibe ist, sind Speichenradsätze bei der Modellbahn generell teurer als Standard-Radsätze.

Speicher

Unter Speicher (engl. „memory") wird in Zeiten der elektronischen Datenverarbeitung eine dauerhafte Sicherungsmöglichkeit für System- oder Benutzerdaten verstanden. Bei der digitalen Modellbahn finden Sie Speicher an mehreren Stellen. Die → *Digitalzentrale* hat einen Festwertspeicher (ROM) für ihr Betriebssystem sowie einen beschreibbaren Speicher für Benutzereinstellungen. Modellbahn-Digitaldecoder haben ebenfalls Speicherkapazität für Systemeigenschaften sowie Benutzereinstellungen. Darüber hinaus wird viel Speicher gebraucht, wenn z. B. Sounds gespeichert werden sollen oder eine Fahrstraße auf einer Modellbahn-Anlage zu speichern ist. Speicher sind technisch sehr unterschiedlich realisiert:

- als Chips (ICs) wie RAM, ROM, EPROM, EEPROM
- als Laufwerke wie Festplatten oder USB-Flash-Speicher
- als Wechselspeicher wie Diskette, CD, DVD oder Blu-ray-Disc

Spielbahn

Viele Modellbahner reagieren unwirsch, wenn hochwertige Modellbahnen als Spielbahn oder gar Spielzeug bezeichnet werden. Denn unter Modellbahnern gibt es ungeschriebene Gesetze, welche Modellbahn-Systeme Spielbahnen und welche ernsthafte Modellbahnen sind. Zu den Spielbahnen gehören in jedem Fall Fleischmann MagicTrain und → *Märklin* Alpha oder Produkte wie Märklin Zirkus Mondolino. Weitere Spielbahn-Systeme sind von Herstellern wie Brio, LEGO und Playmobil.

Elektrisch betriebene Spielbahn: LEGO-Eisenbahn mit der Lok des Harry Potter „Hogwards Express".

Spur 0 (Null)

Die Spur 0 bzw. Nenngröße 0 war die erste normierte Baugröße für Modelleisenbahnen und bis zum Zweiten Weltkrieg führend. Die Spurweite beträgt 32 mm, der Maßstab ist ursprünglich 1:45. Allerdings werden auch Modelle in 1:43,5 mit derselben Spurweite hergestellt. Vor dem Zweiten Weltkrieg stellte Märklin Fahrzeuge und Zubehör her, die passend für ein Spur-Null-Mittelleiter-System waren. Auch Fleischmann baute bis 1959 Spur-Null-Modelle, setzte jedoch von vornherein auf ein Zweileiter-System, was Märklin (bis 1955) aus Gründen der leichteren elektrischen Handhabung und Kompatibilität nicht getan hat. Die Spur Null wurde zum technischen Urvater der Spur 00, aus der sich die heute führende Spur H0 (Halb Null) entwickelte. Auch das H0-Mittelleiter-System hat hier seinen technischen Ursprung. Heute erlebt die Spur Null eine gewisse Renaissance, und von der Firma Lenz gibt es wieder neue Fahrzeuge für das Spur Null Zweileiter-System (Info: www.digital-plus.de).

Spur 00

Die ersten elektrischen Modelleisenbahnen in den Spuren 0 und 1 wurden auf dem Boden aufgebaut. Erst mit der Einführung der Spur 00/H0 gab es eine Tischeisenbahn. Beide Bezeichnungen wurden vor dem Zweiten Weltkrieg für Modellbahnen mit Spurweiten von 16 und 16,5 mm und Maßstäben von 1:72 bis 1:91 verwendet. Bekannte Hersteller waren Bing, Bub, Distler, Märklin und TRIX. Heute sind die klassischen Spur-00-Modelle gefragte Sammlerobjekte, insbesondere da die Blechbauweise der Modelle (→ *Tinplate*) viele Anhänger hat. Nach dem Zweiten Weltkrieg wurde im Zuge zunehmender Standardisierung die Spur H0 mit 16,5 mm Spurweite und Maßstab 1:87 festgelegt, während 00 für den Maßstab 1:76 und 16,5 mm Spurweite steht. In Kontinentaleuropa spielen Spur-00-Modelle praktisch keine Rolle, in England hingegen ist die Spur 00 (gesprochen „dabbel oh") Marktführer.

TIPP

Da die modernen englischen 00-Modelle sich in der Größe kaum von den H0-Modellen hierzulande unterscheiden und zudem die gängige Gleichstrom-Technik nutzen, ist ein Betrieb auf einer Gleichstrom-Zweileiter-Anlage problemlos.

Spur 0n30

Es handelt sich bei 0n30 um eine bislang eher exotische Modellbahn Spurweite, die sich an der Nenngröße Spur Null entwickelt hat, aber Schmalspurmodelle wiedergibt. Im amerikanischen Modellbahn-Bereich wird die Nenngröße Null mit dem Maßstab 1:48 definiert. Das kleine „n" steht für Schmalspur (Narrow Gauge). Die „30" bezeichnet die Spurweite 30 Inch (762 mm) des Originals. In Europa wird unter Null-Maßstab 1:45 verstanden, was aber für die betreffenden 0n30-Modelle nichts ändert. Es ergibt sich bei einer Vorbild-Spurbreite von 2,5 Fuß im Null-Maßstab ein Gleis von 16,5 mm. Der Vorteil dieser Modellbahn-Größe ist also das Fahren mit relativ großen Modellen der Spur Null auf den verbreiteten H0-Gleisen, was vielleicht das wachsende Interesse an dieser Schmalspurbahn erklärt. Vorbild dieser Modellbahnen sind im Wesentlichen amerikanische Schmalspurbahnen mit einer Spurbreite von 2 oder 3 Fuß, wie sie bei den meisten Waldbahnen üblich sind. Es lassen sich praktisch alle H0-Zweileiter-Modellgleise unabhängig vom Hersteller verwenden. Das ist allerdings bei überzeugten 0n30-Modellbahnern eher verpönt. Spezielles Gleismaterial für 0n30 stellt derzeit nur PECO (www.peco-gleise.de) her. 0n30-Rollmaterial bietet Bachmann/Spectrum (www.liliput.de).

Spur G

Als Spur G wird eine Modelleisenbahn im Maßstab 1:22,5 bezeichnet. Es handelt sich dabei um ein Gleis mit einer Spurweite von 45 mm. Gleise und Fahrzeuge der Spur G (wird auch als IIm bezeichnet) sind in aller Regel wetterfest ausgeführt und für einen Freilandbetrieb geeignet. Die Spur G ist daher die klassische „Gartenbahn". Modelle der Spur G (IIm) sind Nachbildungen von Fahrzeugen von 1.000-mm-Schmalspurbahnen. Allerdings wird die Orientierung nach Vorbild und Maßstab eher flexibel gehandhabt, sodass Vorbilder auch Fahrzeuge mit 750-mm-Spurweite und sogar Regelspurweite (1.435 mm) sind. Der tatsächliche Maßstab schwankt daher zwischen 1:16 bis 1:29, was immer wieder Anlass

S

zu Diskussionen unter Spur-G-Modellbahnern ist. Die bekanntesten Hersteller auf dem deutschen Markt sind LGB und PIKO. Ein Hersteller von Spur-G-Fahrzeugen nach US-Vorbild ist Liliput-Bachmann/Spectrum.

Spur H0 (Halb Null)

Bei H0 (sprich „Ha Null“ für die Bedeutung „Halb Null“) handelt es sich um die verbreitetste Nenngröße für den Modellbahnbau. Als Entwickler der Spur H0 gilt die Firma Märklin aus Göppingen. Der Name rührt von der Hälfte des Maßstabes 0 (Null) her und beträgt 1:87 bei einer Spurweite von 16,5 mm. Die Auswahl an Herstellern und Modellbahnartikeln für diese Nenngröße ist besonders groß, da sie einen guten Kompromiss zwischen Größe und Detaillierung einerseits und dem Platzbedarf andererseits darstellt. Es ergeben sich folgende Varianten der Spur H0:

Regelspur	1.435 mm	H0 = 16,5 mm
Schmalspur	1.000 mm	H0m = 12,0 mm
Schmalspur	750 mm	H0e = 9,0 mm
Feldbahn	600 mm	H0f = 6,5 mm

Spur J

Die Spurweite J ist ein Standard, der erst 2001 festgelegt wurde. Es handelt sich bei der Spur J um einen Maßstab von 1:80 mit einer Spurweite von 18 mm bei der Darstellung der Regelspur von 1.435 mm. Die Spur J ist bislang nur in Japan auf dem Markt von Bedeutung. Allerdings ist die Spur J der Spur H0 (16,5 mm) sehr ähnlich, sodass Fahrzeuge im Spur-J-Maßstab in aller Regel so gebaut werden, dass sie auf dem verbreiteten H0-Gleismaterial fahren. Dadurch wirken die Gleise schmaler bzw. die Fahrzeuge geringfügig größer. Für diese Darstellung wird auch die Bezeichnung J16,5 verwendet.

Spur N

Bei der Modellbahn steht die genormte Nenngröße N für den Maßstab 1:160. Spur N benutzt dazu ein Gleissystem mit einer Spurweite von 9 mm, das auch der Namensgeber ist („N“ ist die Abk. für „Nine“). Die Geschichte der Spur N beginnt 1959, als die Firma TRIX Schiebe-Modelle (Roll-Modelle ohne Gleissystem) im Maßstab 1:180 herstellt. Als Produktname wird „Minitrix“ eingeführt. Als eigentlicher Entwickler der Spur N muss aber die Firma Arnold gelten, die 1960 auf der Nürnberger Spielwarenmesse eine erste Spur-N-Modelleisenbahn mit einem Gleissystem von 9 mm Spurweite vorstellte. Das System „Arnold Rapido 200“ wurde als Fertiganlage angeboten, die 200 im Namen deutet auf den verwendeten Maßstab von 1:200. Ab 1961 gab es von Arnold dann das Gleismaterial auch separat zu kaufen. 1964 wurde der Maßstab 1:160 unter der Bezeichnung „N“ in NEM 010 international genormt und die Klauenkupplung als Standard festgelegt. Diese relativ frühe Standardisierung hat der Spur N den Vorteil einer relativ großen Zahl von Herstellern gesichert, die kompatible Fahrzeuge anbieten. Modellbahnen in der Spur N sind heute in Europa nach der Spur H0 am zweithäufigsten am Markt platziert. In Japan sind N-Modellbahnen Marktführer. Abweichend zur internationalen Norm beträgt der Maßstab von Spur N in Großbritannien 1:148 und in Japan 1:150 bei unveränderten 9 mm Normalspur.

Spur TT

Bezeichnung für die Modellbahn im Maßstab 1:120. Die Nenngröße TT ist eine in den Normen Europäischer Modellbahnen (→ *NEM*) und den Normen der National Model Railroad Association (→ *NMRA*) genormte Baugröße für Modellbahnen. Der Platzbedarf der TT-Modellbahn-Anlagen beträgt etwa zwei Drittel der H0-Modellbahn-Anlagen. Die Nenngröße TT wird deshalb auch als „Spur der Mitte“ bezeichnet. Sie wurde in den Vereinigten Staaten in den 1940er-Jahren entwickelt und verbreitete sich in Deutschland mit den Unternehmen Rokal im Westen und Zeuke & Wegwerth im Osten. Derzeit ist Tillig (www.tillig.com) der einzige Vollsortimenter in der Nenngröße. Der Marktanteil beträgt rund 7 %.

Spur Z

Die Spur Z (Nenngröße Z) wurde 1972 von Märklin als Modell einer Regelspur-Eisenbahn im Maßstab 1:220 in den Markt eingeführt. Damit hatte Märklin dann auch eine kleine Spur im Portfolio und ist den Herstellern der Spur N ausgewichen, die seinerzeit am Markt schon gut positioniert waren („Minitrix“). Die Spurweite beträgt 6,5 mm, der elektrische Betrieb findet mit einem Zweileiter-Gleichstrom-

System statt, die maximale Betriebsspannung beträgt 10 V. Die Spur Z wird sehr monopolistisch von Märklin bedient, es gibt darüber hinaus nur wenige Kleinserienhersteller. Der Spielwert der Spur Z ist umstritten, denn es gibt auffallend viele erwachsene Sammler; im Kinderzimmer hat die Spur Z als Spielzeug praktisch keine Bedeutung. Trotzdem ist ein entscheidendes Merkmal die vollständige, vorbildnahe Betriebsfähigkeit des Märklin-Spur-Z-Systems. Inwieweit der Anspruch der „kleinsten elektrischen Großserien-Modellbahn der Welt“ wirklich stimmt, ist nicht völlig klar. Im Maßstab 1/450 T-Gauge gibt es den Versuch eines japanischen Herstellers, ein noch kleineres System zu etablieren.

Spur ZZ

Die Spurweite ZZ wurde 2005 vom japanischen Hersteller Bandai entwickelt. Sie hat einen Maßstab von 1:300 und fährt auf Gleisen mit einer Spurweite von 4,8 mm. Angeboten wurden drei Startpackungen mit Triebzügen, die Modelle wurden aber nur in Asien vertrieben.

Spurkranz

Der Spurkranz (auch: Radkranz) ist ein Bestandteil jedes Rades eines schienengebundenen Fahrzeugs. Er sorgt für die Führung und Lenkung des Fahrzeugs auf den beiden Schienen eines Gleises und dafür, dass das Fahrzeug auf der Schiene geführt wird und nicht von der Schiene abrutschen kann. Der Spurkranz ist deutlich höher als der Rest des Rades und hebt sich sichtbar auf der Innenseite des Rades von der Lauffläche ab. Spurkränze sind sehr unterschiedlich ausgeführt, es kann sich dabei um einen Wulst oder auch eine richtige Scheibe handeln. Der Spurkranz ist mit dem Rad fest verbunden, die zwei starr verbundenen Räder mit jeweils einem Spurkranz nennt man einen Radsatz. Wie bei der Vorbildbahn spielt auch bei der Modelleisenbahn die Radgeometrie und der Spurkranz eine zentrale Rolle bei der Betriebssicherheit und Kompatibilität. Da es unterschiedliche Radgeometrien und Spurkränze sogar für dieselben Modellbahnspuren gibt, ist das Verwenden von falschen Radsätzen mit falschen Spurkränzen einer der häufigsten Fehler von Modellbahn-Einsteigern. Z. B. haben Eisenbahnmodelle im Maßstab H0 bei der Spurweite 16,5 mm unterschiedliche Radprofile und Spurkränze, sodass Modelle mit isolierten Zweileiter-Gleichstrom-Radsätzen trotz derselben Spurweite nicht zuverlässig auf Märklin-M- und -K-Gleisen fahren.

Spurkranzauflauf

Wenn ein Rad eines Schienenfahrzeugs nicht auf der Lauffläche, sondern auf dem Spurkranz rollt, wird das als Spurkranzauflauf bezeichnet. Ein Spurkranzauflauf kommt bei einigen Modellbahn-Weichen vor, ist aber nicht gerne gesehen, da das nicht dem Vorbild entspricht. Ausnahme: Bei Weichen von Straßenbahngleisen ist auch beim Vorbild der Spurkranzauflauf normal.

Spurplan-Drucktastenstellwerke

Spurplan-Drucktastenstellwerke (SpDr) sind bei der Deutschen Bahn AG immer noch verwendete Stellwerke der Bauform Siemens DR S 60. Die Abk. wird daher auch als SpDrS60 verwendet und weist zum Beispiel im Namen des Programms SpDrS60 for Linux darauf hin, dass dieses Programm die Steuerung über Spurplan-Drucktastenstellwerke simuliert.

Spurweite

Mit der Spurweite wird der Innenabstand zwischen den beiden Schienen eines Gleises bezeichnet. Diese Bezeichnung wird sowohl bei der Echtbahn wie auch bei der Modellbahn benutzt. Die Regelspur der Echtbahn beträgt in Deutschland 1.435 mm. Spurweiten der Echtbahn-Schmalspurbahnen sind 1.000 mm, 900 mm und 750 mm. Spurweiten, die größer als die Regelspur sind, werden als Breitspur bezeichnet. Während es bei der Modellbahn sowohl Modelle der Regelspur wie auch der Schmalspuren gibt, existieren keine Serienmodelle von Breitspur-Vorbildern. Die Zuordnung der Baugrößen zu den Modell-Spurweiten sieht bei der Darstellung der Regelspurweite 1.435 mm folgendermaßen aus:

2	–	64,0 mm
1	–	45,0 mm
0	–	32,0 mm
H0	–	16,5 mm
TT	–	12,0 mm
N	–	9,0 mm
Z	–	6,5 mm

S

Spy Cam
Eine Spy Cam, wörtlich „Spionagekamera“, ist eine sehr kleine, batteriebetriebene Funkkamera (→ *Fly Cam*). Spy Cams lassen sich in Modellbahn-Waggons und teils auch Lokomotiven bis hinunter zur Nenngröße N einbauen, um eine Anlage aus der Lokführerperspektive abzufahren.

SRCP
Abk. für → *Simple Railroad Command Protocol*

SRS
SRS ist die Abk. für Schiene-Rad-System und wird als gängiger Sammelbegriff gegenüber der Technik eines Magnetschwebesystems benutzt. Auch die Modelleisenbahnen benutzen ein SRS. Vereinzelt gab es auch im Modellbahn-Bereich Produkte, die ähnlich wie manche Bahnen in Vergnügungsparks auf nur einer Schiene basierten (→ *Monorail*). Aktuell ist allerdings kein solches Modellbahn-Produkt auf dem deutschen Markt.

Stammgleis
Bezeichnung für das einfache Gleis, das eine Gerade oder einen Gleisbogen ohne einen Abzweig der Fahrtrichtung beschreibt

Stammnummer
Teil der Bezeichnung der → *Baureihe* einer Lokomotive

Standardradius
Als Standardradius wird der Radius des kleinsten allgemein verwendbaren Schienenkreises eines Gleissystems einer Modellbahn bezeichnet. Der Standardradius ist der kleinste Radius, der mit allen Fahrzeugen eines Herstellers störungsfrei befahren werden kann. Beispiele für den Standardradius (R1):
- Standardradius H0 meist ca. 375 mm
- Märklin H0 C-Gleis 360 mm
- Roco H0e-Gleis 262 mm
- Fleischmann N-Gleis 192 mm

Die Gleiselemente des Standardradius’ sind im Regelfall am Markt stark verbreitet, da sie Teil der üblichen Anfangs- und Startpackungen sind. In manchen Gleissystemen gibt es noch einen engeren als den Standardradius, den → *Industriekreis*.

Standardtransformator
Für die Stromversorgung der elektrischen Modellbahn werden insbesondere beim Selbstbau zumeist Standardtrafos eingesetzt. Da sie viel Leistung bei geringem Preis bieten, kann gegenüber den Transformatoren der Modellbahn-Hersteller recht viel Geld gespart werden, es sind beim Bau aber Kenntnisse der Elektrik unbedingt notwendig, da primärseitig mit Haushaltsstrom gearbeitet wird. Als wichtigste Leistungsmerkmale eines Standardtrafos werden die Ausgangsspannung (V) und die Leistung (VA) angegeben.

Standard-Werte
Als Standard-Werte (auch: Defaults, Default-Werte) werden die Werte in den Konfigurationsvariablen bezeichnet, wie sie ab Werk in den CVs stehen. Diese Standard-Werte haben den Vorteil, praktisch mit jeder gedachten Betriebssituation zu funktionieren, sind aber in machen konkreten Fällen nicht optimal. Falls beim Optimieren der Werte in Abweichung von den Standard-Werten der Decoder nicht mehr korrekt arbeiten sollte, können Sie mit einem Decoder-Reset die Standard-Werte wiederherstellen.

Starrkupplung
Als eine Starrkupplung wird eine feste Verbindung zwischen zwei Modellbahn-Fahrzeugen bezeichnet. Der Vorteil der Starrkupplungen liegt zum einen in der vorbildnahen Optik, zudem entfällt das Problem unerwünschten Abkuppelns. Nachteil: Der Zugverband ist fest gekuppelt, und es können nicht einzelne Wagen entnommen oder gar rangiert werden. Starrkupplungen gibt es für viele Nenngrößen, für H0 ist die Starrkupplung von BRAWA (10-er Set Art.-Nr. 2250) recht bekannt.

Startpackung
Bei einer Startpackung handelt es sich um ein Set aus Gleisen, Steuergerät und Schienenfahrzeugen. Startpackungen werden in den unterschiedlichen Spuren von nahezu allen Modellbahn-Herstellern angeboten. Die größte Auswahl an Startpackungen ist für die Spuren H0 und N im Angebot. Vorteil einer Startpackung für den Einsteiger in das Modellbahnhobby ist, dass er zu einem relativ günstigen Preis ein betriebsbereites Set zur Verfügung

Eine moderne Startpackung von Fleischmann für die Spur N inklusive einem Handregler für den Digitalbetrieb.

hat, ohne sich lange mit der Bestimmung und Auswahl der einzelnen Teile befassen zu müssen. Startpackungen gibt es daher in sehr einfacher Ausführung speziell für Kinder, aber auch in sehr hochwertigen Ausführungen, in denen z. B. direkt ein Digitalsteuergerät und zwei digitale Zuggarnituren enthalten sind. Startpackungen sind in vielen Fällen themenorientiert, um neue Interessenten für Modellbahn-Produkte zu gewinnen. Beliebte Themen sind z. B. Bauzüge, Zirkuszüge oder Rettungszüge, auch den „Harry Potter Hogward Express" gab es als Startpackung. Teilweise beinhalten Startpackungen auch Material zum Landschaftsbau oder Gebäudemodelle, was den Preisvorteil gegenüber dem Einzelkauf weiter erhöht. Problematisch ist bei allen Startpackungen, dass sich der Modellbahn-Einsteiger damit auf ein Modellbahn-System (Spurweite, Maßstab, Steuerungsart, verfügbares Zubehör) festlegt. Daher ist vor dem Kauf einer Startpackung eine unabhängige und fachkundige Beratung dringend angeraten.

S

Steckernetzteil

Steckernetzteile sind besonders kompakte Spannungswandler, bei denen der Schutzkontaktstecker und das Gehäuse des Transformators zusammengefasst sind. Steckernetzteile werden insbesondere bei preiswerten Modellbahn-Anfangspackungen zur Spannungsumwandlung vom 230-V-Haushaltsstrom zur benötigten Betriebs-Niederspannung eingesetzt. Die elektrische Leistung von Steckernetzteilen reicht aber nur für den Betrieb von 1 oder 2 Modellbahn-Triebfahrzeugen. Auch Modellbahn-Zubehörhersteller liefern teilweise Steckernetzteile für den Betrieb mit, insbesondere, wenn der Betrieb nicht mit den modellbahntypischen Spannungen (16 V Wechselstrom, 12 V Gleichstrom) vorgenommen wird. Steckernetzteile werden allgemein für kleine Leistungen (unter 10 W bei konventionellem Aufbau des Steckernetzteils, unter 30 W bei Schaltnetzteilen) eingesetzt. International werden Steckernetzteile als „AC Adapter" bezeichnet. Das ist allerdings verwirrend, da Steckernetzteile keineswegs immer Wechselstrom (AC = Alternating Current) ausgeben. Die Art des Ausgangsstroms erkennen Sie allgemein an den Symbolen auf dem Typenschild des Steckernetzteils. Finden Sie dort bei „Output" ein Wellensymbol, gibt das Steckernetzteil Wechselstrom aus. Ist dort das Symbol einer durchgezogene Linie sowie einer Linie darunter mit Punkten zu erkennen, handelt es sich um einen Gleichstromausgang (DC = Direct Current).

WICHTIG
Beachten Sie beim Anschluss unbedingt die Plus-Minus-Polarität des Steckers des Gleichstromausgangs, ansonsten drohen Geräteschäden.

Typisches Steckernetzteil, das am Ausgang nicht-stabilisierten Gleichstrom ausgibt.

Stellprobe

Den Begriff der Stellprobe haben die Modelleisenbahner aus der Architektur übernommen. Darunter wird das Aufstellen von Gebäude-Modellen auf eine unfertige Modellbahn-Anlage bzw. Modellbahn-Landschaft verstanden. Die Stellprobe ist ausgesprochen wichtig und hilft dabei, zukünftige Fehler bei der Weiterentwicklung der Anlage zu vermeiden. Bei der Stellprobe sind die Gebäude in aller Regel zwar fertig, aber es sind noch keine elektrischen Anschlüsse oder umliegende Geländeelemente erstellt, denn das kann sich ja nach der Stellprobe noch verändern. Besonders wichtig bei der Stellprobe ist die Beurteilung der Wirkung der Gebäude zueinander, zum Hintergrund und zu den bahntechnischen Anlagen. Daher sind regelmäßige Stellproben beim Anlagenbau von großer Bedeutung und verhindern z. B. auch den teuren Kauf von falschem Material.

Stellwiderstand

Anderer Begriff für → *Potenziometer*

Stereolithografie

Die Stereolithografie ist ein Produktionsverfahren, mit dem Einzelbauteile hergestellt werden. Das auch im Modellbau und bei der Produktion von Modellbahnteilen eingesetzte Verfahren hat seinen Namen von „Stereo“ (nach dem griechischen stereos, dt. körperlich, räumlich) und Lithografie (Drucktechnik). Gängig ist heute die Laser-Stereolithografie für Einzelbauteile, bei der die Fertigung der

Eine Stellprobe von Gebäude-Modellen in der Miniaturwelt Oberhausen.

Teile vollautomatisch aus am Computer erstellten CAD-Daten erfolgt. Dabei wird ein Laser so gesteuert, dass ein Werkstück durch frei im Raum platzierte Rasterpunkte schichtenweise aus einem lichtaushärtenden Kunststoff (Photopolymer, z. B. Epoxidharz) entsteht. Modellbahn-Hersteller setzen das SL-Verfahren z. B. ein, um in einer frühen Phase der Produktion das Laufverhalten eines neuen Modells zu testen. Mittels STL produzierte Modellbahn-Teile vertragen allerdings keinen Dauerbetrieb.

Steuerwagen
Für den Wendezugbetrieb sind Steuerwagen nötig, mit denen die am Zugende schiebende Lokomotive ferngesteuert wird. Steuerwagen werden insbesondere im Personen-Nahverkehr häufig eingesetzt.:

DB-Steuerwagen-Modell für die Nenngröße H0 (Hersteller: Hobbytrade, www.hobbytrade.dk).

Stiftmultimeter
Ein Stiftmultimeter ist ein Messgerät für Spannungen, Stromstärken, Widerstände und Durchgangsmessungen. Es ist in der Form eines Schreibstiftes ausgeführt und hat eine feste Messspitze. Damit unterscheidet sich ein Stiftmultimeter von der Bauform her von den üblichen Multimetern. Für Modellbahner haben Stiftmultimeter insbesondere bei der elektrischen Installation unter der Modellbahn-Anlage Bedeutung. Es ist äußerst unpraktisch, die Messkabel von Standard-Multimetern über Kopf zu halten und zu bedienen, hierbei sind Stiftmultimeter klar im Vorteil.

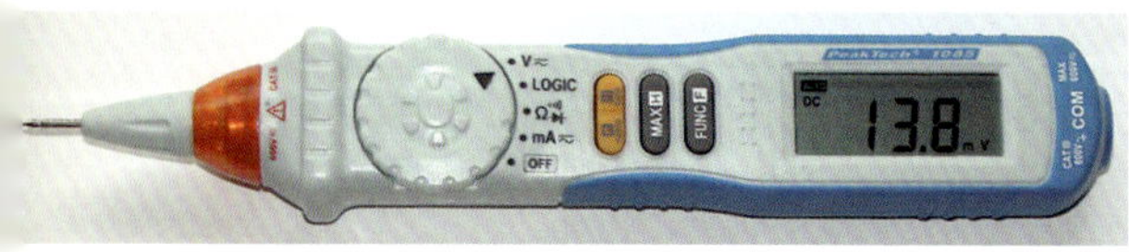

Einen Stiftmultimeter erkennen Sie an der feststehenden Messspitze.

STL
Abk. für → *Stereolithographie*

Straßenbahn-Gleise
Da Straßenbahnen keine eigene Gleistrasse benutzen, wird mit der Rillenschiene eine besondere Gleisform eingesetzt. Modellbahn-Fahrzeuge lassen sich auf den Rillenschienen nicht betreiben, zudem sind bei Straßenbahngleisen die Radien extrem eng. Straßenbahn-Gleissysteme gibt es bislang nur wenige. Für die Spur N gibt es das neue Gleissystem „KATO Unitram", für H0, H0m (bzw. TT) das Luna Gleissystem (Info: www.luna-tram.ch).

Streckenblock
Anderer Begriff für → *Blockabschnitt*

Streckenkapazität
Die Kapazität einer Eisenbahnstrecke ist umso höher, je kürzer die → *Blockabschnitte* sind. Daher ist vor allem auf Hauptbahnen die freie Strecke oftmals in mehrere Blockabschnitte unterteilt. Die Strecken kleiner und mittlerer Modellbahn-Anlagen sind allerdings zu kurz, um diesen Effekt auszunutzen. Sogar Modellbahn-Großanlagen arbeiten relativ zur Anlagengröße meist mit eher wenigen Blöcken.

Streckenlok
Als Streckenloks werden die Triebfahrzeuge bezeichnet, die einen von den Rangierfahrzeugen zusammengestellten Zug zum Zielbahnhof fahren. Streckenloks werden außerhalb des Bahnhofs bzw. Rangierbereichs eingesetzt. Daher verfügen sie generell über mehr Leistung und eine höhere Höchstgeschwindigkeit als Rangier- oder Verschubloks.

Stromaufnahme
Als Stromaufnahme bezeichnet man den Stromverbrauch eines elektrischen Verbrauchers. Ein Modellbahn-Triebfahrzeug der Spur H0 verbraucht ca. 200 bis 500 mA, in Ausnahmefällen bis 1.000 mA. Modelle mit zwei Motoren, aufwändiger Beleuchtung und Soundeffekten können sogar noch deutlich mehr verbrauchen.

Strombegrenzung
Eine Strombegrenzung ist bei der elektrischen Modellbahn eine wichtige Maßnahme, um Be-

schädigungen an Geräten und Triebfahrzeugen und eine Gefährdung der gesamten Modellbahn-Anlage zu verhindern. Tritt ein Kurzschluss auf, steigt der Strom sofort erheblich an, je nach Situation und Länge des Kurzschlusses bis zum Maximalstrom, den die → *Digitalzentrale* bzw. ein analoger Trafo liefert. Alte Transformatoren schalten sich bei Kurzschluss ab, indem sich ein Bimetall durch den Kurzschluss erhitzt und den Kontakt trennt. Moderne Digitalzentralen enthalten eine Kurzschluss-Detektierung und begrenzen den Strom, bevor eine Gefahr für die Bauteile besteht. Beispielsweise schaltet die Strombegrenzung der IntelliBox bei 3A. Wird aber beispielsweise eine große Spur gefahren und ein entsprechend leistungsstarker Booster eingesetzt, kann der Strom auch 8 oder sogar 12A maximal betragen (Massoth-Booster). Eine sehr einfache Möglichkeit der Strombegrenzung bestehender Anlagen ist, eine entsprechende Feinsicherung (mittelträge) in die Verkabelung einzusetzen.

Stromfühler

Um festzustellen, ob ein Gleisabschnitt belegt ist, werden Stromfühler insbesondere beim Zweileiter-Digitalsystem eingesetzt. Der Stromfühler ist eine kleine, preiswerte Schaltung, die registriert, ob in dem Gleisabschnitt ein Stromfluss detektiert wird. Wird durch eine Lok, einen beleuchteten Waggon oder einen Waggon mit leitfähigen Achsen bzw. Widerstandsachsen ein Stromfluss registriert, wird das vom Stromfühler als „Gleis belegt" interpretiert und eine Gleisbesetzmeldung ausgelöst.

Stromführende Kupplung

Mit stromführenden Kupplungen wird eine elektrische Verbindung zwischen mehreren Fahrzeugen hergestellt. Bis zu vier Kontakte können mit einer stromführenden Kupplung durch einen Zug geleitet werden. Stromführende Kupplungen sind in aller Regel inkompatibel zu Standard- oder Kurzkupplungen. Eine relativ große Bedeutung haben stromführende Kupplungen im Märklin-Mittelleiter-System, da durch diese Kupplungen die Stromabnehmer (Schleifer) unter jedem Fahrzeug eingespart werden können und sich somit das Fahrverhalten (Rollwiderstand) erheblich verbessert. Für aufwendige, elektrische Verbindungen eignet sich bei H0-Fahrzeugen die vierpolige, stromführende Kupplung von Roco (Art.-Nr. 40345) für Fahrzeuge mit NEM-Kupplungsschacht besonders gut.

Mit einer stromführenden Kupplung wie diesem Modell von Roco mit vier Kontakten stellen Sie elektrische Verbindungen zwischen den Waggons her.

Strommessung

Die Messung der Stromstärke, die ein elektrischer Verbraucher wie z. B. eine Modellbahn-Beleuchtung oder -Lokomotive aufnimmt, erfolgt gemäß nachfolgender Zeichnung.

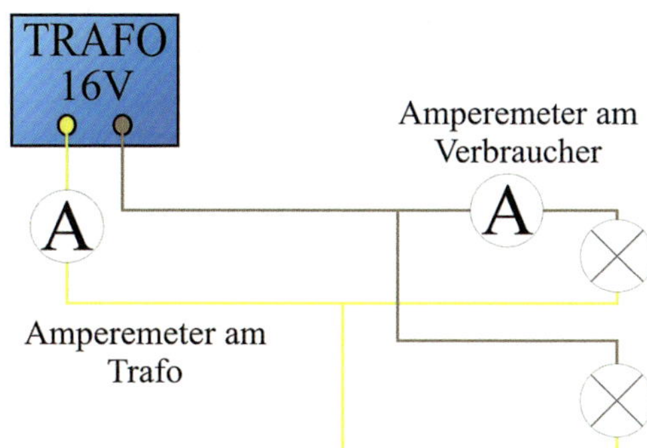

Bei der Messung der Stromstärke wird das Voltmeter bzw. Multimeter mit dem Stromverbraucher in Serie geschaltet.

Styrodur

Es handelt sich bei Styrodur um einen dicht geschäumten, extrudierten (Formstücke, per Extruder gefertigt) Hartschaum, der aus Polystyrol erzeugt wird. Der Handelsname Styrodur bezeichnet Hartschaumplatten, die durch ihre Materialeigenschaften insbesondere zur Wärmedämmung im Hausbau verwendet werden, aber auch für den Modellbauer und Modellbahn-Anlagenbauer ein interessantes Material sind. Styrodur ist wasserfest, unverrottbar, frei von FCKW, HFCKW und HFKW sowie sonstigen klimaschädigenden Treibgasen. Es ist schwer entflammbar, hat eine hervorragende Putzhaftung und ist beständig gegen Gips, Kalk und Zement. Styrodur ist leicht mit Thermosäge, Heißdraht-Schneidegerät, Laubsäge, Bastelmesser oder Rasierklinge zu bearbeiten und zu strukturieren. Das Verkleben von Styrodurteilen ist mit lösungsmittelfreiem Leim oder Montagekleber möglich. Styrodurplatten sind im Baumarkt meist in Stärken von 20, 40 oder 60 mm erhältlich.

TIPP
Zum Bemalen von Styrodurplatten eignen sich Acryl- und Bastelfarben sowie styroporverträgliche Lacke.

STYROSTONE
Es handelt sich hierbei um eine spezielle Gleisbettung für das TT-Modellgleis und H0-Elitegleis von Tillig. Besondere Merkmale dieser Gleisbettung sind:
- vorbildentsprechendes Material Steinschotter
- schnelle Verarbeitung durch Eindrücken der Gleise
- keine Nägel, kein Klebstoff oder Leim am Gleis
- Gleise können wieder herausgenommen werden
- keine Wanderung der Weichmacherbestandteile von Schwellenband und Gleisbettungsgrundkörper
- äußerst langlebig und sehr gute Geräuschdämmung

Ein zusätzlich unter die Gleisbögen geklebter Streifen ermöglicht die realistische → *Überhöhung* der Gleise in den Kurven (Infos: www.tillig.com).

S

Supern
Diese Tätigkeit ist die hohe Schule des Modellbaus und beschreibt das generelle Verbessern des Modells. Bei der Modellbahn ist es insbesondere das → *Rollmaterial*, das gesupert, also optisch verbessert oder mit einem leistungsfähigeren Antrieb versehen wird.

SUSI
Die SUSI-Schnittstelle (Serial User Standard Interface) ist eine 2002 in Zusammenarbeit mehrerer Hersteller von Digitalkomponenten speziell für die Modelleisenbahn entwickelte Schnittstelle. Die SUSI-Schnittstelle und zugehörige Produkte werden daher von einer Vielzahl von Modellbahn-Herstellern unterstützt. Sie bietet somit eine einheitliche Funktions- und Soundschnittstelle, ist aber selbst keine Schnittstelle für den Anschluss von Digitaldecodern. Vielmehr können Sie an die SUSI-Schnittstelle eines Digitaldecoders weitere Funktionselektronik anschließen. Der Anschluss von Erweiterungsmodulen an die SUSI wird mit einer vierpoligen Minibuchse vorgenommen. Solchermaßen ausgestattete Digitaldecoder erkennen Sie am SUSI-Signet auf der Verpackung.

TIPP
Sollen mehrere Erweiterungsmodule gleichzeitig an eine SUSI-Schnittstelle angeschlossen werden, können diese über ein Abzweig- oder Y-Kabel verbunden werden. Dabei ist allerdings zu beachten, dass während der eventuell nötigen elektronischen Programmierung des Erweiterungsmoduls möglicherweise nur eines dieser Zusatzmodule am Decoder angeschlossen sein darf.

Sx
Abk. für → *Selectrix*

SYMOBA
Hersteller von Kulissenführungen und Federpuffern für den Umbau bzw. Umrüstungen von Fahrzeugen auf eine Kupplung mit Kulissenführung und Kurzkupplung. Zum Umbau auf Kulissenführungen werden jeweils 1 Paar Kulissen und ein paar zum Modell passenden Schächte benötigt. Die Schächte werden einfach auf den Stift gedrückt. Über die Justiereinheit passen Sie die Einbauposition an (Info: www.symoba-schniering.de).

Systemumbau
Von einem Systemumbau spricht man, wenn ein Triebfahrzeug von einem Steuerungssystem oder elektrischen System auf ein anders umgebaut wird. Grund für einen Systemumbau ist meist, dass ein gewünschtes Fahrzeug für das betriebene System nicht verfügbar ist. Besonders häufig sind Systemumbauten bei der Nenngröße H0, bei der oft Zweileiter-Fahrzeuge zu Mittelleiter-Fahrzeugen umgebaut werden.

Tacho-Messwagen

Tacho-Messwagen dienen dazu, die modellhafte Geschwindigkeit der Modellbahn-Fahrzeuge entsprechend dem verwendeten Maßstab zu messen. Damit kann festgestellt werden, ob z. B. der Modell-ICE wirklich maßstabsbezogen eine Geschwindigkeit von 300 km/h fährt. Die Messergebnisse der Tachowagen eignen sich auch gut, um einen Digitaldecoder auf eine bestimmte Höchstgeschwindigkeit und die dazu passenden Fahrstufen zu programmieren. Tachowagen werden/wurden von mehreren Herstellern produziert (Fleischmann, Märklin). Wesentlich billiger kommt ein Selbstbau auf Basis eines geeigneten Fahrradtachos („Fahrradcomputer").

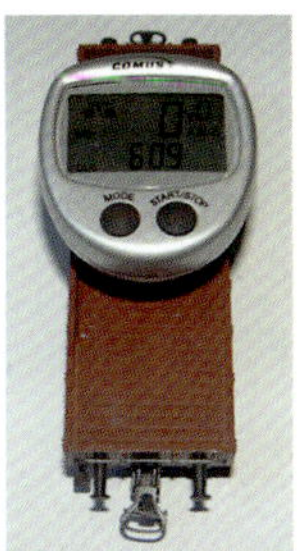

Ein Beispiel für den Selbstbau eines Tacho-Messwagens mittels eines preiswerten Fahrradtachos.

Tachowagen

Verkürzter Begriff von → *Tacho-Messwagen*

Tag des Eisenbahners

Der Tag des Eisenbahners (Ehrentag des Eisenbahners) war ein zu Zeiten der DDR begründeter Feiertag, der immer am zweiten Sonntag im Juni begangen wurde. Diese Tradition endete mit der Wende, lebt aber teilweise als Volksfest zu Ehren der Eisenbahn wieder auf. Bei solchen Veranstaltungen dürfen Modelleisenbahnen selbstverständlich nicht fehlen.

Taktgeber

Taktgeber dienen bei der Modellbahn dazu, Dampflok-Soundeffekte oder andere Betriebsgeräusche genau mit dem Arbeitsrhythmus z. B. der „Dampfzylinder" zu synchronisieren. Im Modell kann ein Taktgeber z. B. aus einem Getriebefortsatz mit 4 Hochleistungs-Mikromagneten bestehen, die durch einen Reedkontakt die Taktfolge für den Soundbaustein kontaktlos übertragen. Digitaldecoder mit integriertem Soundmodul verfügen über einen speziellen Eingang, an dem ein Taktgeber angeschlossen werden kann.

Tampondruckmaschine

Bei der Herstellung von Modellbahn-Fahrzeugen spielt die Qualität der Bedruckung eine wichtige Rolle. Das gängige Verfahren für hochwertigen Druck ist heute der Druck mit einer Tampondruckmaschine. Große Tampondruckmaschinen verfügen über eine eigene Klimaanlage, die für den Druckvorgang stets gleichbleibende Umgebungsbedingungen gewährleisten und somit eine ideale Vorausset-

Mittels einer Tampondruckmaschine werden die Modell-Lokomotiven in der Produktion wie hier bei ROCO bedruckt und beschriftet.

zung für optimale Druckergebnisse auf den Modellen schafft.

Tauschradsatz

Für einen sicheren Betrieb ist es unbedingt nötig, dass die Fahrzeuge mit Radsätzen ausgestattet sind, die zum verwendeten Gleismaterial passen. Ist ein Fahrzeug nicht mit den kompatibelsten Radsätzen ausgestattet, bieten Tauschradsätze Abhilfe. Der Austausch der Radsätze spielt insbesondere bei der H0-Modellbahn eine wichtige Rolle, da die Radgeometrie der Mittelleiter-Systeme sich von der der Zweileiter-Systeme unterscheidet. Bei neuen Waggons ist es heute üblich, dass die Händler die Radsätze auf Wunsch kostenlos tauschen. Solche Tauschradsätze lassen sich allerdings nur bei Waggons leicht wechseln, bei Loks (insbesondere Dampfloks) ist der Wechsel nur mit professionellem Werkzeug möglich.

Teflon-/Silikon-Schmiermittel

Es handelt sich hier um „Hightech-Schmiermittel“, die Teflon oder Silikon enthalten. Besonders für Kunststoffe (Kunststoffzahnräder und -schnecken) und dort, wo größere Flächen mit geringem Widerstand aneinandergleiten sollen, eignen sie sich hervorragend.

WICHTIG
Beide Stoffe isolieren elektrisch sehr gut. Sie sind daher überall tabu, wo es auf die elektrische Leitfähigkeit ankommt, z. B. bei der Schmierung von Achslagern, die für die Stromzufuhr der Fahrzeuge benutzt werden.

Telex-Kupplung

Um eine Lok an einer beliebigen Stelle der Anlage vom Zug zu trennen, hat Märklin die Telex-Kupplung entwickelt. Dies war die erste

Telex-Kupplung an einer Märklin H0 V60.

Typische Tenderlokomotive mit den Kohlevorräten hinter dem Führerhaus, hier ein H0-Modell einer Baureihe 74 von Märklin.

Fernentkupplung in einem Großserien-Modellfahrzeug. Sie wird im analogen Betrieb durch einen speziellen → *Umschaltimpuls* ausgelöst. Im digitalen Betrieb liefert der → *Lokdecoder* den Impuls über eine Zeitgeberschaltung, sonst brennt die Spule der Fernentkupplung durch. Neue Lokdecoder haben diese Funktion inzwischen in vielen Fällen schon eingebaut.

TIPP
Für Triebfahrzeuge mit → NEM-Kupplungsschacht gibt es Nachrüstsätze für die Telex-Kupplung, z. B von cT-Elektronik (www.tran.at) und Märklin.

Tenderlokomotive

Eine Tenderlokomotive ist eine Dampflokomotive, bei der im Gegensatz zu einer → *Schlepptenderlokomotive* die Wasser- und Brennstoffvorräte in Behältern direkt auf der Lokomotive mitgeführt werden. Eine Tenderlokomotive ist sozusagen Maschine und Vorratsbehälter in einem Fahrzeug. Ein Vorteil dieser Maschinen, häufig → *C-Kuppler*, ist, dass sie in beide → *Fahrtrichtungen* etwa gleich gute Laufeigenschaften haben und kein Wenden auf einer Drehscheibe nötig ist. Die klassische Tenderlokomotive wird für einen Streckendienst mit kurzen oder mittleren Entfernungen und Achslasten oder nur für den Verschubdienst eingesetzt. Auf der Modelleisenbahn spielen Tenderlokomotiven eine große Rolle, weil es sich um Modelle kleinerer und mittelgroßer Vorbildlokomotiven handelt, die auch sicher in engen Radien eingesetzt und vorbildnah mit kürzeren Garnituren zum Streckendienst geschickt werden können. Auch die Darstellung in einem Werksverkehr ist häufig anzutreffen.

Teppichbahning

Als Teppichbahning wird neudeutsch das temporäre Aufbauen einer Modellbahn-Anlage bezeichnet. Dabei geht es weniger um den Modellbau, Gebäude und Epochen, im Vordergrund steht der Fahrbetrieb. Große Teppichbahning-Events sind bislang nur von Fans der Spur H0 bekannt, es werden sogar Anlagen mit gleichzeitigem Betrieb von Drei- und Zweileiter-System kombiniert. Besonders häufig wird beim Teppichbahning ein stabiles Gleis mit Bettungskörper eingesetzt, da es leicht montierbar und trittfest ist (weitere Infos: www.extrem-teppichbahning.de).

TFi2

Ein HighEnd-Fahrgerät für analoge Gleichstrom-Modellbahnen ist das TFi2 von Tillig. Das Gerät ist mit Mikroprozessortechnologie und → *Impulsbreitensteuerung* der neuesten Generation ausgestattet. Durch die nahezu konstante Betriebsspannung als gepulste Rechteckspannung ist es auch für → *Glockenankermotoren* geeignet. Als besondere Leistungsmerkmale bietet es zudem 4 wählbare, nichtlineare Regelkurven, Brems- und Anfahrverzögerung sowie eine integrierte Pendelzugautomatik.

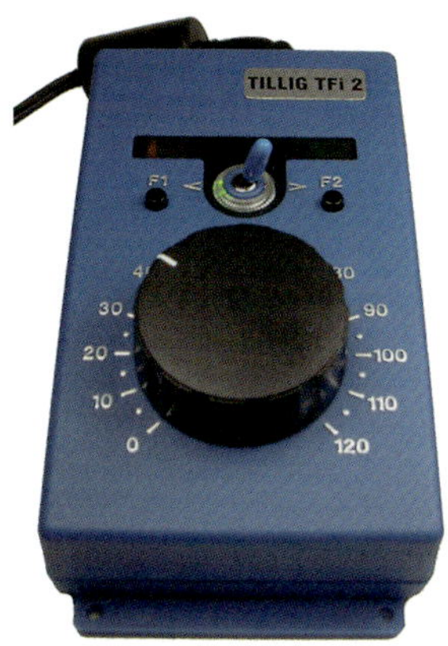

HighTech für analoge Modellbahnen: Das Tillig TFi2 verbessert die Regeleigenschaften für Triebfahrzeuge der Nenngrößen N bis 0.

Tfz

Abk. für → *Triebfahrzeug*

Timebomb

Als Timebomb (wörtlich Zeitbombe) wird eine zeitliche Betriebsbeschränkung von PC-Programmen bezeichnet. Speziell auch die Demo- und Shareware-Programme zur Modellbahn-Steuerung sind oft mit einer Timebomb ausgestattet, funktionieren also z. B. nur 6 Wochen lang. Soll der Betrieb nach der festgelegten Testphase fortgesetzt werden, muss der Anwender die registrierte Vollversion des Programms erwerben.

Tinplate

Fachbegriff für Modellspielwaren, die aus Blech gefertigt sind. Tinplate-Fahrzeuge der klassischen Modelleisenbahn wurden insbesondere für die Spur 0 gefertigt.

Tischbahn

Tischbahn ist ein Kürzel aus „Tischplatte“ und „Eisenbahn“ und bezeichnet einen in der Regel nicht für den permanenten Aufbau gedachten Modellbahn-Betrieb auf einem Tisch oder als Modulanlage auf mehreren zusammengestellten Tischen (vgl. → *Teppichbahning*). Benötigt werden dazu minimal ein Fahrgerät, eine Lok, Waggons und Gleise. Der Tischbahner kann ein Einsteiger mit einer Startpackung sein, ein Wiedereinsteiger, der längere Zeit im Keller oder Speicher verstautes Material aufbaut, oder ein erfahrener Modellbahner, der einen Teil seiner Sammlung ausprobieren oder vorführen möchte. Der Tisch sollte entsprechend der vorhandenen Spur eine gewisse Mindestgröße aufweisen, wobei zum Beispiel für die Spurweite 00/H0 eine Mindestlänge und -breite von 80 cm empfehlenswert sind, da ja ausreichend Platz für die Kurven vorhanden sein muss.

Titan Transformatoren

Wolfgang Freier stellt seit 1954 Transformatoren, Netzteile und Ladegeräte her. Der Schwerpunkt liegt auf Stromversorgungen für den technischen Hobbybereich, insbesondere Modelleisenbahn, aber auch für Autorennbahnen, Beleuchtung für Dioramen und Puppenstuben. Der Verkauf von Transformatoren und Netzteilen erfolgt ausschließlich über den Fachhandel (weitere Infos: www.titan-sha.de).

Tools

Als Tools (wörtlich: „Werkzeuge“) werden PC-Programme bezeichnet, die meist im Rahmen der Pflege der Systemumgebung und des Betriebssystems eingesetzt werden. Da Tools oft eher für kleine, abgegrenzte Aufgaben eingesetzt werden, sind sie in den meisten Fällen als Freeware lizenziert, dürfen also kostenlos verwendet werden. Software-Tools gibt es auch vielfältig rund um die Elektronik und die Modellbahn, z. B. beim Berechnen von Widerstandswerten, dem Schneiden von Klangdateien oder dem Verwalten von Dateiarchiven.

T

TouchCab

Das ist der Name des führenden Anbieters von Modellbahn-Software für das → *Smartphone* Apple iPhone. Diese Programme werden als → *„Apps“* bezeichnet, eine Abk. von „Application“, also „Anwendung“. Es gibt eine kostenlose Freeware-Version namens TouchCab free, mit der Sie die Steuerungsfunktionen ausprobieren können (weitere Infos unter www.touchcab.com).

Touchscreen

Während die ersten → *Digitalzentralen* über eine LED- oder LCD-Anzeige verfügten, geht der Trend heute zu einem grafischen Touchscreen-Display. Ein Touchscreen (Sensorbildschirm, berührungssensitiver Bildschirm) erlaubt die Steuerung der Funktionen durch das Berühren des Bildschirms an einer durch das Betriebsprogramm bestimmten Stelle. Vorteil der Touchscreen-Steuerung ist neben dem Komfort auch die hohe Flexibilität bei der Weiterentwicklung eines Systems. Über eine Touchscreen-Steuerung verfügen die → *Digitalzentralen* → *Märklin* → *Central Station,* → *ESU,* → *ECoS* und → V*iessmann Commander*.

Trackplanner

Kostenloses Windows-Programm zum Erstellen eines → *Gleisplans*. Der Trackplanner bringt Bibliotheken vieler aktueller Gleissysteme der bekannten Hersteller mit und erleichtert Ihnen so die Erstellung des Gleisplans wesentlich (Infos und Download: www.trackplanner.de).

Trafo

Kurzform von → *Transformator*

Tragschnabelwagen

Tragschnabelwagen sind eine Güterwagenklasse der Tieflader. Es handelt sich um Sonderwagen der Gattung U. Sie sind speziell zum Transport sehr schwerer Lasten entwickelt worden, wie z. B. großer Industrie-Transformatoren, Kraftwerkskessel oder von Teilen für die Schwerindustrie. Ein Tragschnabelwagen besteht aus zwei komplett getrennten Teilen, zwischen denen das Transportgut aufgenommen wird. Da Tragschnabelwagen von mehrachsigen Drehgestellen oder sogar Drehgestellgruppen mit 24 oder sogar 32 Achsen getragen werden, wirken sie auch auf der Modelleisenbahn sehr imposant. Tragschnabelwagen verkehren beladen als Sonderzüge, ohne Beladung werden die beiden Tragarme miteinander verbunden, und der Tragschnabelwagen kann dann in normalen Güterzügen eingestellt werden. Da beladene Tragschnabelwagen eine enorme Länge aufweisen, ist der Betrieb nicht auf jeder Modellbahnanlage möglich. Insbesondere auf Strecken mit engen Kurvenradien lassen sich Tragschnabelwagen nicht einsetzen, da sie stark einlenken. Auf Modellbahn-Schauanlagen, insbesondere beim Darstellen einer Industrieszene, sind sie hingegen häufig anzutreffen.

Schon in der Nenngröße H0 haben Tragschnabelwagen eine beeindruckende Länge und sind nur auf Anlagen ohne enge Gleisbögen rangierbar.

TrainSimulator

Das ist ein PC-Programm von Microsoft, das die komplette Simulation eines Bahnbetriebs am PC erzeugt. Dieser im Jargon meist als „MSTS“ bezeichnete Fahrsimulator steu-ert also keine Modellbahn. Der MSTS wird derzeit nicht weiterentwickelt. Eine Alternative ist „Eisenbahn.exe Professional“ (→ *EEP*).

TrainWizard

TrainWizard ist eine Modellbahn-Steuerungssoftware für Windows, die von Robert Bouwens erstellt wurde. Die Steuerungssoftware TrainWizard stellt ein graphisches Gleisbildstellwerk bereit. Sie können Weichen und Fahrstraßen über die graphische Oberfläche des Programms steuern. Besitzen Sie Rückmeldemodule, dann können Sie mit der Steuerungssoftware TrainWizard leistungsfähige Automatisierungsfunktionen erstellen. Eine Programmierung in einer speziellen Sprache ist nicht erforderlich. Sehr interessant sind die Möglichkeiten, den Automatikbetrieb mit dem manuellen Modus per Drag & Drop zu mischen. Ein Hand- und Automatikbetrieb ist gleichzeitig möglich. Es wird eine kostenlose Demo-Version der Software zur Verfügung gestellt. Die Weiterentwicklung des Programms scheint allerdings schon vor längerer Zeit eingestellt worden zu sein.

Traktion

Bei Bahnen wird die kraftbetriebene Bewegung von Eisenbahnfahrzeugen als Traktion (lat. trahere = ziehen) bezeichnet. Man unterscheidet nach der Art des Antriebs zwischen Dampftraktion, Dieseltraktion und elektrischer Traktion. Genau betrachtet wird bei der elektrischen Modelleisenbahn zwar nur die elektrische Traktion eingesetzt. Werden Dampf- oder Diesellokomotiven vorgespannt, wird aber trotzdem stilecht von Dampf- oder Dieseltraktion gesprochen.

Transformator

Für den Anschluss und Betrieb einer elektrischen Modellbahn sind Transformatoren, im Jargon nur „Trafo“ genannt, unumgänglich. Der Transformator wandelt den Haushaltsstrom (230 V Wechselstrom) in eine ungefährliche Niederspannung für den Modellbahn-Betrieb um. Bei den klassischen, analogen Modellbahn-Systemen haben sich 16 V Wechselstrom im Mittelleiter-System (Märklin-System) und 12 V Gleichstrom bei den Zweileiter-Systemen etabliert. Während bei der analogen Modellbahn noch Trafo und Fahrgerät meist in einem Gehäuse eine Einheit bildeten, ist bei der modernen digitalen Modellbahn die Spannungsversorgung der Anlage von den Fahrreglern bzw. der → *Digitalzentrale* meist getrennt. Durch zwei im Jahre 2010 in Kraft getretene, neue europäische Verordnungen verändert sich das Angebot an Transformatoren für neue Modellbahnen grundlegend. Anstatt Trafos werden nun Schaltnetzteile verwendet.

Typischer Modellbahn-Transformator für analogen Gleichstrombetrieb. Die klassischen Geräte vereinen Transformator und Fahrregler in einem Gehäuse.

WICHTIG
Die neuen Schaltnetzteile sind zu älteren Komponenten auch desselben Herstellers in machen Fällen inkompatibel und können beim kombinierten Anschluss Schäden an älteren Komponenten verursachen.

Transformatoren synchronisieren

Für die Sicherheit des Betriebs einer Modellbahn-Anlage mit Wechselstrom-Transformatoren ist die Synchronisierung der Trafos wichtig. Wenn Trafos nicht synchronisiert werden, können Wechselspannungen bis zu 32 V entstehen. Das gilt insbesondere für alle → *Digitalzentralen* und → *Booster* mit durchgeschleifter Masse. An den Grenzen der Versorgungsbereiche eines Boosters können sonst erhebliche Spannungsunterschiede auftreten. Die Synchronisation der Trafos ist ganz einfach: Die Stecker der Trafos müssen richtig herum in den Steckdosen des Haushaltsstroms stecken, sonst ist die ausgehende Phase zwischen zwei Trafos um 180 °C versetzt. Zum Synchronisieren der Trafos, eigentlich besser der Phase, verbinden Sie die Trafos über den Masseausgang miteinander und messen die Differenzspannung beim Lichtausgang. Sind beide Trafos in der Phase parallel, ist die Differenzspannung am Lichtausgang null, sind die Trafos in Gegenphase, messen Sie dort 32 V. Drehen Sie dann den Stecker eines Trafos um und machen am besten eine Markierung an den Stecker, um sich zukünftige Messungen zu ersparen.

WICHTIG
Es ist bei Schaltungen mit mehreren Stromkreisen (→ *Ü-Schaltung*) bei Wechselstrom-Anlagen unbedingt darauf zu achten, dass die Transformatoren synchronisiert sind, ansonsten kann es durch die Spannungsunterschiede zu teuren Defekten an der Elektronik kommen.

Trassenbrett

Als Träger der Gleise dienen bei der offenen Rahmenbauweise für Modellbahn-Anlagen passend zugesägte Trassenbretter. Die Trassenbretter sind damit der Träger des Dämmmaterials bzw. des Modell-Oberbaus sowie der Gleise.

Treibachsen

Mit dem Begriff werden die angetriebenen Achsen eines Triebfahrzeugs beschrieben. Bei den Modellbahn-Fahrzeugen stimmen die Treibachsen in vielen Fällen nicht mit den Vorbildfahrzeugen überein. Moderne Vorbild-Triebfahrzeuge wie der ICE3 haben z. B. Unterflurantriebe, die mit Modellfahrzeugen praktisch nicht realisierbar sind. Die Modellbahn-Dampfloks vieler Hersteller (Fleischmann, PIKO, Roco) haben einen Motor im Schlepptender, der dessen Räder antreibt, die Kuppelachsen der Lokomotive sind hingegen nicht angetrieben.

Triebfahrzeug

Dieser Sammelbegriff ist der Vorbildbahn entlehnt und meint alle Modellbahn-Fahrzeuge, die selbstständig fahren können, also mit einer Kraftmaschine ausgestattet sind. Das ist in aller Regel ein kleiner Elektromotor (→ *Modellbahn-Motoren*), kann aber auch eine Dampfmaschine sein (→ *Echtdampf*).

Trinäre Codierung

Beim → *Märklin* Motorola Digital-System gibt es eine Besonderheit, die trinäre Codierung. Dieses Datenformat wird durch spezielle integrierte Schaltungen der Firma → *Motorola* erzeugt. Bei dieser Codierung der Digitaladressen von → *Digitaldecodern* werden an den 4 Adresseingängen des Decoders drei Zustände unterschieden, die als logisch 1, logisch 0 und logisch Z beschrieben werden. Die Anzahl der auf diese Art unterscheidbaren Adressen beträgt theoretisch 81 (3^4). Da die 0 für den Analogbetrieb reserviert ist, bleiben 80 Adressen übrig. Der Vorteil des trinären Datenformats liegt in der hohen Datensicherheit. Zwar wird für die Adressierung im Motorola-Format die trinäre Verschlüsselung verwendet, die eigentlichen Steuerbefehle werden allerdings binär codiert (→ *Bit*).

TRIX Express

Dieses Modelleisenbahn-System gehört zu den absoluten Pionieren der Modellbahn. TRIX Express wurde 1935 auf der Leipziger Frühjahrsmesse in der Spur 00 und mit einer Spurweite von 16 mm vorgestellt. Das System hatte von Anfang an ein Dreischienen-Dreileiter-System, das es ermöglichte, zwei Züge auf

1964 war dieser Triebzug VT 08 mit Wechselstrommotor eine Neuheit für das System TRIX Express.

demselben Gleis unabhängig zu steuern. 1951 erschienrn eine funktionstüchtige Oberleitung und die E-Lok E-94, somit war sogar ein Dreizugbetrieb möglich, zudem wurde die Bezeichnung der Spur von 00 zu H0 geändert. Ab 1953 wurde die Spannungsversorgung neuer Modelle von Wechselstrom auf Gleichstrom geändert. Aufgrund des Dreileiter-Systems entstand die in der Modellbahn-Szene einmalige Situation, dass auf demselben Gleis ein Gleichstrom- und ein Wechselstromfahrzeug unterwegs sein konnten. Mit den Jahren verlor das TRIX-Express-System aber die technologische Führung, seit der Übernahme von TRIX durch Märklin 1997 ist das TRIX Express-Programm nach und nach reduziert und schließlich eingestellt worden. Heute wird es im Wesentlichen noch von kleineren Herstellern und durch Umrüstungen von Fahrzeugen anderer Systeme mit neuem Material versorgt.

Trockenschmiermittel

Ein speziell für die „kleinen" Modellbahnspuren N und Z entwickeltes Schmiermittel auf Teflon-Basis, einem Kunststoff aus Polytetrafluoräthylen. Dieses Trockenschmiermittel ist sehr widerstandsfähig gegen Abrieb und erhöht die Gleiteigenschaften (Bezugsquelle: www.z-hightech.de, Trockenschmiermittel 25 ml Flasche mit Kanüle, Art.-Nr. 5980).

Turmtriebwagen-Modell von Kibri in der Nenngröße H0, nachgerüstet mit digitalem Antrieb und schwenkbarer Arbeitsbühne.

TT
Abk. für „Table-Top", dt. → *„Tischbahn"*; Bezeichnung für die Modellbahn in der → *Spur TT*

TTL
TTL ist die Abk. von „Transistor Transistor Logik". Es handelt sich dabei um das Erstellen logischer elektronischer Schaltungen aus Transistor-Bauelementen. Der Pegel, mit dem die TTL-Schaltungen arbeiten, beträgt standardmäßig 5 V (TTL-Pegel). Z. B. arbeitet der bekannteste Rückmeldebus bei der Modellbahn, der s88, mit TTL-Pegel. Für den Schaltungsaufbau bieten Elektronikversender fertige TTL-ICs an. Einen USB-Stick mit Ein-/Ausgabemodul TTL-8 (8 TTL-Ein-/-Ausgänge schaltbar) von DEDITEC ist z. B. über Conrad-Elektronik zu beziehen.

Turmtriebwagen
Turmtriebwagen (TVT/Diesel-VT) sind Eisenbahnfahrzeuge, die für Arbeiten an den elektrischen Oberleitungen eingesetzt werden. Es handelt sich um Spezialfahrzeuge, die auf der Basis vorhandener Triebwagen-Modelle aufgerüstet wurden. Besonderes Kennzeichen ist die Arbeitsplattform, die heb- und schwenkbar ist. Zudem verfügen Turmtriebwagen im Wageninneren über eine kleine Werkstatt. Kuriosum an TVTs ist, dass es sich um Dieselfahrzeuge handelt, die aber trotzdem zu Messzwecken mit einem → *Pantograph* ausgestattet sind. Besonders bekannt ist der Turmtriebwagen der Baureihe 701, von dem Märklin aktuell ein digitales Funktionsmodell anbietet. Mit dem nur 16 cm langen Eisenbahn-Modell sorgt modernste Mikroelektronik gleichzeitig für einen realistischen Fahrbetrieb nebst echt wirkender Geräuschkulisse. Highlight des Modells sind drei Piezo-Miniaturmotoren für vorbildgerechte Bewegungsanimationen. Damit werden der Prüfstromabnehmer und die Arbeitsbühne absolut realistisch gehoben, gesenkt bzw. geschwenkt (siehe Titelbild).

Turn-Control
Turn-Control ist ein Drehscheiben-Steuergerät von Fleischmann (Art.-Nr. 6915). Mit dem pultförmigen Steuergerät können Sie die Drehscheiben des Fleischmann-Programms sowie die baugleiche Märklin-Drehscheibe (Art.-Nr. 7286) steuern. Die Position der Drehbrücke stellen Sie über eine LCD-Anzeige ein, die auch die Stellung der aktiven Gleisabgänge zeigt. Das Wenden einer Lok ist mit dem Turn-Control auf Knopfdruck möglich. Das Gerät verfügt über einen einstellbaren Polaritätswechsel und kann daher auch Drehungen über 360 ° kurzschlusssicher ausführen. Das Turn-Control unterstützt die analogen 2-Leiter-Gleichstrom-Systeme sowie das Mittelleiter-Wechselstrom-System, zudem die Digital-Systeme DCC, FMZ und Märklin-Digital. Eine Steuerung über eine PC → *Digitalzentrale* ist über das LocoNet möglich.

Typhon
Ein Typhon ist ein mit Druckluft oder elektrisch betriebenes Signalhorn. Dieses Schallsignalgerät wird bei der Eisenbahn verwendet, um eine Gruppe Gleisarbeiter („Rotte") vor herannahenden Zügen zu warnen. Weiterhin verfügen auch Loks über ein Typhon, um Warnsignale während der Fahrt abgeben zu können. Für Modellbahn-Triebfahrzeuge werden Typhone als Kleinteile zur Veredelung von Modellen angeboten, z. B. von Gützold (www.guetzold.de).

Typisierung
Die äußerliche Typisierung der Lokomotiven wird über das verwendete Fahrwerk bzw. Triebwerk vorgenommen. Entscheidend ist die Position und → *Achsfolge* der angetriebenen und nicht angetriebenen Radsätze. Eine Dampflok Baureihe 89 mit drei Kuppelachsen ist ein Dreikuppler oder alphabetisch auch ein → *„C-Kuppler"*. Eine Lokomotive mit vier gekuppelten Treibachsen wird als Vierkuppler oder D-Kuppler bezeichnet.

U-Boot
Spitzname der Diesellok Baureihe 119 der Reichsbahn der DDR (DB BR 219/229) wegen ihrer runden Fester an den Seiten, die an Bullaugen erinnern. Modelle der BR 119 haben in der Nenngröße H0 BRAWA und Gützold, für die Nenngröße TT Tillig sowie für die Spur N BRAWA produziert.

Übergangsbogen
Beim Entwerfen eines Gleisplans werden standardmäßig die Gleisbögen des betreffenden Gleissystems verwendet. Je nach Gleissystem können das z. B. bis zu 5 feste Radien (→ *R1* bis *R5*) sein. Um das Ein- und Durchfahren von engen Gleisbögen optisch und technisch zu verbessern, kann mit Übergangsbögen gearbeitet werden. Dazu bauen Sie nach der Geraden erst ein Gleiselement mit einem sanften Bogen eines „großen" Radius' ein (R5 oder R4) und gehen im Verlauf der Kurve dann zu R3 oder nötigenfalls noch engeren Kurven über. Näheres hierzu finden Sie in der → *NEM 113*.

WICHTIG
Die gleitende Kurve ist auch als → *Hundekurve* bekannt.

Überhöhung
Kurzform für → *Kurvenüberhöhung*

Überholgleis
Ein Überholgleis dient dazu, auf einer freien Strecke einen langsamen Zug anhalten zu können, damit eine Zugüberholung durch einen schnelleren Zug vorgenommen werden kann. Auf Modellbahn-Anlagen sind Überholgleise insbesondere bei einer einspurigen Streckenführung sinnvoll.

Überpufferung
Als Überpufferung wird bei der Modellbahn der Effekt bezeichnet, wenn zwei Pufferteller sich bei Kurvenfahrten überschneiden und verhaken. Das kann insbesondere bei S-Kurven vorkommen, wenn Modellbahn-Fahrzeuge unterschiedlicher Hersteller oder mit unterschiedlicher Kupplungsausstattung miteinander gekuppelt werden. Insbesondere kommt eine Überpufferung häufig vor, wenn Kurzkupplungen nachgerüstet werden, ohne dass das Modell über eine entsprechende Kurzkupplungskinematik verfügt. In manchen Fällen lässt sich das Problem mit einer Verlängerung des NEM-Kupplungsschachtes lösen. Eine solche Distanzhülse bietet PIKO mit der Artikelnummer 57410-99 an.

Überspannungsimpuls
Während im klassischen Wechselstrom-Mittelleiter-System die Betriebsspannung 16 V beträgt, wird zum Wechsel der Fahrtrichtung ein Überspannungsimpuls von 22 bis 26 V (→ *Umschaltimpuls*) an das Gleis angelegt.

TIPP
Aufgrund der im Vergleich zum 12-V-Gleichstrom-System viel höheren Spannung müssen beim Umrüsten von Gleichstrom-Fahrzeugen auf das analoge Wechselstrom-System auch die in den Fahrzeugen verwendeten 12-V-Miniglühbirnchen getauscht werden.

Überstromerkennung
Eine wichtige Eigenschaft jedes Modellbahn-Fahrgeräts sowie jeder → *Digitalzentrale* ist die Überstromerkennung. Damit erkennt das Steuergerät, wenn durch Kriechströme oder Kurzschlüsse eine Überlastsituation entsteht. Zur Erkennung einer Überlastsituation wird bei den analogen Geräten ein Bimetall eingesetzt, Digitalzentralen enthalten meist eine elektronische Erkennung. Spricht die Überstromerkennung an, wird der Strom abgeschaltet und nach einiger Zeit automatisch wieder eingeschaltet.

TIPP
Spricht die Überstromerkennung unmittelbar hintereinander aus unbekannten Gründen mehrfach an, sollten Sie auf Fehlersuche gehen. Denn im schlechtesten Fall kann ein Fahrzeug „zusammenschmelzen" oder sogar ein Schwelbrand entstehen.

Überstromschalter
Beim Modellbahn-Betrieb kommt es nicht selten zu Kurzschlüssen. Damit die elektrischen Einrichtungen dann keinen Schaden nehmen oder es gar zu einem Brand kommt, sind analoge und digitale Steuergeräte in aller Regel mit einem Überstromschalter ausgestattet. Der

Überstromschalter führt in der Überlastsituation eine automatische Abschaltung durch. Überstromschalter sind meist als Thermo-Bimetalle ausgeführt, sodass die Unterbrechung nach einigen Minuten der Abkühlung von alleine wieder aufgehoben wird. Schaltet sich der meist eher träge Überstromschalter mehrmals hintereinander ein, ist unbedingt die Ursache der Überlastung bzw. des Kurzschlusses zu beheben, andernfalls kann es zu Beschädigungen an der Elektrik, Elektronik oder sogar den Fahrzeugen (z. B. Verschmorungen) kommen.

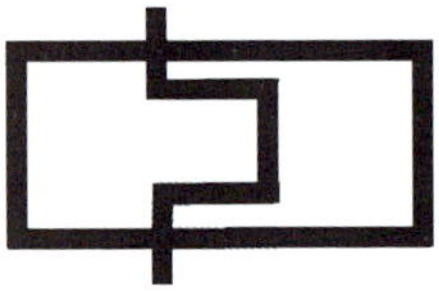

Zeichen für Überstromschalter, meist weist eine Ziffer auf den Abschaltstrom hin, z. B. „3 A".

Ü-Schaltung

Die Ü-Schaltung ist die Weiterentwicklung der A-Schaltung. Es handelt sich bei der Ü-Schaltung um eine einfache, analoge Fahrstrom-Schaltung, mit der es möglich wird, bei einer analogen Modellbahn mehrere Fahrzeuge unabhängig zu steuern. Die Ü-Schaltung basiert darauf, dass Gleisabschnitte der Anlage elektrisch getrennt und einzeln mit Fahrstrom versorgt werden, indem jeder Abschnitt mit einem Fahrgerät bzw. Transformator einzeln versorgt wird. Mit der Ü-Schaltung ist daher ein einfacher Blockbetrieb möglich. Als Weiterentwicklung der Ü-Schaltungsmethode können mehrere Züge in den unterschiedlichen Blöcken getrennt geregelt werden. Im weiteren Sinne ist diese Blocksteuerung der Vorbildbahn nicht unähnlich. Das Prinzip der Ü-Schaltung ist bei analogen Modellbahnen daher oft anzutreffen, was im Jargon meist als Anlage „mit mehreren Stromkreisen" beschrieben wird. Da jeder Stromkreis mit einem eigenen Fahrgerät bzw. Transformator versorgt wird, kommt es beim Überfahren je nach verwendeten Fahrzeugen zu kleinen, kurzzeitigen Kurzschlüssen zwischen zwei Stromkreisen. Das nehmen analoge Trafos allerdings klaglos hin.

U

WICHTIG
Es ist bei der Ü-Schaltung unbedingt darauf zu achten, dass die Fahrspannung auf beiden Seiten einer Trennstelle dieselbe Polarität hat bzw. bei Wechselstrom-Anlagen, dass die → *Transformatoren* synchronisiert sind.

Uhlenbrock Mobile Station Adapter

Zu den weit verbreiteten Einsteiger-Digitalzentralen gehört die Märklin Mobile Station. Mit ihr können allerdings keine → *LocoNet-Komponenten* gesteuert werden. Dieses Manko behebt der „Mobile Station Adapter" (Art.-Nr. 63810) von Uhlenbrock Elektronik. Der Adapter ermöglicht den Anschluss einer Märklin Mobile Station an die Digitalzentrale → *Intellibox*, die das LocoNet unterstützt. Mit dem Adapter kann die Mobile Station als zusätzlicher Handregler zur Fahrzeugsteuerung an jeder LocoNet-Zentrale eingesetzt werden. Alle Steuerfunktionen sind erreichbar. Die Sonderfunktionen 1 bis 4 sind direkt, die Sonderfunktionen 5 bis 8 über eine zweite Lokadresse schaltbar. Ein Betrieb der Mobile Station an der Märklin Control Unit 6021 → *Digitalzentrale* ist mit dem Adapter ebenfalls möglich.

Ultraschallreiniger

Nicht nur bei Uhrmachern und Optikern, auch in der Modellbahn-Werkstatt tut ein Ultraschallreinigungsgerät sehr gute Dienste. Das Wirkprinzip der Ultraschallreinigung basiert darauf, dass in einer Flüssigkeit durch ein Ultraschallfeld Wellen mit Über- und Unterdruck erzeugt werden. Diese Druckveränderungen führen zur Bildung und zum Zerfall von Bläschen (Kavitation). Ultraschallreinigungsgeräte werden bei der Modellbahn zum Reinigen von Radsätzen, Metallgehäusen und

Beim Reinigen von Modellbahn-Teilen ist ein Ultraschallreiniger genauso wirksam wie beim Säubern von Schmuck, Brillen oder Münzen.

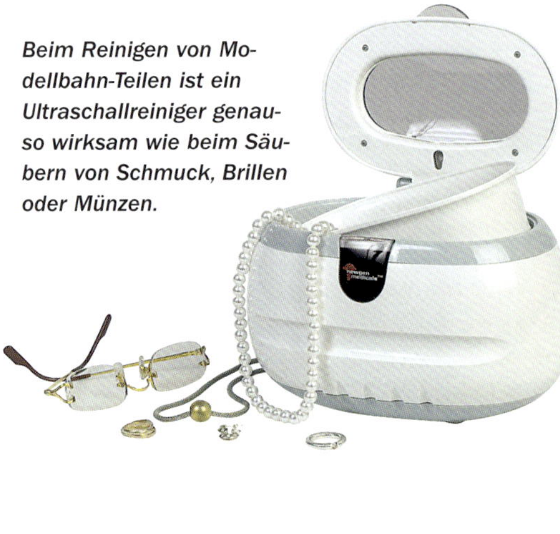

fein strukturierten Bauteilen eingesetzt. Beim Einsatz von Ultraschallreinigern ist keine Spezialflüssigkeit notwendig.

> **TIPP**
> Bei hartnäckigen Verschmutzungen kann dem Wasser einige Tropfen Spülmittel beigegeben werden. Alternativ kann auch ein Einsatz von → *Modellbahn-Öl* sehr effizient sein.

Umfahrgleis

Ein Umfahrgleis ist ein Nebengleis, das dazu genutzt wird, eine Lokomotive von einem Zugende zum anderen umzusetzen. Umfahrgleise sind häufig auf einem Kopfbahnhof oder einem kleinen Nebenbahn-Bahnhof anzutreffen. Ein Umfahrgleis muss immer freigehalten werden und dient nicht als Abstellgleis. Auch bei Straßenbahngleisen sind Umfahrgleise häufig anzutreffen, beispielsweise bei Endpunkten einer Strecke oder an einem Depot. Auf einer Modellbahn-Anlage ist ein Umfahrgleis eine geschickte Maßnahme, um mit wenig Platzbedarf abwechselungsreichen Rangier- und Fahrbetrieb zu realisieren.

Umschaltimpuls

Als Umschaltimplus wird der Überspannungsimpuls bezeichnet, mit dem im klassischen Wechselstrom-System die Fahrtrichtungsumschaltung elektromechanisch ausgelöst wird. Der Umschaltimpuls hat bei den klassischen, blauen Märklin-Transformatoren eine Spannung von 24 bis 26 V, bei den neuen Märklin-Trafos nur noch 22 V.

> **WICHTIG**
> Sofern Sie moderne Loks mit mfx/Systems-Decoder auf einer klassischen Wechselstrom-Anlage einsetzen möchten, sollten Sie keine Fahrtrichtungsumschaltung mit einem alten Trafo vornehmen. Ansonsten besteht die Gefahr, dass der Digitaldecoder durch den Überspannungsimpuls von bis zu 26 V zerstört wird.

Universal Serial Bus

Eine Bus-Schnittstelle, an die sich theoretisch max. 127 Geräte wie etwa Maus, Tastatur, Drucker, Scanner über ein USB-Kabel anschließen lassen. Die maximale Kabellänge beträgt laut USB-Standard 5 m. Durch maximal 5 eingeschleifte USB-Geräte, USB-Hubs oder USB-Aktiv-Verlängerungen lassen sich Entfernungen bis zu 30 m überbrücken, sofern alle Kabel dazwischen und auch das letzte Kabel zum USB-Gerät jeweils die Maximallänge von 5 m haben. Weitere Entfernungen bis zu 100 m lassen sich durch USB-Extender erzielen. Aktuell sind durchaus noch Geräte der alten USB-Version 1.0/1.1 im Einsatz, derzeit wird USB 2.0 durch USB 3.0 SuperSpeed abgelöst. Die USB-Schnittstellen unterscheiden sich in der maximalen Übertragungsgeschwindigkeit erheblich voneinander:

- USB 1.0 (Low Speed) 1,5 Mbit/s
- USB 1.1 (Full Speed) 12 Mbit/s
- USB 2.0 (High Speed) 480 Mbit/s
- USB 3.0 (Super Speed) 5 Gbit/s

Der USB hat bei der Modellbahn aus mehrfachen Gründen inzwischen eine große Bedeutung. Es können Datensicherungen der Modellbahn-Digitalzentralen oder der Austausch von Lokprofilen über den USB bzw. dort angeschlossene Speichersticks durchgeführt werden. Zudem stellen die meisten PC-Steuerungsprogramme für die Modellbahn inzwischen die Verbindung zwischen → *Digitalzentrale* (bzw. Interface) und PC (bzw. Notebook) über eine USB-Verbindung und nicht mehr auf dem klassischen Weg über einen serielle COM-Port her. Neue Modellbahn-Digitalzentralen wie die Märklin Central Station 2 erlauben ein → *Firmware-Update* der Zentrale über einen angeschlossenen USB-Stick sowie den Anschluss einer Tastatur und einer Maus per USB.

Universallok

Allgemein wird bei der Modellbahn von einer Universallok gesprochen, wenn sie sich vorbildnah vor unterschiedlichen Zuggattungen einsetzen lässt, also für Personen- wie für Güterzüge geeignet ist. Der Begriff hat in letzter Zeit allerdings eine Erweiterung erfahren, denn bei der H0-Modellbahn bezeichnet eine Universallok auch ein Modell, das im Zweileiter- und im → *Mittelleiter-System* eingesetzt werden kann. An entsprechenden Modellen arbeiten mehrere Hersteller, der erste Lieferant einer Universallok war Railtop mit dem Modell eines RAm. Eine solche Universallok muss über die folgenden Ausstattungsmerkmale verfügen:

- klassischer Betrieb mit Gleich- und Wechselstrom
- Betrieb mit den wichtigsten Protokollen für den Digitalbetrieb (DCC, Motorola, Selectrix)
- isolierte Radsätze mit hoher Kompatibilität zu gängigen Gleissystemen
- abnehmbarer bzw. leicht anzuclipsender Mittelschleifer
- manuelle oder automatische Umschaltung der Betriebsart

Unterbrechungsfreie Stromversorgung

Die USV sichert insbesondere Rechner gegen Stromausfall, Spannungseinbrüche und Überspannungen (Blitzschlag). Eine USV erkennt einen Stromausfall im Millisekundenbereich und aktiviert dann einen integrierten Akku. Aus dem Gleichstrom des Akku macht die USV einen Standard-Wechselstrom (50 Hz). Der Batteriebetrieb mit einer USV reicht meist für einen Betrieb der angeschlossenen Geräte von ca. 10 bis 15 Minuten. In Modellbahn-Schauanlagen werden die steuernden Rechner mit USVen gegen Stromausfall gesichert. Auch bei mittleren Modellbahn-Anlagen ist es sinnvoll, die Steuergeräte (Digitalzentrale, Booster) per USV zu sichern, um die Betriebssicherheit und einen Schutz gegen Überspannungen zu gewährleisten.

Unterflurantrieb

Der Unterflurantrieb ist dadurch gekennzeichnet, dass er unsichtbar unter der Modellbahn-Anlage eingebaut ist. Dort treibt er in den meisten Fällen die Weichenzungen an, ein unterflurig montierter Antrieb kann aber genauso gut eine andere mechanische Funktion bedienen. Unterflurantriebe können sowohl analog als auch digital angesteuert werden.

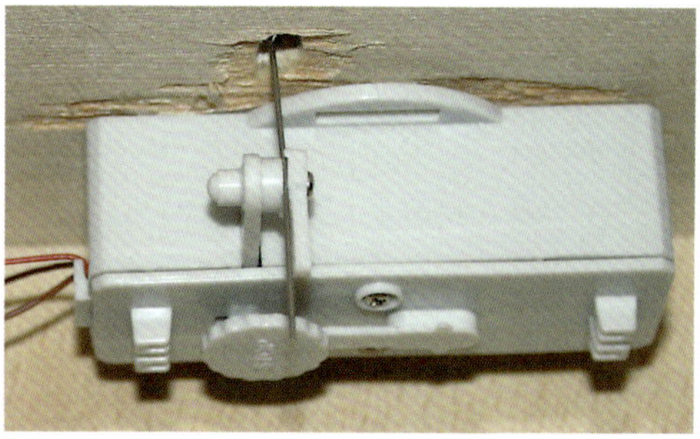

Ein Unterflurantrieb bewegt die Weichenzunge für den Betrachter unsichtbar über einen Servomotor und einen Stelldraht.

Update

Als ein Update wird eine Softwareaktualisierung bezeichnet. Der Sinn eines Updates ist die Behebung von Fehlern und die Verbesserung der Geräteeigenschaften. Ein Update spart den Austausch eines elektronischen Bauteils oder sogar eines ganzen elektronischen Geräts ein. Voraussetzung ist, dass das betreffende Programm in einem beschreibbaren Speicher abgelegt ist.

UPS

Abk. für Uninterruptable Power Supply, dt. → *unterbrechungsfreie Stromversorgung*

USB

Abk. für → *Universal Serial Bus*

USB-Repeaterkabel

Neuere Modellbahn-Digitalzentralen sind mit dem PC oder Notebook meist per USB (Universal Serial Bus) verbunden. Je nach Aufbau und Standort kann ein einfaches USB-Kabel jedoch zu kurz für die Verbindung zum PC sein. Setzen Sie bei Verlängerungen von mehr als insgesamt 5 Metern keine passiven USB-Verlängerungskabel ein, denn dabei verschlechtert sich die Signalqualität erheblich und Störungen sowie lange Laufzeiten für die Befehle können Folge im Betrieb sein. Benutzen Sie stattdessen ein spezielles USB-Repeaterkabel („Signalverstärkerkabel"). Mit diesen Kabeln bleibt die Signalqualität erhalten, und Sie können Verlängerungen bis zu insgesamt ca. 20 Metern realisieren.

USV

Abk. für → *unterbrechungsfreie Stromversorgung*

U

VA
Kurzform für V/A. Damit wird die elektrische Leistung eines Wechselstromgeräts wie eines Transformators angegeben.

Velaro
Mit 404 km/h ist der spanische Hochgeschwindigkeitszug „Velaro“ der schnellste Serienzug der Welt. Die Höchstgeschwindigkeit des Velaro soll bei 420 km/h liegen, sie wird aber aus Sicherheitsgründen nicht ausgefahren. Im regulären Fahrbetrieb soll der Velaro 350 km/h fahren und die Strecke Madrid–Barcelona in 2,5 Stunden bewältigen. Der Velaro wird von der Siemens-Sparte Transportation Systems (Verkehrstechnik) gebaut, hat eine Leistung von 8.800 Kilowatt und 404 Sitzplätze. Velaros fahren auch in China (60 Züge, verlängerte Version für 601 Sitzplätze) sowie Russland (8 Züge). Der Velaro ist eine Märklin-Neuheit 2010 in H0, das Modell basiert auf dem sehr ähnlichen ICE 3.

Verbrennungstriebwagen
Modelle von Verbrennungstriebwagen, die bei der Baureihe mit einem vorangestellten „VT“ gekennzeichnet werden, sind bei Modellbahnern äußerst beliebt. Ein Grund ist, dass man mit einem solchen VT-Triebzug gleich eine zueinander passende Garnitur aus Triebfahrzeug und Waggons hat, man braucht sich also nur wenig um die Zugzusammenstellung zu kümmern. Weiterer Vorteil der Verbrennungstriebwagen: Man kann sie ganz vorbildgerecht auf einer Anlage ohne Oberleitung einsetzen, da sie ja im Original einen Dieselantrieb (oder ähnlichen Verbrennungsmotor) haben. Klassische Modelle von Dieseltriebzügen wie z. B. der H0 Northlander von Märklin oder Triebzüge von TRIX sind begehrte und hochpreisige Sammlerstücke.

Verkürzung
Damit ist in der Modellbahn-Fachsprache die maßstäbliche Verkürzung von Fahrzeugen gemeint. Solche Verkürzungen betreffen besonders häufig Fahrzeuge, die im Original sehr lang sind, z. B. vierachsige Personenwagen. Solche Modelle sind dann z. B. im Maßstab 1:87 nicht maßstäblich ca. 30 cm lang, sondern verkürzt nur 24 cm lang. Der Vorteil der

Während der Spur-Z-Waggon maßstäblich dem Vorbild entspricht, ist der Spur-H0-Waggon sichtbar verkürzt.

Ein „Schienenbus“ VT98, typischer Verbrennungstriebwagen für den Personennahverkehr.

Verkürzung ist ein verbessertes Fahrverhalten in engen Gleisbögen. Prinzipiell werden Verkürzungen umso häufiger vorgenommen, je „größer“ der Maßstab ist. Bei „kleinen“ Maßstäben wie N und Z werden praktisch keine Verkürzungen vorgenommen, beim großen G-Maßstab sind sie hingegen der Normalfall.

Verschleißteile

Verschleißteile sind der größte Feind jedes Modell-Betriebsbahners. Gängige Verschleißteile an Modellbahn-Fahrzeugen sind Teile am Motor (Kohle, Bürsten), sofern es sich nicht um einen verschleißfreien → *Glockenankermotor* handelt. Des Weiteren verschleißen insbesondere Kunststoff-Getriebeteile relativ schnell, auch Haftreifen und alle Arten von Schleifern sind Gegenstand typischer Servicetätigkeiten rund um die Modellbahn. Bei einem Stresstest, den die Loxx MiniaturWelten Berlin veranstaltete, gewann eine H0-Lok von Fleischmann (BR 218), die insgesamt mit normalen Wartungsintervallen 1.936 Stunden lang fuhr und dabei fast 2.996 km zurücklegte. Dann liefen die Achslager aus, und es war kein Getriebeeingriff mehr möglich, zudem waren die Spurkränze nahezu abgefahren.

VideoLAN

Video- und Handyfilme liegen im Trend, auch viele Modellbahner setzen diese Methode ein. Doch wenn Sie mit einem Foto-Handy einen Film von einer tollen Modellbahn-Großanlage machen, bleibt beim Abspielen auf Ihrem PC oft leider alles schwarz, weil Mobiltelefone Filme in einem stark komprimierten Format aufzeichnen, das Sie an der Endung „.3gp“ erkennen. Zum Abspielen dieses Formats eignet sich das kostenlose Programm VideoLAN. Vorteil dieses Medienplayers ist, dass er eigene Video-Codecs benutzt und somit von den Windows-Codecs unabhängig ist. Sie finden den Download unter www.videolan.org.

Videoüberwachung

Eine Videoüberwachung der Modellbahnanlage empfiehlt sich für Anlagenbereiche, die Sie nicht einsehen können, z. B. Schattenbahnhöfe oder Trassen, die über untere Spanten einer Anlage in offener Rahmenbauweise laufen. Eine preiswerte Lösung für eine Videoüberwachung lässt sich heute per PC bzw. Notebook und Webcams realisieren. Ist genug Platz vorhanden, können auch eine alte, analoge Videokamera und ein kleiner Fernseher bzw. Monitor wieder für eine vernünftige Aufgabe eingesetzt werden.

Videowagen

Andere Bezeichnung für → *Kamerawagen*

Viessmann Commander

Eine der modernen und leistungsfähigen → *Digitalzentralen* ist der Viessmann Commander. Das System ist mit einem 7-Zoll- → *Touchscreen-Display* mit einer → *Auflösung* von 800 x 480 Bildpunkten ausgestattet. Unterstützt werden die Datenformate DCC (inklusive → *RailCom*) und Motorola. Neben der Unterstützung des s88-Busses bietet der Commander noch einen zusätzlichen HighSpeedBus und unterstützt das → *XPressNet*. Eine Besonderheit ist das Gleisbildstellpult, denn Viessmann nutzt das Display zur Wiedergabe der kompletten Fahrstraße, ermöglicht über → *USB* die Darstellung auf einem PC und zudem noch den Anschluss eines Gleisbildstellpultes (GBS; Infos: www.viessmann-modell.com).

Virtueller Führerstand

Der virtuelle Führerstand ist eine Funktion der Windows-Software des ESU-Lok-Programmers. Mit dem virtuellen Führerstand können Sie einen Digitaldecoder auf die gewünschte, programmierte Funktion hin überprüfen. Sie können Funktionstasten und Fahrbefehle simulieren und somit Ihre Lok auf dem mit dem LokProgrammer verbundenen Programmiergleis oder einem Rollenprüfstand testen, bis die Fahrzeugeigenschaften Ihren Vorstellungen entsprechen.

Vitrinenbahner

Ist eine Bezeichnung für Modellbahner, die häufig nicht über eine eigene Anlage verfügen, sondern die Modelle sammeln und in Vitrinen präsentieren. Da sich die Interessenschwerpunkte und Anforderungen an die Modelle bei Vitrinenbahnern und Betriebsbahnern unter den Modellbahnern deutlich unterscheiden, ist es für die Hersteller immer eine Gratwanderung, beide Anforderungen zufriedenzustellen.

V_{max}
Als V_{max} wird bei der Modelleisenbahn die Höchstgeschwindigkeit eines Triebfahrzeugs bezeichnet. Bei Modellen mit Digitaldecoder kann diese Geschwindigkeit eingestellt werden, was bei modernen Decodern über die CV5 vorzunehmen ist. Diese Einstellung können Sie ganz subjektiv oder nach einer exakten Geschwindigkeitsmessung vornehmen. Ab Werk haben alle Triebfahrzeuge eine mehr oder weniger stark überhöhte Maximalgeschwindigkeit, wobei gilt: Je langsamer das Vorbildfahrzeug, desto stärker ist die Geschwindigkeit des Modells überhöht. Die ideale Einstellung für V_{max} sollten Sie so wählen, dass bei der höchsten Fahrstufe die auf der Anlage erlaubte Maximalgeschwindigkeit erreicht wird. Damit nutzen Sie den Regelbereich bestmöglich aus.

Vorentkupplung
Die Vorentkupplung ist eine spezielle Eigenschaft vieler Modellbahn-Kupplungssysteme. Sinn der Vorentkupplung ist es, dass eine Kupplung getrennt werden kann und die Waggons an einer beliebigen Stelle abgestellt oder über einen → *Ablaufberg* geschoben und zu neuen Zügen zusammengestellt werden können. Die Vorentkupplung wird durch ein spezielles → *Entkupplungsgleis* vorgenommen, alternativ kann auch ein Handentkuppler verwendet werden. Die eigentliche Trennung der Fahrzeuge geschieht erst bei der folgenden Bewegung der Fahrzeuge, dabei fallen die Kupplungen zurück und sind bereit für einen neuen Kupplungsvorgang. Kupplungssysteme mit Vorentkupplung sind standardmäßig eine Besonderheit der Fahrzeuge der Baugröße H0, Hersteller z. B. Fleischmann und Märklin. Allerdings herrscht bei H0-Fahrzeugen eine solche weitenteils inkompatible Kupplungsvielfalt, dass die Vorentkupplung nur innerhalb eines bestimmten Kupplungssystems funktioniert. Seltener gibt es auch in anderen Baugrößen als H0 Kupplungssysteme mit Vorentkupplung, z. B. bei der Nenngröße N (Micro-Trains-Line-Kupplung inklusive Vorentkupplung).

Vorführanlagen
Wie eine → *Schauanlage* sind auch Vorführanlagen öffentliche Modellbahn-Anlagen. Der Unterschied besteht darin, dass Vorführanlagen transportabel sind und meist für Ausstellungen oder von den ideellen Teilnehmern von Modellbahn-Messen nur für eine kurze Zeit präsentiert werden. Eigentümer von Vorführanlagen sind meist Arbeitsgemeinschaften oder Clubs, seltener kommerzielle Betreiber.

Vorserie
Bevor große Eisenbahnunternehmen ein neues Triebfahrzeug in großer Stückzahl kaufen, gibt es eine Vorserie mit Testfahrzeugen. Die Vorserienfahrzeuge unterscheiden sich meist in kleineren Gehäusedetails und der Lackierung von dem späteren Großserienfahrzeug, werden aber durchaus auch im Plandienst eingesetzt, um die Alltagstauglichkeit zu prüfen. Vorserien-Modelle sind für die Modellbahn-Hersteller interessant, da mit geringem Aufwand (meist nur kleine Änderungen und andere Lackierung bzw. Bedruckung) ein „neues“ Modell entsteht. Manches Vorserienmodell hat besondere Berühmtheit erlangt. Das trifft besonders auf die Vorserien-Diesellok V160 zu, die dank ihres runden Vorbaus den Kosenamen „Lollo“ bekam, eine Anspielung auf die zu der Zeit populäre Schauspielerin Gina Lollobrigida. Die Großserien-V160 hatte den runden Vorbau bedauerlicherweise nicht mehr.

Vorserien-Modell
Die ersten Modelle, die mit den nahezu endgültigen Werkzeugen erstellt werden, bevor die Serienproduktion anläuft. Solche Modelle spielen als Testmuster eine wichtige Rolle.

Vorsignal
Ein Vorsignal kündigt den aktuellen Signalbegriff des zugehörigen Hauptsignals an. Daher treten Vorsignale nur in Kombination mit Hauptsignalen auf. Bedingt durch die langen Bremswege sind Vorsignale nötig, die dem Lokführer schon frühzeitig die Stellung des Hauptsignals zeigen. Vorsignale stehen auf Hauptbahn-Strecken 1 km vor dem Hauptsignal, bei Nebenbahnen 700 m. Ist der Abstand von zwei Hauptsignalen nur 1 km bis 1,3 km, dann werden das Hauptsignal und das folgende Vorsignal an einem Mast montiert. Vorsignale haben die Aufgabe, dem Lokführer zu zeigen, wie das nächste Signal steht. Bei Streckenblöcken zeigt das Hauptsignal am Anfang des Streckenblockes, ob der vor dem Zug lie-

gende Abschnitt befahren werden darf. Das Vorsignal zeigt somit, was im nächsten Block als Fahrbefehl zu erwarten ist, damit der Lokführer nötigenfalls frühzeitig bremsen kann. Bei der Modellbahn-Steuerung besitzen Vorsignale in aller Regel keine eigenen Einrichtungen zur Zugbeeinflussung, sondern sind mit dem betreffenden Hauptsignal gekoppelt.

TIPP
In der Praxis empfiehlt sich am Beispiel der Nenngröße H0, einen Abstand vom Vorzum Hauptsignal zu wählen, der der maximalen Zuglänge auf der Strecke plus einer Viertellänge dieses Zuges entspricht.

Vorsignalabstand

Der Vorsignalabstand ist die Entfernung zwischen dem Vorsignal und dem Hauptsignal. Beim Vorbild ist die Entfernung so bemessen, dass der schnellste auf der Strecke eingesetzte Zug in jedem Fall vor dem zugehörigen Hauptsignal zum Stehen kommen kann. Auf Modellbahn-Anlagen werden Vorsignale oft vernachlässigt oder bewusst weggelassen, da diese Signalabstände der Vorbildbahn im Modell nicht annähernd umsetzbar sind. Beim maßstäblichen Umrechnen in 1:87 müsste bei einer H0-Modellbahnanlage z. B. das Vorsignal 11,5 m vor dem Hauptsignal stehen. Das ist selbst auf den größten Schauanlagen im Modell nicht realisierbar.

Vorspann

Der Begriff Vorspann entstand zu der Zeit, als Bahnen noch von Pferden gezogen wurden. Vorspann bedeutet allgemein, dass ein Zug von zwei Loks gezogen wird, wobei beide Loks besetzt sind und einzeln bedient werden. Früher verständigten sich die Lokführer mit Pfeifsignalen, später mit Funk. Häufig wird der Vorspann mit der Doppeltraktion verwechselt, bei der aber nur die erste Lok besetzt ist.

Vorspannlokomotive

Wenn die Zugkraft für das sichere Fahren eines Zuges nicht ausreicht, wird bei Vorbild- und Modellbahn eine Vorspannlokomotive eingesetzt. In seltenen Fällen wird eine Vorspannlokomotive auch einfach zum Vermeiden einer Leerfahrt hinzugekuppelt. Beim Vorspann sind bei der Vorbildbahn alle Triebfahrzeuge mit eigenem Personal besetzt (→ *Doppeltraktion*, → *Vorspann*). Diese Vorbildsituation ist im Modell mit → *Dummy-Triebfahrzeugen* nachzubilden. Werden angetriebene Lok-Modelle eingesetzt, ist der Vorspann-Betrieb mit digital gesteuerten Triebfahrzeugen einfacher als mit analogen Lok-Modellen (→ *Mehrfachtraktionsadresse*).

Vorwiderstand

Bezeichnung für einen → *Widerstand* in einer elektrischen Schaltung, der für die Reduzierung der Versorgungsspannung eines nachfolgenden Bauteils eingesetzt wird. Bei der Modellbahn häufig als Vorwiderstand z. B. für eine LED anzutreffen. Vorwiderstände finden sich z. B. auch auf → *Flexprints*, dort dann in der winzigen SMD-Ausführung.

Vorwiderstand berechnen

Den Wert für den Vorwiderstand R berechnen Sie für eine Gleichstrom-Spannungsquelle nach dieser Formel:
R = (Spannungsversorgung - Durchbruch-Spannung der LED)/LED-Strom.
Beispiel für eine LED, die mit 3 V betrieben wird und einen Strom von 8 mA aufnimmt, wobei die Spannungsquelle 12 V liefert:
R = (12 - 3)/8. Ergebnis ist 1,125, der Vorwiderstand sollte also 1,125 Kiloohm haben. Der Wert wird dann einfach aufgerundet, es passt also ein 1,2-kΩ-Widerstand.

Vorzugsfahrtrichtung

Hierbei handelt es sich um die absolute → *Fahrtrichtung* nach vorne. Bei Diesel- und Elektroloks entspricht die Vorzugsfahrtrichtung der Richtung des Führerstands 1, bei Dampflokomotiven Kessel voraus (anstatt Tender voraus). Im Lieferzustand sind Modellbahn-Loks auf die Vorzugsfahrtrichtung eingestellt, sofern sie über einen Speicher für die Fahrtrichtung verfügen. Für analoge Gleichstrom-Loks regelt die NEM 631 „Fahrtrichtung bei Zweischienensystem“, dass die Spannungsversorgung „Schiene rechts Motor plus“ sowie „Schiene links Motor minus“ der Verkehrsrichtung entspricht.

Vr

Abk. für → *Vorsignal*

VT

Abk. für → *Verbrennungstriebwagen*

V

Wärmeleitpad

Es handelt sich um ein doppelseitiges Klebeband oder -kissen, mit dem z. B. Digitaldecoder befestigt werden. Damit sich der Decoder im Betrieb nicht zu stark erwärmt, wird die Hitze über ein Wärmeleitpad z. B. an den Guss-Metallrahmen des Fahrzeugs abgegeben.

Wärmeleitpaste

Wärmeleitpaste wird benutzt, um zwischen elektronischen Bauteilen und Kühlelementen (Kühlkörper) eine Verbindung herzustellen, die eine gute Wärmeleitfähigkeit erzeugt. Damit wird eine Überhitzung elektronischer Komponenten vermieden und der Verschleiß der betreffenden Komponenten reduziert. Die Zusammensetzung von Wärmeleitpaste ist unterschiedlich. Es kann sich um Silikon mit einem Klebstoff handeln oder auch wegen der hohen Wärmeleitfähigkeit Silberoxyd enthalten sein. Ist ein Kleberanteil enthalten, wird die Mischung als Wärmeleitkleber bezeichnet. Wärmeleitpaste ist idealerweise sehr dünn und beidseitig aufzutragen. Zu große Mengen Wärmeleitpaste können Beschädigungen verursachen, da Wärmeleitpaste je nach Zusammensetzung bei Erhitzung dünnflüssig werden kann.

Wartungsintervall

Das Wartungsintervall gibt an, in welchen zeitlichen Abständen eine Wartung eines Fahrzeugs durchzuführen ist. Bei Triebfahrzeugen der Größe H0 empfehlen die Hersteller, ca. alle 40 Stunden zumindest die Schmierung zu kontrollieren. Nach einer hohen Anzahl Betriebsstunden sind in aller Regel auch Reinigungstätigkeiten an Getriebe- oder Verschleißteilen notwendig. Im Einzelfall richten Sie sich nach den Empfehlungen der Hersteller. Eine wichtige Vereinfachung im Zusammenhang mit den Wartungsintervallen sind wartungsfreie Motoren, wie sie immer häufiger in hochwertigen Modellbahn-Fahrzeugen anzutreffen sind (→ *Glockenankermotor*, C-Sinus- und SoftDrive-Sinus-Motor).

WDP

Im Jargon Abk. für das Modellbahn-PC-Steuerungsprogramm → *Win-Digipet*, einem der führenden Modellbahn-Steuerungsprogramme.

Web-Client

Als Web-Client wird ein Computer-Programm bezeichnet, das über das Internet Informationen zu einer speziellen Anwendung abruft. Web-Clients laufen prinzipiell auf Rechnern aller Größenordnung, für Modellbahn-Software sind allerdings Web-Clients für die mobile Steuerung der Modellbahn besonders interessant, die auf kleinen, mobilen Computern (PDAs, Smartphones) laufen. Web-Clients benötigen in aller Regel eine Installation eines Internet-Browsers wie den Microsoft Internet Explorer, Mozilla Firefox oder Opera, um zu funktionieren. Da der Zugriff auf die zentrale Anwendung, die auf einem Web-Server oder einem lokalen Server läuft, gemäß der Netzwerkstruktur des Internets organisiert ist, können Sie mit einem Web-Client zu einer Modellbahn-Software theoretisch Ihre Modellbahn-Anlage von jedem Punkt der Welt aus steuern, an dem ein Internet-Zugriff möglich ist. Über Web-Clients verfügen die Steuerungsprogramme von Railware und RocRail.

Webtraining

Als Webtraining wird ein internetbasiertes Lehrangebot bezeichnet. Zeitweise hatte Märklin zur Mobile Station und den Lichtsignalen Webtrainings zur kostenlosen Benutzung auf der Internet-Seite angeboten. Nach erfolgreichem Abschluss des Webtrainings erhielten die Absolventen eine Urkunde mit ihrem Namen in Form einer PDF-Datei, die ausgedruckt werden konnte. Das Märklin-Webtraining ist seit dem Relaunch der Internet-Seite 2008 nicht mehr verfügbar.

Wechselspannung

Alle Transformatoren geben zunächst eine Wechselspannung (AC = Alternate Current) ab. Für den Betrieb der Gleichstrom-Motoren in den Modellbahn-Triebfahrzeugen muss diese Wechselspannung in eine Gleichspannung umgewandelt werden (Gleichrichtung). Ältere Fahrzeuge von Märklin sind mit → *Allstrommotoren* ausgerüstet, die direkt mit einer Wechselspannung betrieben werden können.

Wechselstrom

Der Betrieb mit Wechselstrom ist die älteste elektrische Betriebsart für die Modellbahn. Diese Triebfahrzeuge verfügen meist über

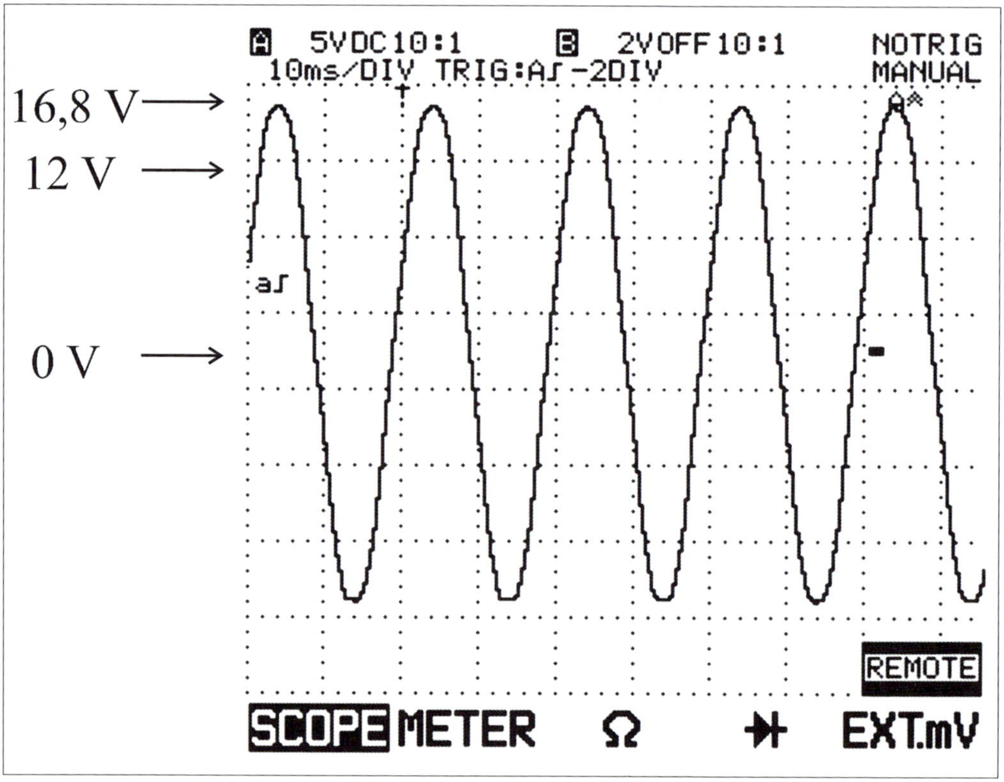

Wechselspannung in der Darstellung am Oszilloskop: Eine positive und eine negative Halbwelle bilden einen Frequenzdurchlauf (Periode), der durch die Rotation der Generatoren im Kraftwerk entsteht. Die Netzspannung hat eine Frequenz von 50 Hz.

einen → *Allstrommotor* (siehe auch → *Gleichstrom*).

Weiche aufschneiden

Wenn Schienenfahrzeuge mit den Radkränzen ein Weichenherzstück in Fahrtrichtung zum Stammgleis hin wegdrücken, wird das als „aufschneiden" bezeichnet. In diesen Fällen ist die Weiche für die Fahrtrichtung falsch gelegt oder aus Nachlässigkeit nicht betätigt worden.

WICHTIG
Das Aufschneiden einer Weiche führt in Zweileiter-Systemen mit → *Herzstückpolarisierung* der Weichen zum Kurzschluss.

W

Weiche

Eine Weiche ist ein spezieller Teil des Gleises, der den Streckenwechsel ermöglicht. Bei der elektrischen Modellbahn werden Weichen entweder von Hand umgeschaltet oder durch einen elektrischen Weichenantrieb betätigt. Weichen gehören zu den wichtigsten Teilen eines Modellbahn-Gleissystems, weil sie unmittelbaren Einfluss auf die Gestaltungsmöglichkeiten des Gleisplans haben und die Funktionssicherheit im Betrieb entscheidend beeinflussen. Die einfachste Bauform einer Weiche ist eine Konstruktion mit nur einem Stamm- und einem Zweiggleis. Als Stammgleis wird bei geraden Weichen das Gleisstück in Fahrtrichtung geradeaus bezeichnet. Das Zweiggleis ist danach das Gleis einer Weiche, das von dem Stammgleis abzweigt. Von dieser Grundform ausgehend, gibt es je nach Erfordernis sehr viele unterschiedliche Weichenkonstruktionen. Es gibt auch bei der Modellbahn mehrere Bauformen von Weichen, z. B. Standardweichen, schlanke Weichen, Bogenweichen, Kreuzungsweichen, Doppelkreuzungsweichen (DKW). Für den elektrischen Anschluss und Betrieb der Weiche ist es wichtig, ob sie über eine Endabschaltung verfügt oder nicht. Für den Digital-Modellbahner wichtig zu wissen: In einem Zweileiter-System ist nicht jede Weiche automatisch digitaltauglich. Für den Digitalbetrieb ist eine elektrische Isolation zwischen Herzstück und Weichenzunge nötig, wenn es sich um eine Weichenzunge aus Metall handelt. Denn ansonsten sind die gefürchteten Mikrokurzschlüsse die Folge.

Weichenantrieb

Weichenantriebe dienen dazu, Weichen automatisiert bzw. fernbedient in die gewünschte Fahrtrichtung zu stellen. Unterscheiden lassen sich → *Einzelspulenantriebe*, → *Doppelspulenantriebe* und motorische Antriebe. Doppelspulenantriebe sind sehr verbreitet und gelten als zuverlässig. Der Umstellvorgang erfolgt schlagartig, die Andruckkraft des Umstellhebels ist nicht hoch. Motorantriebe können Weichen und Signale vorbildgerecht langsam umstellen. Durch die nötige Getriebeuntersetzung stehen auch höhere Andruckkräfte zur Verfügung.

Weichendecoder

Weichendecoder werden bei der digital gesteuerten Modellbahn benötigt, um einen Schaltbefehl von der → *Digitalzentrale* an der betreffenden Weiche zu empfangen und den Schaltimpuls für das Stellen der Weiche auszulösen. Ein Weichendecoder muss auf eine Digitaladresse in dem System programmiert werden, mit der er im Betrieb angesprochen werden kann. Während die vorgefertigten Gleissysteme meist mit einer oberflurigen Anbringung eines Weichendecoders arbeiten (z. B. Märklin/TRIX → *C-Gleis*), verwenden Gleissysteme mit einem hohen Anspruch an Authentizität eher Weichendecoder, die 4, 8 oder 16 Weichen digital ansteuern können. Diese Weichendecoder werden dann unsichtbar unter der Anlage angebracht.

Weichenstraße

Eine Weichenstraße besteht aus mehreren Weichen, die von den Zügen hintereinander in meist kurzen Abständen befahren werden. Weichenstraßen sind insbesondere im Weichenvorfeld eines Bahnhofes, in einem Rangierbahnhof oder einem Schattenbahnhof anzutreffen. Weichenstraßen können bei der digitalen Modellbahn vorab definiert und dann „auf Knopfdruck" gestellt oder von einem Steuerungsprogramm gelegt werden.

Weichentyp

Für den Weichentyp bzw. die Bezeichnung einer Weiche gibt es einige grundlegende Abkürzungen, die sowohl im Echtbetrieb als auch bei der Simulation und der Modellbahn Anwendung finden:

- EW einfache Weiche
- DW Doppelweiche
- ABW Außenbogenweiche
- IBW Innenbogenweiche
- KR Kreuzung
- EKW einfache Kreuzungsweiche
- DKW doppelte Kreuzungsweiche

Weichenwinkel

Als Weichenwinkel wird der Winkel zwischen dem geraden Stammgleis und dem Abzweig bezeichnet. Der Weichenwinkel ist bei der Vorbildbahn je nach Streckenerfordernis sehr unterschiedlich, bei der Modellbahn hingegen durch die Radien des verwendeten Gleissystems festgelegt. Immerhin bieten gute Gleissysteme bis zu 5 Radien plus Flexgleise, sodass recht flexibel geplant und gebaut werden kann. Bei Modellbahn-Gleissystemen beträgt der Weichenwinkel je nach Gleissystem und Nenngröße zwischen 7,5 und 30 °.

Weichlöten

Vollständige, aber eher selten benutzte Bezeichnung für das → *Löten* im Zusammenhang mit der Modellbahn

Weißmetall

Der Modellbau gehört heute zu den Bereichen, in denen Weißmetall besonders häufig eingesetzt wird. Weißmetall ist eine Legierung auf Basis von Zinn, der Blei und Antimon, manchmal auch Kupfer und Wismut beigegeben werden. Die Verarbeitung findet beim Modellbau im Schleuderguss-Verfahren statt, bei dem das flüssige Metall durch die Zentrifugalkraft in eine um ihre Mittelachse rotierende Gussform gepresst wird. Bei gleicher Größe sind Weißmetall-Modelle schwerer als DieCast-Modelle.

Wendezugbetrieb

Ein Wendezug ist ein Nahverkehrs-Reisezug, bei dem das Triebfahrzeug immer am selben Ende des Zugs bleibt. Im Wendezugbetrieb muss die Lok die Wagengarnitur daher je nach Fahrtrichtung ziehen oder schieben. Befindet sich das Triebfahrzeug am Ende des Zuges, wird die Zugspitze durch einen speziellen Steuerwagen gebildet. Wichtig aus Sicht des Modellbahners sind dabei die korrekt geschalteten Beleuchtungseinrichtungen.

Werbe-Modelle

Fahrzeug-Modelle, die meist Großserien-Modellen von Waggons, seltener auch Lokomotiven entsprechen und mit einem werblichen Aufdruck bedruckt sind, werden als Werbe-Modelle (Industrie-Modelle) bezeichnet. Das ist entweder der Name des Herstellers oder ein bestimmtes Produkt. Besonderheit ist, dass Werbe-Modelle nicht im Handel bzw. Fachhandel, sondern nur über den Auftraggeber erhältlich sind. Vorbildorientierte Betriebsbahner setzen auf der Modellbahn-Anlage nur Werbewagen ein, von denen auch ein Vorbildfahrzeug existiert. Andererseits gibt es auch Sammler, die sich auf Werbe-Modelle spezialisiert haben.

Werkbahnen

Privatbahnen, die oftmals nur zu Rangierfahrten auf das DB-Gleisnetz dürfen. In großen Werken, z. B. ThyssenKrupp, werden auch Loks ohne DB-Zulassung eingesetzt. Auf Modellbahn-Anlagen sind Werkbahnen ein interessantes Thema, da sie es erlauben, wesentliche Teile eines in sich abgeschlossenen Themas zu präsentieren.

Westernstecker

Mit Westernsteckern bzw. -buchsen nach RJ-45 werden standardmäßig die Netzwerkverbindungen zwischen den Modellbahn-Digitalzentralen und anderen netzwerkfähigen Komponenten wie auch PCs und Notebooks hergestellt. Vorteil dabei ist, dass Sie die preiswerten Netzwerkkomponenten verwenden können, die auch für die Verkabelung für den Internet-Zugang über Ethernet-Komponenten (Cat.5 Patchkabel, Router, Hubs, Switches, Kupplungen) benutzt werden. Sie finden Westernbuchsen daher auch an Digitalzentralen wie z. B. der ESU ECoS und der Märklin CentralStation.

Whyte-Notation

Das in den USA geläufige System zur Beschreibung der → *Achsfolge*. Im Gegensatz zum deutschen System werden nicht Achsen, sondern Räder gezählt. Eine → *Pacific* mit der Achsfolge 2'C 1' wird in dieser Notation als 4-6-2 beschrieben. Zur schematischen Darstellung werden alternativ auch große O für angetriebene und kleine o für nicht angetriebene Achsen verwendet. Eine Pacific ist in dieser Darstellung eine ooOOOo.

Widerstand

Widerstände werden benötigt, um die Versorgungsspannung für einen Verbraucher zu verringern. Der Widerstandswert ist abhängig vom Stromfluss und dem gewünschten Spannungsabfall, den Sie erreichen möchten. In Schaltungen werden Widerstände mit R (Resistor) bezeichnet. Bei der Modellbahn werden sowohl Widerstände normaler Baugröße als auch Miniatur-Widerstände (SMD-Widerstände) eingesetzt. Welchen Widerstandswert ein Widerstand hat, ist auf das Bauteil in Form eines Codes von Farbringen aufgedruckt.

Widerstandsachsen

Widerstandsachsen werden bei Modellbahn-Zweileiter-Systemen benötigt, um einen geringen Stromfluss zwischen den beiden Rädern zu erzeugen und so ein besetztes Gleis zu detektieren. Dieser Stromfluss kommt durch einen niederohmigen Widerstand von 10 bis 20 kΩ zwischen den beiden ansonsten isolierten Radscheiben des Modellbahn-Radsatzes zustande. Je niedriger der Ohm-Wert ist, desto höher ist der „Stromverbrauch" des Radsatzes. Widerstandsachsen werden vielfach einfach erzeugt, indem etwas flüssiger Silberleitlack zwischen Rad und Achse aufgetragen wird; das ist aber ein sehr unsicheres Verfahren.

TIPP

Wenn Sie Widerstandsachsen selbst erzeugen möchten, ist es sicherer, einen passenden SMD-Widerstand mit Sekundenkleber zwischen Achse und Radscheibe einzusetzen. Auch bei diesem Verfahren können Sie mit → *Silberleitlack* die notwendigen Kontakte nötigenfalls noch elektrisch verbessern.

W

Widerstandslack

Insbesondere bei Zweileiter-Systemen wird Widerstandslack eingesetzt, um Achsisolierungen zu überbrücken. Dazu enthält Widerstandslack leitfähige Pigmente. Auch unbeleuchtete Personen- und Güterwagen können dann durch einen hochohmigen Widerstand von einem Besetztmelder erkannt werden. Die Anwendung ist allerdings eher ungenau; bis ein passender Widerstandswert erreicht ist, muss meist mehrmals gepinselt werden. Erst nach dem Trocknen des Lacks kann mit einem → *Multimeter* der erreichte Widerstandswert gemessen werden.

WinAMP

Es handelt sich bei WinAMP um ein kostenloses PC-Programm für das Betriebssystem Windows. WinAMP spielt eine große Zahl von Klangformaten ab und erlaubt das Verwalten von Abspiellisten („Playlists"). Damit eignet es sich besonders gut, um auch typische Bahn-Betriebsgeräusche abzuspielen, die an vielen Quellen in den Formaten WAV oder MP3 kostenlos angeboten werden. Anbieter von Klangdateien für die Wiedergabe per PC sind u. a. die Hersteller von → *Sounddecodern* (Download: www.winamp.com).

Win-Digipet

Win-Digipet ist eines der führenden Modellbahn-Steuerungsprogramme für das Betriebssystem Windows. Es hat seinerzeit als erstes Steuerungsprogramm für die digitale Modellbahn von Märklin eine Freigabe zur „offiziellen" Nutzung mit mfx/Systems und der → *Digitalzentrale* Central Station erhalten. In Win-Digipet müssen alle Fahrstraßen im Vorhinein programmiert werden. Win-Digipet benötigt für eine Bremsstrecke 3 Rückmelder. Sie erhalten den Download der kostenlosen Win-Digipet-Demo-Version für Windows 2000/XP/Vista sowie das Handbuch unter www.windigipet.de. Diese Demo-Version ist zeitlich unbegrenzt einsetzbar, aber auf folgende Leistungsdaten beschränkt:

- 4 Lokomotiven
- 12 Magnetartikel
- 20 Fahrplan-Zeilen
- 20 Zugfahrtenautomatik-Zeilen
- 50 x 30 Gleisbild

Windows

Windows ist der Produktname des Herstellers Microsoft für die bekannteste grafische Oberfläche für PCs. Auch die allermeisten PC-Programme für die Modellbahn (Steuerung,

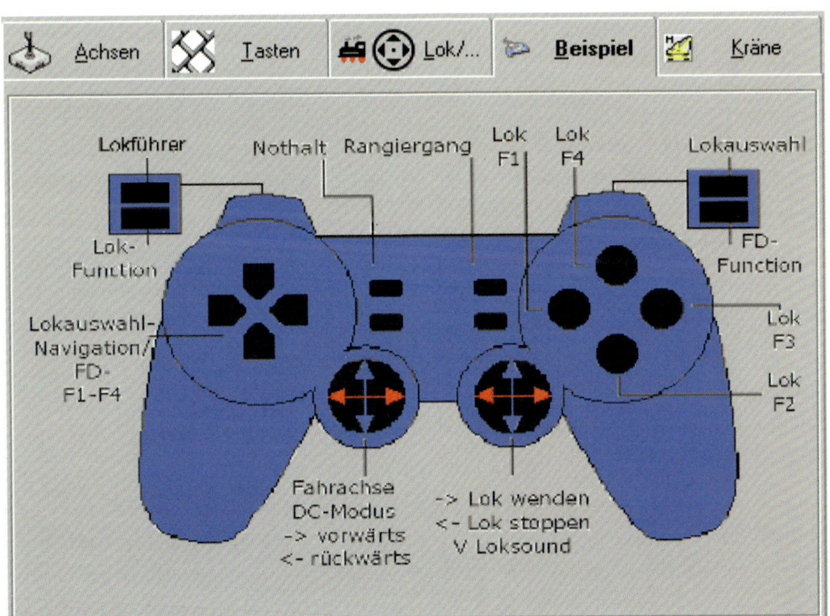

Auch per Joystick bzw. Gamepad können Sie mit Win-Digipet Ihre digitale Modellbahn ganz bequem steuern.

Simulation) sind Windows-Programme. Alle Windows-Versionen weisen spezifische Unterschiede in der Kompatibilität auf, sodass beim Kauf eines Programms immer zu beachten ist, mit welcher Windows-Version es betrieben werden kann. Die derzeit bei der installierten Basis verbreiteten Windows-Versionen sind Windows XP, Windows Vista und Windows 7 (Infos: www.microsoft.de).

Winkelanlage
Eine Winkelanlage ist in der Form des Buchstabens L angelegt. Besonders gut eignen sich Winkelanlagen zum Bau „an der Wand lang" oder in Form einer Modul- oder Segmentanlage.

Wippe
In der Kurzform als Wippe werden Mittelleiter-Wippen (Trennwippen) bezeichnet. Diese Gleiselemente dienen im Mittelleiter-System dazu, eine elektrische Trennung zwischen zwei Stromkreisen herzustellen. Dazu wird der Mittelleiter (Schleifer) über eine Wippe in der Mitte des Gleisbettes geführt und angehoben und somit ein → *Kurzschluss* zwischen den beiden Stromkreisen verhindert.

TIPP
Während analoge Modellbahn-Systeme gegenüber Mikrokurzschlüssen relativ tolerant sind, sollten Sie jede Art von Kurzschlüssen bei Digitalsystemen grundlegend vermeiden. Richten Sie sich bezüglich des Einbaus der Trennwippen unbedingt nach den Herstellerempfehlungen.

Wipplagerfahrwerk
Wipplagerfahrwerke sind sehr aufwendige Fahrwerke für Modellbahn-Loks. Mit diesen Fahrwerken erreichen Sie insbesondere bei langsam fahrenden Rangierloks immer eine Allradauflage auf beiden Schienen. Das ist daher insbesondere beim Digitalbetrieb im Zweileiter-System bei manchen Modellen oder bei generell schlechter Gleislage eine Betriebsverbesserung. Wipplagerfahrwerke sind bei Großserienmodellen praktisch nicht anzutreffen. Vereinzelte Umbauangebote bieten Fachwerkstätten (Info z. B. unter www.hauptbahn.de/graeler).

Wismarer Schienenbus
Ein Anfang der 1930er-Jahre entwickelter Leichttriebwagen für den kostengünstigen Personenverkehr auf Nebenstrecken. Kein anderer Dieseltriebwagen hat es zu einem derartigen Bekanntheitsgrad wie dieser Schienenomnibus gebracht, weshalb Modelle des Fahrzeugs auch von vielen Modellbahn-Herstellern für praktisch alle Spurweiten produziert wurden und werden. Bemerkenswert sind insbesondere die Modelle des Herstellers BEMO, der das Fahrzeug auch für die Schmalspur H0m produziert hat. Der Wismarer Schienenbus ist wegen seines markanten Motorvorbaus, der an klassische Lastkraftwagen erinnert, unter Eisenbahn- und Modellbahnfans unter dem Kosenamen „Schweineschnäuzchen" bekannt.

WLAN
WLAN ist die Abk. für Wireless LAN, dt. drahtloses, lokales Netzwerk. Die WLAN-Technik wird bei der Modellbahn eingesetzt, um eine Verbindung von einem Steuergerät zu einer → *Digitalzentrale* herzustellen. Bislang ist diese Entwicklung noch in den Anfängen. Derzeit gibt es aber schon für die Modellbahn-Steuersoftware „Rocrail" eine Erweiterung, mit der WLAN-fähige → *Smartphones* zur Modellbahn-Steuerung eingesetzt werden können. Es steht zu erwarten, dass zukünftig weitere Steuerelemente zur Modelleisenbahn die standardisierte und sehr verbreitete WLAN-Technik einsetzen werden.

www
Abkürzung für World Wide Web (weltweites Netz). Die Entwicklung der grafischen www-Oberfläche für das Internet begann 1989 und ist zum eigentlichen Erfolgsfaktor des Netzes geworden. Wesentliches Merkmal des www ist die Verknüpfung der Inhaltsseiten durch → *Hyperlinks*.

X-Bus

Jargon-Kurzform von → *XpressNet*

XpressNet

Beim XpressNet handelt es sich um eine Netzwerktechnik (Bussystem), die Eingabegeräte mit einer DCC → *Digitalzentrale* oder einem steuernden PC verbindet. Die Entwicklung für die Modellbahn wurde von Lenz (www.digital-plus.de) vorgenommen. Das XpressNet basiert auf der Industriestandard-Schnittstelle RS485. Das Netzwerk arbeitet mit einer Geschwindigkeit von 62,5 kBaud und bietet den besonderen Vorteil, dass Geräte wie z. B. Handregler während des Betriebes abgezogen oder angeschlossen werden können. Als technisch kompatibles System zum XpressNet ist das RocoNet bekannt, das allerdings teilweise Adapterkabel für den Anschluss benötigt.

XTrkCAD

Die Auswahl an kostenlosen Programmen zum Erstellen eines → *Gleisplans* ist gering. Ein leistungsfähiges und trotzdem kostenloses Programm ist „XTrkCAD" (CAD = computerunterstütztes Konstruieren) von Martin Fischer. Sie können Layouts für Anlagen jeglicher Nenngröße entwerfen. XTrkCAD bringt Bibliotheken für viele Gleissysteme bereits mit. Weitere Komponenten fügen Sie mit dem integrierten Editor hinzu. XTrkCAD läuft auf den Plattformen Mac OS X, Linux und Windows, ist bislang aber nur in einer englischsprachigen Version verfügbar (deutschsprachige Alternative: → *Trackplanner*). Den Download finden Sie unter www.xtrkcad.org.

Xuron Gleiszange

Für individuelle Gleisverläufe sind Flexgleise ideal, die allerdings ja immer auf die gewünschte Länge gekürzt werden müssen („ablängen"). Für das Trennen der Schienen eignen sich spezielle Seitenschneider ideal, mit denen der Vorgang schneller und präziser als mit einer Minibohrmaschine und einer Trennscheibe durchzuführen ist. Ein besonders hochwertiger Seitenschneider zu dem Zweck kommt vom amerikanischen Hersteller Xuron. Der Xuron „Rail Knipper" („track cutter") ist ein watenfreier Seitenschneider, das heißt, er erzeugt an der Außenseite eine einseitige, glatte Schnittkante, an der ein Stück Schiene direkt angelegt werden kann. Es ist kein oder nur sehr geringes Nacharbeiten der Schnittkante notwendig. An dem Gegenstück ist die Schnittkante schräg angeschnitten, kann aber mit einem weiteren Schnitt von ca. 2 mm ebenfalls begradigt werden. Durch diesen Glattschnitt spart die Xuron-Zange Zeit bei der Produktion ein und ist deshalb ein beliebtes Werkzeug der Profis. Die Xuron Gleisschneider sind für die Gleise der Spurweiten Z, N, TT und H0 einsetzbar, auch für alle Neusilberschienen (für Infos siehe: www.xuron.com).

Y-Weiche

Eine Y-Weiche ist eine spezielle Geometrie eines Abzweigs zur Richtungsänderung schienengebundener Fahrzeuge. Dabei muss die Y-Weiche bei der Modellbahn genau wie beim Vorbild keineswegs die exakte Figur eines Y haben, häufig haben Y-Weichen z. B. auch die geometrische Figur einer Außenbogenweiche. Für Modellbahner ist eine Y-Weiche insbesondere in den großen Spuren, z. B. bei Schmalspurbahnen in großen Maßstäben, eine Möglichkeit des Abzweigs auf möglichst kleinem Raum. Da eine Y-Weiche nur zwei Fahrtrichtungen anbietet, entspricht der technische Anschluss dem einer Weiche mit einem Standard-Abzweig rechts oder links, die Weichenzunge wird also nur zwischen zwei Positionen umgelegt.

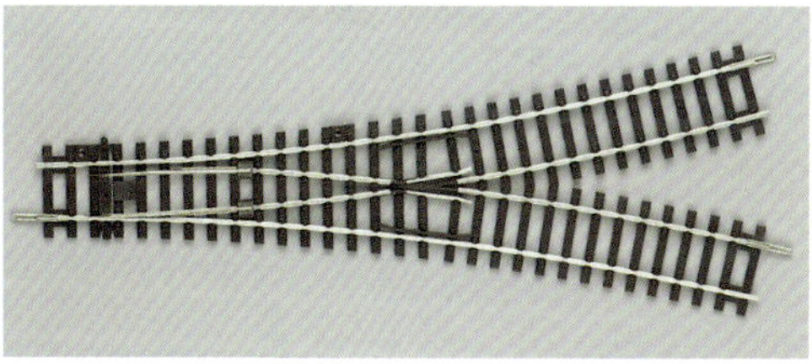

Y-Weiche aus dem A-Gleis-System von PIKO.

Zahnradlokomotive

Zusätzlich zum normalen Antrieb haben Zahnradloks einen Zahnradantrieb, um starke Steigungen zu bewältigen. Die meisten Zahnradlokomotiven können im Zahnrad- und im Adhäsionsbetrieb eingesetzt werden. Für die Nenngrößen H0 hat Fleischmann lange Jahre eine Zahnradlok produziert, heute liefern sie noch eine Zahnradlok in N. Ein weiteres Modell der Nenngröße N (Zahnradlokomotive Baureihe 97.5) hatte imotec (www.imotec-modellbahn.de) im Programm.

Zeitschaltdecoder

Ein Zeitschaltdecoder dient dazu, zeitliche Steuerungen auf der Modellbahn-Anlage einzurichten, z. B. eine Aufenthaltssteuerung am Bahnsteig, Lampen und LEDs ein- oder ausschalten. Es ist auch eine Verwendung als Ein-Ausschalt-Verzögerung möglich. Zeitschaltdecoder bestehen zumeist aus einem Relais (Belastbarkeit am Relais z. B. 2A) mit einer Wechselschaltung, wobei die gewünschte Zeit über einen Minischalter eingestellt oder über eine Software programmiert wird.

Zf

Abk. von → *Zugführer*

Zick-Zack-Führung

Wer vorbildgerechte Oberleitungen montieren möchte, muss die Zick-Zack-Führung des Vorbilds beachten. Es handelt sich dabei um eine (in Fahrtrichtung betrachtet) seitliche Verschiebung des Fahrdrahts, die der gleichmäßigen Abnutzung der Pantographen dient.
Um den Fahrdraht in der Zick-Zack-Führung zu montieren, werden abwechselnd Oberleitungsmaste mit langen und kurzen Auslegern aufgestellt.

ZIG Posterman

Es handelt sich bei dem ZIG Posterman um einen Lackstift des japanischen Herstellers Kuretake. Die ZIG-Posterstifte erzeugen eine Farbschicht mit hoher Haftung und Deckung

Nur mit dem Zahnradantrieb bewältigt die Zahnradlokomotive der Edelweißbahn von Fleischmann in Spur N solche heftigen Steigungen und Gefälle.

Der ZIG Posterman ist eine besonders einfache Lösung zum Mattieren und Schwärzen von glänzenden oder durchscheinenden Flächen.

und eignen sich bei der Modellbahn daher sehr gut, um z. B. glänzende und silbrige Radscheiben zu mattieren. Technische Besonderheit dieser Lackstifte ist das interne Pumpsystem, mit dem die Stifte auslaufsicher sind, solange kein Druck auf die Spitze ausgeübt wird. Nach dem ein- oder mehrmaligen Auftrag ist der Lack innerhalb von wenigen Minuten trocken und zeigt sich resistent gegen Öle und Fette, Reinigungsöl, andere Reinigungsflüssigkeiten und leichte mechanische Beanspruchung.

Zinkdruckguss

Eine große Rolle bei der Produktion von Modellbahn-Fahrzeugen spielt der Zinkdruckguss. Bei dieser Produktionstechnik wird die flüssige Zinklegierung bei einer Temperatur von ca. 430 °C unter hohem Druck in eine Druckgussform gedrückt. Dieser Vorgang geschieht extrem schnell, innerhalb von ca. 10 bis 20 Millisekunden. Zinkdruckguss ermöglicht eine Fertigung mit besonders engen Toleranzen und die Herstellung anspruchsvoller Oberflächen. Die Formhaltbarkeit beim Zinkdruckguss liegt zwischen 500.000 und 5 Millionen Gussteilen. Zink-Druckguss eignet sich auch für kleinste Teile (→ *DieCast-Modelle*).

Zinkpest

Eine Korrosion von Modellen, die aus → *Zinkdruckguss* bestehen, wird als Zinkpest oder Zinkfraß bezeichnet. Ursache der Zinkpest ist eine schlechte Qualität der verwendeten Metall-Legierung sowie Mängel bei der Produktion. Betroffen von der Zinkpest sind im Wesentlichen Modelleisenbahnen sowie Autos, die per Spritzguss vor 1970 hergestellt wurden; bei neueren Modellen ist die Materialmischung entsprechend optimiert worden. Sie erkennen Modelle mit Zinkpest durch Risse, Blasen und Abblättern bzw. Abplatzen an der Gehäuseoberfläche. Im Extremfall kann das ganze Modell praktisch zerbröseln. Es gibt keine Reparaturmethode oder sichere Vorbeugung gegen die Zinkpest. Generell empfiehlt es sich, Modelle auf Zinkbasis vor Temperaturschwankungen und einer Umgebungstemperatur unter ca. 15 °C zu schützen. Auch direkte Sonneneinstrahlung und hohe Luftfeuchtigkeit beschleunigen den Zerfallsprozess.

Zoom-Funktion

Als Zoom wird die Vergrößerung eines Teils einer grafischen Anzeige bezeichnet. Zoomen wird bei der Darstellung eines Gleisbildes auf einem Display verwendet, um einen kleinen Teil der Anzeige möglichst groß und mit allen Details darstellen zu können. Z. B. bietet das integrierte Gleisbildstellpult des Viessmann Commander eine Zoom-Funktion.

Z-Schaltung

Kurzform von → *Zuschaltsteuerung*

Zufallsgeräusch

Zufallsgeräusche sind eine spezielle Funktion von Modellbahn-Sounddecodern. Dabei können Geräusche einer bestimmten Gruppe zufällig abgespielt werden. Getrennt wird dabei zwischen Geräuschen für den Stand und die Fahrt des Fahrzeugs. Durch die Zufallssteuerung ergeben sich immer wieder unterschiedliche Geräuschabläufe auf der Modellbahn-Anlage. Typische Zufallsgeräusche sind z. B. Kohleschaufeln, Dampfablassen, Luft- oder Wasserpumpe. Durch die Möglichkeit, auch eigene Sounds in die Sounddecoder einzuspielen, können die Zufallsgeräusche auch individuelle Klangereignisse berücksichtigen.

Zugbildung Echtbahn

Die Zugbildung bedeutet bei der Echtbahn die Zusammenstellung von Personen- und Güterwagen zu einem Zug. Grundsätzlich zu unterscheiden sind die Zugbildungsvorschriften bei Reise- und bei Güterzügen. Die Durchführung der Zugbildung wird durch den Rangierdienst mittels Rangierlokomotiven auf einer Zugbildungsanlage (ZBA) durchgeführt, umgangssprachlich meist als „Rangierbahnhof“ bezeichnet. Die Art der Wagen, deren Anzahl und Anordnung in einem Zug werden durch den Zugbildungsplan vorgeschrieben. Güterwagen werden bei der Zugbildung in der Regel freizügig eingesetzt. Ein genereller Sonderfall der Zugbildung sind Triebzüge wie der → *ICE* der Deutschen Bahn.

Zugbildung Modellbahn

Die Zugbildung auf der Modellbahn unterscheidet sich vom Realbetrieb im Wesentlichen durch die Verkürzung der Züge, um ein stimmiges Gesamtbild zu erzeugen. Es werden dazu sowohl weniger Wagen eingestellt als auch von vielen Herstellern maßstäbliche Verkürzungen der Wagen vorgenommen. Ein gelegentlich zu beobachtender Übereifer bei der Zugbildung engagierter Modelleisenbahner besteht darin, dass sie „päpstlicher als der Papst“ sind und Zugbildungen ausschließlich nach belegten Vorbildern vornehmen. In der Praxis des Bahnbetriebs hat es aber immer Not- und Sonderfälle, Versuchsfahrten, Museumsfahrten usw. gegeben, sodass sich Modellbahner auch vor vielen ungewöhnlichen Zugbildungen nicht scheuen brauchen. Ein Beispiel hierfür sind Güterzüge mit Personenbeförderung, die auf Nebenstrecken durchaus üblich waren. Bei vielen Modellbahnern erfreuen sich zudem Ganzzüge großer Beliebtheit.

Zugfolgestelle

Der Berührungspunkt zwischen zwei → *Blockabschnitten*

Zugführer

Der „Chef im Zug“ ist der Zugführer. In Österreich wird er Zugsführer, in der Schweiz Zugchef genannt. Der Zugführer ist gegenüber allen Mitarbeitern im Zug weisungsbefugt und für die Sicherheit und ordnungsgemäße Abwicklung einer Zugfahrt verantwortlich. Er hat also nichts mit dem Führen des Triebfahrzeugs zu tun. Sein Einsatzbereich ist in aller Regel der Fahrgastbereich und der Bahnsteig. Der Zugführer war früher an der roten Schärpe zu erkennen, heute an der roten Armbinde. Wichtige Tätigkeiten des Zugführers sind das Erstellen der Wagenliste und des Bremszettels. Modellfiguren der Bahnbediensteten für die unterschiedlichen Epochen stellt Preiser her (Info: www.preiserfiguren.de).

Zugkraft

Unter der Zugkraft wird bei der Modellbahn die Kraft verstanden, mit der ein Triebfahrzeug die angehängte Garnitur aus Waggons ziehen kann. Die Zugkraft ist von vielen Faktoren abhängig, u. a. Gewicht der Lok, Anzahl der angetriebenen Achsen bzw. Räder, Anzahl der Haftreifen, Art und Zustand des Getriebes und Lastverteilung in der Lok. Wenn Sie die Zugkraft ermitteln möchten, gibt es die Methode des Ausliterns. Dabei zieht eine Lok über eine leichtgängige Umlenkrolle einen Wasserbehälter. Wenn die Lok es nicht mehr schafft, den Behälter über die Umlenkrolle zu ziehen, ist die maximale Zugkraft ermittelt. Addieren Sie dazu einfach das Gewicht des Behälters und des Wassers.

TIPP

Bei Modellen für das H0-Mittelleiter-System ist die Zugkraft meist größer, wenn bei Loks mit Drehgestellen das Drehgestell mit dem Schleifer in Fahrtrichtung nach vorne ausgerichtet ist. Als geringe Zugkräfte gelten weniger als 100 g, hohe Zugkräfte sind jenseits von 300 g.

Zugkreuzung

Auf einer eingleisigen Strecke wird die Passage von zwei entgegenkommenden Zügen als Zugkreuzung bezeichnet. Für die Zugkreuzung ist neben dem durchfahrenden Streckengleis ein Ausweichgleis notwendig. Unterschieden wird zwischen der stehenden und fliegenden Zugkreuzung. Bei der stehenden Zugkreuzung wartet ein Zug im Stillstand im Ausweichgleis, bei der fliegenden braucht kein Zug anzuhalten. Ein Ausweichgleis für eine Zugkreuzung kann auch für Überholungen in dieselbe Fahrtrichtung eingesetzt werden, wenn z. B. ein schneller Personenzug einen langsamen Güterzug überholt. Für Modelleisenbahner ist eine Zugkreuzung ein interessantes Gleiselement, das nur zwei Weichen benötigt. Für eine fliegende Zugkreuzung steht allerdings bei den üblichen Anlagengrößen meist nicht genug Platz zur Verfügung. Zugkreuzungen werden oft in Form eines Kreuzungsbahnhofs realisiert, Zugkreuzungen auf freier Strecke finden sich häufig auf amerikanischen Anlagenthemen.

Zugsicherung

Unter Zugsicherung ist auch für den Modellbahner die Sicherstellung von unfallfreien Zugfahrten zu verstehen. Die Sicherung kann technisch (durch Abhängigkeiten in der Bedienung der Anlagen, Signale und Züge) und nicht technisch durch betriebliche Vorschriften erfolgen. Aber auch bei der Vorbildbahn gibt es den Eisenbahnbetrieb ganz ohne technische Sicherung (Zugleitbetrieb) immerhin noch auf manchen Nebenbahnen oder im einfachen Rangierbetrieb.

Zugwechselmagazin

Der Begriff „Zugwechsel“ bedeutet im Vorbildbetrieb so viel wie „umsteigen von einem Zug in einen anderen“. Bei der Modelleisenbahn ist aber der Tausch der ganzen Zuggarnitur gemeint. Daher dient ein Zugwechselmagazin auf der Modelleisenbahn-Anlage dazu, einen ganzen Zug komplett und „in einem Griff“ von der Anlage zu nehmen und durch einen anderen zu ersetzen. Damit wird das umständliche Auf- und Abgleisen umgangen, was insbesondere bei geschlossenen Triebzuggarnituren wegen der Verbindung der Waggons ausgesprochen umständlich ist. Ein Zugwechselmagazin schließt sich meist an ein Rangiergleis an oder ist Teil eines Schattenbahnhofs oder eines verdeckten Anlagenbereichs. Zugwechselmagazine können sehr unterschiedlich ausgeführt sein. Es kann sich um ein Gleis handeln, das stumpf an der Anlagenkante endet und dort wird eine Transportröhre mit dem Zug angeschlossen. Oder es handelt sich um einen Paternoster mit einem ganzen Vorrat an betriebsbereiten Zügen. Einen solchen (im Unterbau sichtbaren) Paternoster setzt z. B. die Miniaturwelt Oberhausen ein. Anbieter für solche Paternoster-Lösungen ist u. a. Kesselbauer Funktionsmodellbau (www.kesselbauer-funktionsmodellbau.de).

Zurüstsatz

Als Zurüstsatz wird eine Zusammenstellung von Tuning- oder Erweiterungsteilen bezeichnet. Bei der Modellbahn werden oft Klein- oder Eisenteile als Zurüstsatz zusammengestellt, um ein Serienmodell optisch zu verbessern. Ein typischer Zurüstsatz kann z. B. aus Lampen, Griffstangen, Bremsschläuchen, Scheibenwischern, Luftbehälter, Auspuff, Führerstandeinrichtung, Dachhaken und Tankverschlüssen bestehen. Auch Serienmodelle werden teilweise mit Zurüstsätzen geliefert, um ein Modell z. B. genau an eine bestimmte Ausstattungsvariante oder → *Epoche* anzupassen.

WICHTIG
Problematisch beim Anbringen von Zurüstsätzen ist, dass das Modell dann oft nicht mehr in der Originalverpackung gelagert werden kann.

Zurüstteile

Einzelne Kleinteile, um ein Modell optisch noch weiter zu verbessern. Zurüstteile werden meist vom Hersteller des Fahrzeugs in Form eines → *Zurüstsatzes* dem Fahrzeug beigelegt.

Zuschaltsteuerung

Die Zuschaltsteuerung (Abk. Z-Schaltung) ist eine einfache, analoge Anschluss- und Verdrahtungsmethode, um einen Fahrweg zu schalten. Die Z-Schaltung entwickelt die A- und Ü-Schaltung weiter, indem bei der Z-Schaltung die Gleise in mehrere Gleisabschnitte (Fahrwege) zusammengefasst sind. Jedem Fahrweg ist ein Fahrtregler (bzw. Transformator) zugeordnet, somit können auf den unterschiedlichen Fahrwegen mehrere Züge unabhängig voneinander gesteuert werden. Die Z-Schaltung ist auf klassischen, analogen Anlagen mit zwei Hauptstrecken oftmals anzutreffen. Dabei entspricht dann jede Hauptstrecke einem Stromkreis mit eigenem Fahrregler bzw. Trafo. Gegenüber der Ü-Schaltung hat die Z-Schaltung den Vorteil, dass es in aller Regel seltener zum Überfahren von Trennstellen kommt; es müssen also seltener die Einstellungen der Fahrregler zueinander abgestimmt werden.

Zweikomponentenkleber

Im Modellbau spielt Zweikomponentenkleber (auch: 2K-Kleber) eine große Rolle, wenn z. B. beim Fahrzeugbau metallische Teile verbunden werden sollen, aber Löten nicht möglich ist, aber auch für Glas, Keramik und Porzellan eignet er sich. Es handelt sich bei 2K-Kleber um einen Reaktions-Klebstoff, bei dem vor dem Gebrauch eine Harz- und eine Härterkomponente in einem bestimmten Verhältnis zueinander gemischt werden müssen. Zweikomponentenkleber ist meist auf Epoxidharzbasis aufgebaut und stellt eine kalthärtende, wasserdichte und wasserfeste Verbindung her, die nach dem Aushärten mechanisch bearbeitet werden kann. Die Zeit für das Aushärten kann durch Erhitzen des Werkstücks (z. B. im Backofen) drastisch verkürzt werden. Beachten Sie hierzu die Herstellerempfehlungen.

Zweikraftlok

Als Zweikraftlok werden bei der Echtbahn Rangier- und leichte Streckenloks bezeichnet, die per Dieselmotor (dieselelektrisch) und per Elektroantrieb fahren können. Teilweise werden in einer solchen Hybridlok auch Akkuantrieb und Oberleitungs-Stromversorgung kombiniert. Aktuelle Zweikraftlokomotiven gehören in Deutschland in aller Regel privaten Gesellschaften, insbesondere in der Schwerindustrie (z. B. Ruhrkohle AG). Zweikraftloks sind für Modellbahner interessante Modelle, da sie abwechselungsreiche Darstellungen auch ohne große Fahrstrecken ermöglichen und bei Werks- und Industriebahnen verbreitet sind. Trotzdem gibt es von Zweikraftloks bislang nur wenige Modelle. BEMO bietet Modelle von Zweikraftloks nach Schweizer Vorbild H0/H0m/H0e), für die Spur G/IIm gibt es Modelle von Kiss. Ebenfalls nach Schweizer Vorbild sind Spur-N/Nm-Zweikraftlok-Modelle von SNS.

Zweischienen-Zweileiter-System

Der internationale Standard (→ *NMRA*) für die Zuführung der elektrischen Antriebsenergie zu den Modellbahn-Fahrzeugen ist unabhängig von der → *Nenngröße* oder → *Spurweite* das Zweischienen-Zweileiter-System. Begrifflich ungenau wird dieses System oft auch als „Gleichstrom-System“ bezeichnet, obgleich die Art der Betriebsspannung unabhängig von der Anzahl der verwendeten Leiter ist.

Zwergsignal

Umgangssprachliche Bezeichnung für Eisenbahnsignale, die sich in niedriger Bauform direkt am Boden neben dem Gleis befinden. Zwergsignale regeln Rangierbewegungen und sichern vor allem Weichenstraßen im Gleisvorfeld eines → *Bahnhofs* ab, damit der Fahrweg nicht zweifach belegt werden kann und eine Sicherung gegen eine → *Flankenfahrt* besteht. Besonders häufig sind Zwergsignale vor Weichen aufgestellt.

Zwischenzahnrad

Im Getriebe eines Modellbahn-Fahrzeugs dient ein Zwischenzahnrad dazu, die Entfernung zwischen einem Antriebszahnrad und einer angetriebenen Welle bzw. einem angetriebenen Radsatz zu überbrücken. Je nach Aufbau des Getriebes kann ein Zwischenzahnrad auch zur Änderung der Drehrichtung oder Untersetzung dienen. Zwischenzahnräder aus Kunststoff laufen leiser, Zwischenzahnräder aus Metall sind allerdings langlebiger.

Leistung durch Kompetenz

Wer sich mit einem solchen Spruch schmückt, muss sich seiner Sache schon sehr sicher sein. Das ist der **Modellbahnverband in Deutschland e.V. (MOBA)** auch. Die großen Ausstellungen und ihre Besucherumfragen bestätigen das Jahr für Jahr. Die im MOBA organisierten Vereine und Mitglieder zeigen bei den vielen Veranstaltungen, was sie gemeinsam alles drauf haben. Da wundert es nicht, dass der MOBA seit 16 Jahren stetig wächst. Der MOBA sieht sich in erster Linie als Dienstleister und hat für seine Mitglieder ein breites Angebot parat, unter anderem:

- Personalisierter Mitgliedsausweis
- MOBA-Jahreswagen (H0) wechselnder Hersteller
- MOBA-Verbandszeitschrift FORUM viermal/Jahr
- Regionale und überregionale Veranstaltungen
- Eintrittsermäßigungen bei vielen Modellbahn-Ausstellungen
- Vergünstigte Abos für Modellbahn-Fachzeitschriften
- Maßgeschneiderte Versicherungen
- Rechtsberatung in Vereinsrechtsfragen
- Vermittlung günstiger Leihfahrzeuge
- Hilfe bei der Erstellung Ihrer eigenen Homepage

Die **Jugendarbeit** wird beim MOBA stark vorangetrieben. Unterstützung durch kompetente Beratung bei Ihren eigenen Plänen zur Nachwuchsförderung ist selbstverständlich. Bei großen Ausstellungen wird öffentlich an der MOBA-Jugendanlage gebaut, und jährlich wird eine Jugendfreizeit organisiert. Regelmäßig werden regionale **Stammtische** organisiert. Dort werden Vorträge von Herstellern oder Mitgliedern zu einem bestimmten Thema gehalten. Anschließend ist viel Raum für den Gedankenaustausch und zur Kontaktpflege.

Ihre **Mitgliedschaft** lohnt sich also auf jeden Fall. Egal ob als Verein, Interessengemeinschaft, Einzel-, Familien- oder Fördermitglied – da ist für jeden etwas dabei. Besuchen Sie den MOBA persönlich auf einer Veranstaltung, schicken Sie eine E-Mail oder rufen Sie für Ihren Mitgliedsantrag einfach an. Alle Informationen finden Sie auch im Internet unter www.moba-deutschland.de.

Modellbahnverband in Deutschland e.V.
Hauptgeschäftsstelle
Kapitelstraße 70
41460 Neuss
Tel.: +49 (0)2131 / 22 22 20
f-j.kueppers@moba-deutschland.de

Bildnachweis

Sofern nicht gesondert aufgeführt, entstammen die Bilder des vorliegenden Buches dem Redaktionsarchiv von „Modellbahntechnik aktuell“ bzw. sind speziell für dieses Buch neu erstellt worden. Mein besonderer Dank gilt daher allen Autoren, die im Laufe der Jahre daran mitgearbeitet haben.

Darüber hinaus enthält das Lexikon Abbildungen aus folgenden Quellen:

Accucraft – Seite 21

ESU – Seite 30 rechts, 48, 72, 143 rechts

Fleischmann – Seiten 26, 73, 150, 178

Hobbytrade – Seite 152 Mitte

Holtbrügger, Dieter – Seite 17, 18 rechts, 30 links, 32 rechts, 37, 38, 40 links, 41, 52, 61 links, 62 rechts, 68, 76, 82 links, 82 rechts, 84, 85, 87, 92 rechts, 96, 100, 104, 118 oben, 124, 125, 128 rechts, 132 unten, 134, 140, 143 oben, 143 unten, 145, 153, 161, 166, 167 unten

Dr. Kiltz, Hans-Hermann – Seite 33 rechts, 35

LENZ – Seite 79

Märklin – Seite 103

Modellbau Fischer – Seite 81, 161 oben

Möller, Dirk – Seite 28

NOCH – Seite 69, 83, 90

Pearl – Seite 40 rechts, 78, 164

PIKO – Seite 177

Roco – Seite 153

Tams – Seite 99

Tillig – Seite 39